零基础 Photoshop CC 从入门到精通

鱼子匠教育 编著

SPM 南方出版传媒、广东人民出版社

·广州·

图书在版编目（CIP）数据

零基础Photoshop CC从入门到精通 / 鱼子匠教育编著. —广州：广东人民出版社，2021.10（2022.1重印）
ISBN 978-7-218-15264-6

Ⅰ. ①零… Ⅱ. ①鱼… Ⅲ. ①图像处理软件 Ⅳ. ①TP391.413

中国版本图书馆CIP数据核字（2021）第188745号

Ling Jichu Photoshop CC Cong Rumen Dao Jingtong
零 基 础 Photoshop CC从 入 门 到 精 通
鱼子匠教育 编著

出 版 人：肖风华

责任编辑：陈泽洪 李幼萍
封面设计：范晶晶
内文设计：奔流文化
责任技编：吴彦斌

出版发行：广东人民出版社
地 址：广州市海珠区新港西路204号2号楼（邮政编码：510300）
电 话：（020）85716809（总编室）
传 真：（020）85716872
网 址：http://www.gdpph.com
印 刷：广州市浩诚印刷有限公司
开 本：787毫米×1092毫米 1/16
印 张：16 字 数：300千
版 次：2021年10月第1版
印 次：2022年1月第2次印刷
定 价：88.00元

如发现印装质量问题，影响阅读，请与出版社（020-87712513）联系调换。
售书热线：020-87717307

目录

contents

第4章 选区工具
——创建选区，实现抠图

第5章 认识图层
——让设计有层次，有内涵

第6章 自由变换
——看我72变

第7章 色彩理论
——五颜六色的世界

第8章 画笔工具
——想画什么画什么

第9章 修复工具
——将你变得美美哒

第10章 复制工具
——TA将不再孤单

第11章 修饰与润色图像工具
——工具里面的贤内助

第12章 擦除图像工具
——不满意的全都擦掉

第13章 裁剪相关工具
——这裁缝手艺不错哟

第14章 钢笔工具
——一个有匠心的工具

第15章 形状工具
——变大变小都高清

第16章 文字工具
——字里行间都是爱

第17章 图层的蒙版

——让设计更方便

第18章 智能对象

——智能对象内涵多

第19章 图像色彩调整

——Photoshop里的变色龙

第20章 通道
——迈向高手的通道

第21章 图层混合模式
——叠出精彩人生

第22章 实战案例
——将之前所学融会贯通

PSD PS

第1章

Photoshop 介绍

——Photoshop 的心动初体验

本章主要对Photoshop的发展历程及应用领域、如何高效地学习Photoshop、Photoshop的安装和卸载等相关知识进行详细讲解。

1.1 Photoshop是什么

Photoshop，常被缩写成PS，全称是Adobe Photoshop，Adobe是Photoshop所属公司的名称，Photoshop是软件名称，它是Adobe公司开发并发行的一款图像处理软件，也是其产品系列Creative Cloud的旗舰软件。图1-1所示为Adobe公司旗下几款软件的图标。

图1-1　Adobe公司旗下的几款软件

1.2 Photoshop从哪里来

世界上第一台通用型电子计算机（ENIAC）于1946年2月14日在宾夕法尼亚大学诞生。计算机的出现具有划时代的意义，而显示器中的计算结果又促成了电子图像这一伟大发明，电子图像的发明对社会的方方面面产生了前所未有的影响。这其中就有Photoshop。

1987年秋，美国密歇根大学计算机系博士生托马斯·诺尔为了解决论文写作过程中的麻烦，编写了一个能够在黑白显示器上显示灰度图像的程序。他把它命名为Display，并将其展示给哥哥约翰·诺尔看。约翰当时正为导演乔治·卢卡斯的电影特效制作公司工作（制作《星球大战》《深渊》等电影的电脑特效），他对Display产生了十分浓厚的兴趣。此后，兄弟俩继续修改Display代码，相继开发出羽化、色彩调整、颜色校正、画笔、支持滤镜插件以及多种文件格式等功能，这就是Photoshop最初的蓝本。图1-2所示为诺尔兄弟。

图1-2　诺尔兄弟
（左为托马斯·诺尔，右为约翰·诺尔）

约翰十分有商业头脑，他看到了Photoshop中的商机，于是开始寻找投资者。当时已经出现很多比较成熟的绘画和图像编辑程序了，名不见经传的Photoshop如果想占一席之地，难度很大。最终，一家小型扫描仪公司（Barneyscan）同意在他们出售的扫描仪中把Photoshop作为赠品送给用户（与Barneyscan XP扫描仪捆绑发行，版本为0.87）。Photoshop这才得以面世。但与Barneyscan的合作仍然无法让Photoshop以独立软件的身份在市场上获得认可，于是诺尔兄弟继续为Photoshop寻找新东家。

1988年8月，Adobe公司在Macworld Expo博览会上一看到Photoshop这款软件，就被其吸引住了。之后9月的一天，约翰·诺尔受邀到Adobe公司做Photoshop功能演示。约翰·沃诺克（Adobe公司创始人之一）对这款软件十分感兴趣，在他的努力下，Adobe公司获得了Photoshop的授权许可。7年之后（1995年），Adobe公司以3450万美元的价格买下了Photoshop的所有权。

1990年2月，Adobe公司推出了Photoshop 1.0，这是一款仅能在Mac计算机上运行的软件。每个月几百套的销量，让Photoshop显得十分平庸。Adobe公司甚至将它当成了Illustrator的子产品和PostScript的促销手段。

1991年2月，出现桌面印刷革命。以此为契机，Adobe公司开发了Windows版本——Photoshop 2.5。此后，Photoshop迅速占领市场，走向巅峰。直至今天，其在图像编辑领域的地位仍无人能够撼动。

图1-3所示为Photoshop CC 2020启动页面。Photoshop CC 2020启动页面中的作品来自摄影艺术家凡妮莎·里维拉。

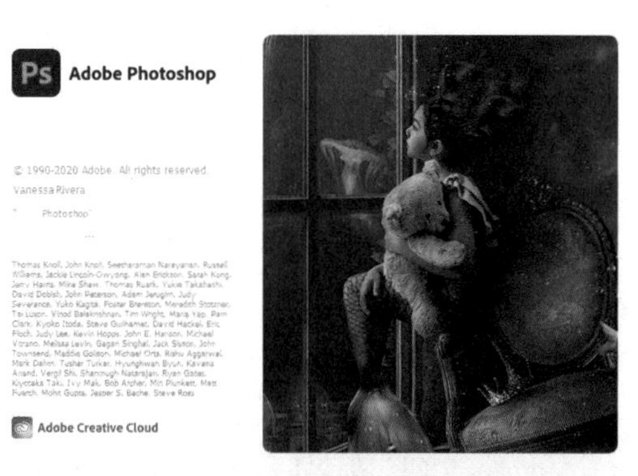

图1-3　Photoshop CC 2020启动页面

图1-4所示为Photoshop软件的发展历程。

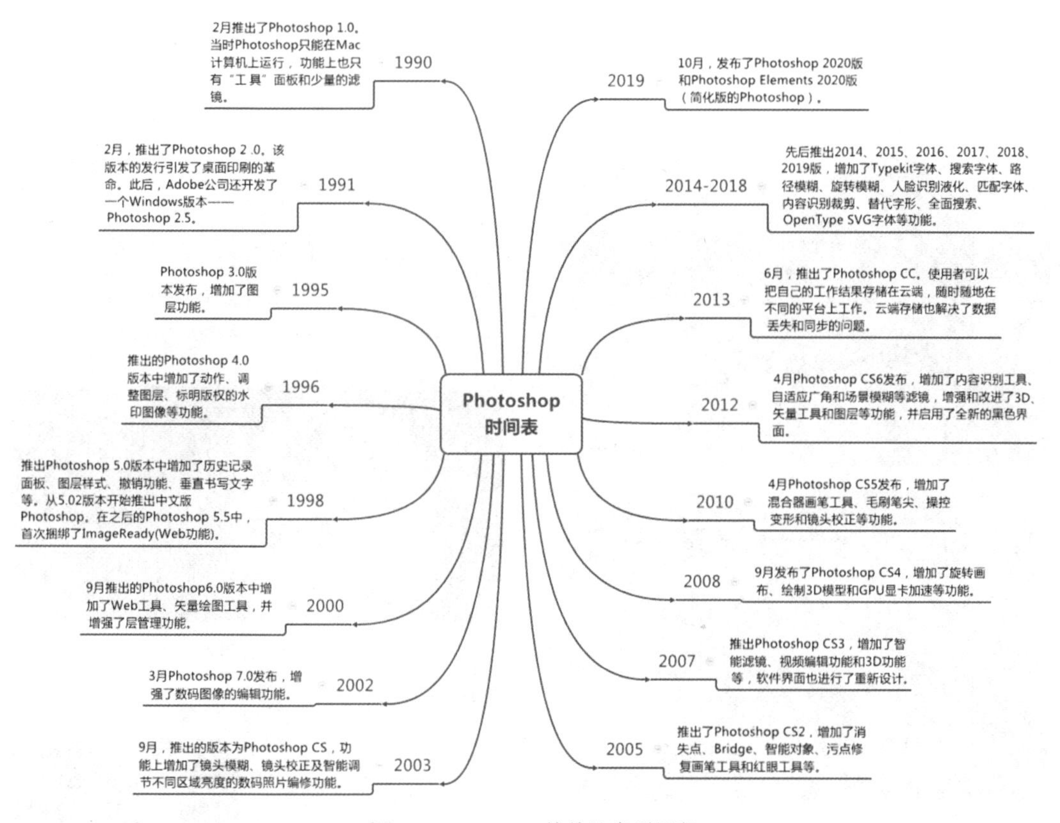

图1-4　Photoshop软件的发展历程

1.3 Photoshop能用到哪些地方

Photoshop作为图像处理软件，应用非常广泛。我们身边所能见到的各种摄影作品、广告海报、商品包装、时尚写真、游戏动漫、交互设计、视觉创意，还有网络上常见的聊天表情，甚至高楼大厦、汽车家电、室内空间、衣帽鞋袜，它们在设计的过程中都与Photoshop有着密切的联系。可以说，Photoshop在各行各业中都发挥着不可替代的重要作用。

所以，在这个文化产业蓬勃发展，视觉创意人才急缺的时代，无论是在校学生，还是求职者、创业者，在视觉创意的道路上，Photoshop都是必学的软件。

❶ 数码照片处理

由于数码照相机的普及，数码拍摄已经成为当今的主流拍摄方式，越来越多人开始尝试使用Photoshop对一些不满意的数码照片进行处理，从而使照片呈现出自己满意的效果。

作为强大的图像处理软件，Photoshop能够完成从照片的扫描与输入，到校色、图像修正，再到输出等一系列专业化的工作。不管是照片的色彩及色调的调整，还是图像的创造性合成，都可以在Photoshop中找到合适的解决方法。数码照片处理效果如图1-5所示。

图1-5　数码照片处理效果图

❷ 平面广告设计

Photoshop应用最为广泛的领域之一是平面设计。无论是图书封面，还是海报、展板、画册、包装、LOGO、易拉宝等，这些具有丰富图像的平面设计作品基本可以用Photoshop软件进行设计和处理。平面广告设计样例如图1-6所示。

图1-6　平面广告设计样例

❸ 电商网页设计

在电子商务领域的网页设计中，Photoshop发挥着非常重要的作用。用户可以用该软件设计制作各种网页页面，然后把它们上传到各大电商平台。像我们熟悉的淘宝、天猫、京东、拼多多等电商平台上的图片基本上都是用Photoshop设计制作的。电商网页设计样例如图1-7所示。

图1-7　电商网页设计样例

❹ 插画设计

由于Photoshop具有良好的绘画及调色功能，所以许多插画设计师往往使用铅笔绘制草稿，然后扫描上传到电脑，通过Photoshop填色的方法来绘制插画，或者直接在Photoshop上面绘制插画。插画设计样

图1-8　插画设计样例

例如图1–8所示。

5 UI设计

UI（用户界面）设计作为一个新兴的领域，已经受到越来越多的软件企业及开发者重视，但是当前还没有专门用于UI设计的专业软件，所以大多数UI设计师会使用Photoshop来从事设计工作。UI设计样例如图1–9所示。

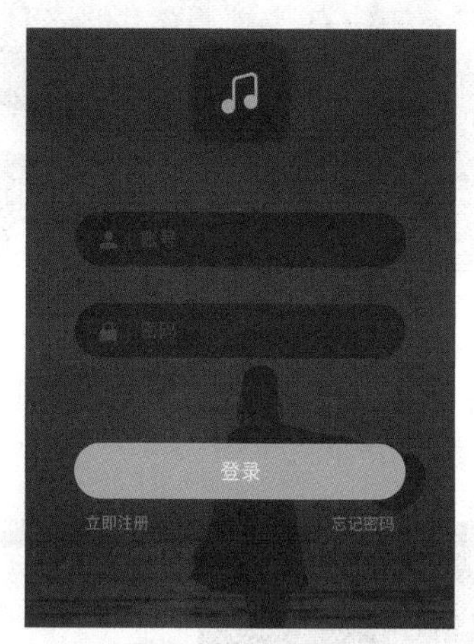

图1–9 UI设计样例

1.4 选择什么版本的Photoshop

本书基于Photoshop CC 2020版本，从零开始，完整地讲解该软件几乎所有的功能。推荐读者使用Photoshop CC 2020或者近几年更新的版本来学习，各版本软件的使用界面及大部分功能是通用的，不用担心由于版本不同而觉得有学习障碍。只要学会一款，就可以举一反三。另外，Adobe公司的官网有历年Photoshop版本更新的日志，可以到https://www.adobe.com/cn/了解Photoshop的更新情况。

拓展知识

选择适合自己的Photoshop版本

虽然老版本对设备要求较低，运行相对比较流畅，但是也不能一味追求软件的“低能耗”而使用像Photoshop 5.0、Photoshop 6.0这样的“古董级”版本，除非你使用的是一台同样“古董级”的计算机。否则生活在“Adobe 2020”时代的你会发现21世纪的软件操作起来十分别扭。图1–10所示为Photoshop 5.0启动画面。

图1–10 Photoshop 5.0启动画面

1.5 如何简单高效地学习Photoshop

怎样才能简单高效地学习Photoshop呢？其实，不管学什么软件，都需要经历以下几个过程：

（1）了解基本概念。了解专业知识的基本概念和基本功能的设置，厘清来龙去脉，奠定扎实的理论基础。

（2）掌握操作规律。总结知识，并归纳同类情况，挖掘软件的使用规律，通过理解概念，快速学会一系列的操作。

（3）开发拓展思维。深刻理解概念和掌握操作规律之后，就可以达到触类旁通、举一反三的效果。

拓展知识

Mac系统与Windows系统的Photoshop软件是否一样?

本书主要使用基于Windows系统的Photoshop软件，而Mac系统的Photoshop软件与Windows系统的基本相同，故不再赘述。

1.6 Photoshop的下载与安装

作为一款强大的图像处理软件，Photoshop随着其版本的不断升级和更新，功能越来越多，所以它对运行环境和电脑配置也有一定的要求。如果电脑配置过低，Photoshop运行起来就会十分卡顿，影响使用体验和工作效率。一般来说，想要稳定、流畅地运行Photoshop CC，电脑配置至少要达到下列要求，如表1-1所示。

表1-1 运行Photoshop CC的电脑配置

系统 配置	Windows	macOS
CPU	支持64位奔腾4（Intel Pentium 4）或64位以上速龙处理器（AMD Athlon）（处理频率为2 GHz或更快）	64位多核的英特尔（Intel）处理器
操作系统	Windows 8.1或Windows 10	macOS版本10.12、10.13、10.14
内存	8 GB（推荐16 GB或更大）	8 GB（推荐16 GB或更大）
显存	512 MB（建议使用1 GB）	512 MB（建议使用1 GB）
显卡	支持分辨率1280×800以上，具有OpenGL2.0，16位色	支持分辨率1280×800以上，具有OpenGL2.0，16位色

Photoshop CC虽然对电脑的配置要求不是特别高，但对显示器的要求却很高。做设计和处理图片都需要高度的色彩还原，如果显示器色彩不正，图片导入其他设备或印刷时就会产生色差。因此，配备一台专业的显示器是十分有必要的。

在确定你的电脑达到Photoshop CC的硬件配置要求之后，就可以按以下步骤进行下载和安装了。

① 注册Adobe ID

为方便后续操作和使用Photoshop，我们需要先注册一个Adobe ID。

打开Adobe公司中国官网后，单击页面右上角的【登录】链接，如图1-11所示。

图1-11 【登录】链接

切换至下一个页面，单击【创建账户】链接，如图1-12所示。

图1-12 【创建账户】链接

进入下一个页面，如图1-13所示，输入姓名、邮箱、密码等信息，单击【创建账户】按钮。完成注册后，用账号及密码登录Adobe。

图1-13 输入信息

② 下载程序，安装Photoshop

登录Adobe ID后，单击【支持】菜单，选择【下载和安装】命令，如图1-14所示。

图1-14　【支持】菜单

切换至下一个页面，单击【Creative Cloud所有应用程序】下的【开始免费试用】按钮，即可下载Creative Cloud桌面应用程序，如图1-15所示。

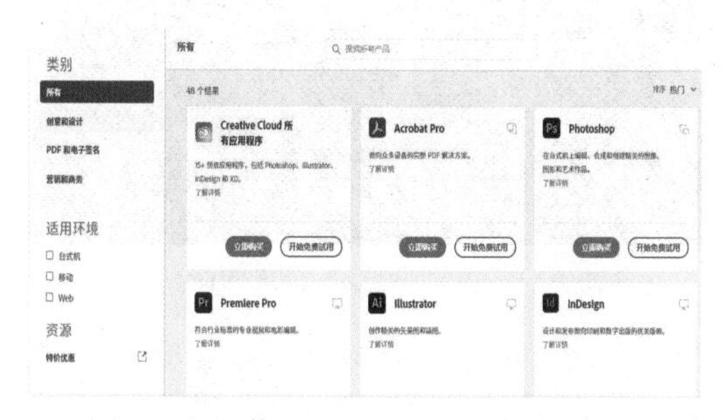

图1-15　下载Creative Cloud桌面应用程序

下载并安装之后，在【Creative Cloud Desktop】窗口中单击Photoshop图标下方的【试用】按钮，就可自动安装Photoshop，如图1-16所示。从安装之日起，有7天的试用时间，到期之后，就需要购买Photoshop正式版（单击【立即购买】按钮），才可以继续使用。

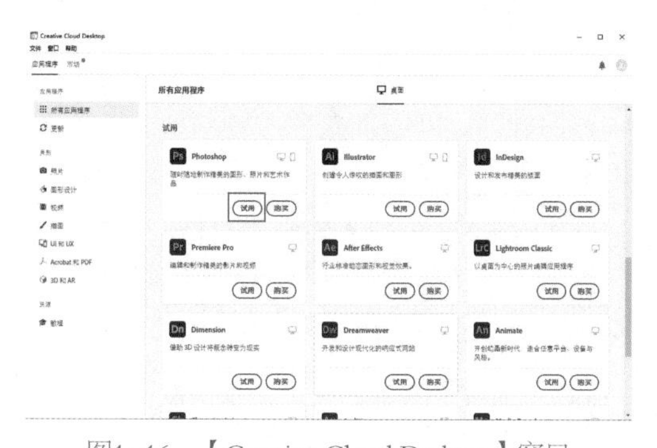

图1-16　【Creative Cloud Desktop】窗口

拓展知识

更新Adobe应用程序

利用Creative Cloud Desktop桌面程序，用户还可以更新Adobe应用程序、共享文件、在线查找字体和库存图片。

1.7 Photoshop的启动与关闭

安装好Photoshop之后，你肯定会迫不及待地想打开它试用一下。那么，如何启动它呢？我们可以通过以下步骤来完成：

① 找到软件图标

若在电脑桌面上找不到Photoshop软件图标，可以单击桌面左下角的【开始】按钮，在【开始】菜单的【所有程序】列表中找到Photoshop CC 2020，单击鼠标右键，在下拉菜单中找到【发送到】，选择【桌面快捷方式】，桌面上就会出现该软件的图标，如图1-17所示。注意，以上操作在不同版本的Windows操作系统中可能稍有不同。

图1-17　Photoshop软件图标

② 打开方式

一是在【开始】菜单中直接单击软件图标，就可打开，如图1-18所示；二是双击桌面上的软件图标打开。Photoshop CC 2020打开后的界面如图1-19所示。

图1-18 【开始】菜单中单击图标打开

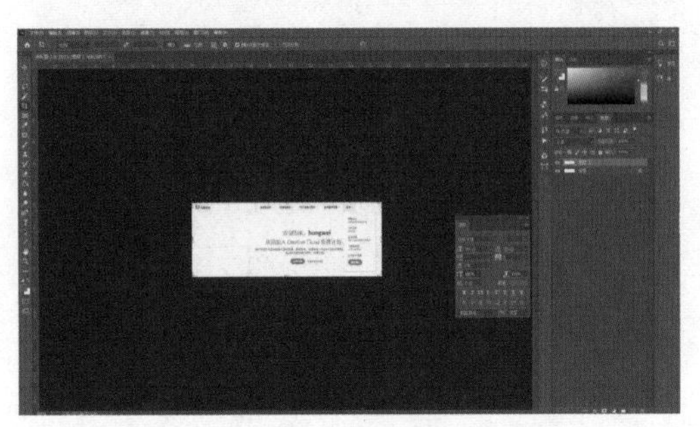

图1-19 Photoshop CC 2020的界面

拓展知识

卸载Photoshop CC 2020

如果想要卸载Photoshop CC 2020，只需要单击【开始】菜单→【控制面板】→【程序】→【程序和功能】，找到Photoshop CC 2020，单击右键并选择【卸载】即可。

3 关闭软件

单击软件界面右上角的 ✕ ，就可以关闭软件，如图1-20所示。

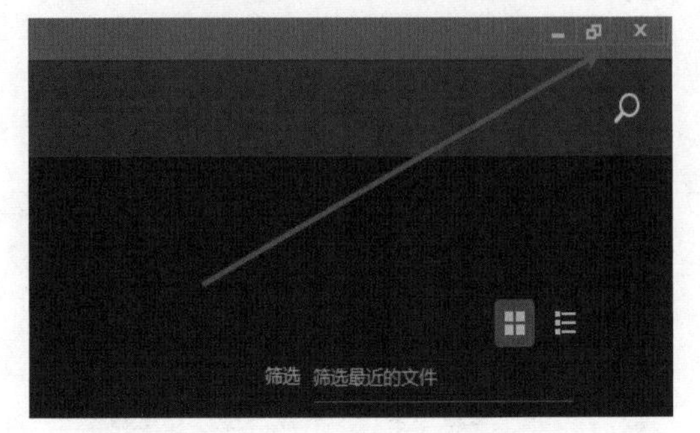

图1-20 关闭Photoshop CC 2020界面

PSD PS

第2章

Photoshop 基础操作

——扎扎实实地学好基础

本章主要对Photoshop的界面组成，文档的新建、打开、储存、关闭，位图、矢量图、分辨率的概念以及首选项、快捷键设置等相关知识进行详细讲解。

2.1 认识界面

认识Photoshop的界面之前，先来想象一下：我们画画的时候，需要一支笔、一张纸和一个画板，我们只需把纸放在画板上面（如图2-1），就可以拿笔在纸上画了。

我们可以把Photoshop的界面当成一个很“智能”的画板，我们在Photoshop上操作，和我们画画的逻辑是类似的！

图2-1　画画

2.1.1 界面构成

默认的Photoshop主界面分为8个区域，如图2-2所示：顶部分别是菜单栏（红色框内）、工具选项栏（橙色框内）和文档标题栏（黄色框内）；左侧是工具箱（绿色框内）；底部左侧是状态栏（青色框内）；右侧上端是面板（蓝色框内）；中间是画布（紫色框内），画布之外是工作区。

图2-2　Photoshop CC 2020界面构成

拓展知识

为什么自己电脑上的Photoshop界面和别人的不太一样?

Photoshop界面有不同是很正常的，也许是由于软件的版本不同。近几年的Photoshop软件各版本的界面及大部分功能都是通用的，各版本的用法基本相同，若有少许不同，可先忽略，随着学习的深入就都能了解了。如果主界面在之前被调整过，可通过执行【窗口】菜单→【工作区】→【基本功能】命令，单击【复位基本功能】还原主界面的初始状态。

2.1.2 界面各模块介绍

1 菜单栏

如图2-3所示，Photoshop CC 2020菜单栏中包含11个主菜单按钮，Photoshop中几乎所有的命令都按照类别排列在这些菜单中，单击每个菜单按钮，可弹出下拉菜单，有的菜单还会有二级菜单，甚至三级菜单。

文件(F)　编辑(E)　图像(I)　图层(L)　文字(Y)　选择(S)　滤镜(T)　3D(D)　视图(V)　窗口(W)　帮助(H)

图2-3　主菜单

（1）使用菜单：单击任一菜单按钮就可将该菜单打开，下拉菜单中使用分割线区分不同功能的命令，其中带有黑色三角标记的命令表示还包含扩展菜单，如图2-4所示。

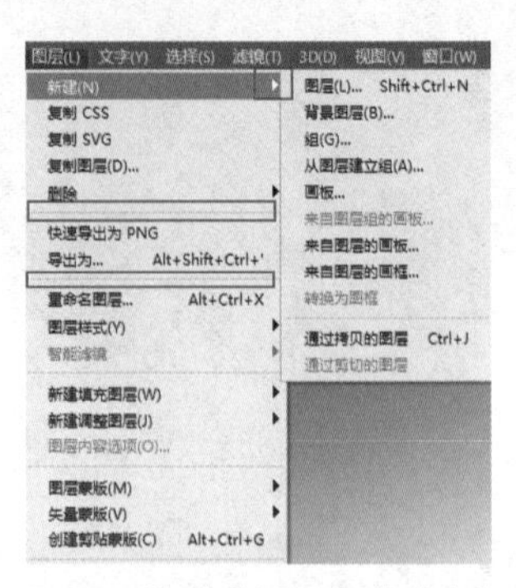

图2-4　打开【图层】菜单命令

（2）执行菜单中的命令：选择并单击菜单中的一个命令就可以执行该命令。灰色的命令表示没有激活，无法执行该命令，如图2-4所示。

（3）快捷键执行命令：如果命令后面带有快捷键，则按其对应的快捷键就可以快速执行该命令。如果命令后面只提供了字母，如【图层（L）】，那么可先按住Alt键不松手，再按主菜单的字母键，打开该菜单后松开Alt键，再按下对应命令后面的字母键。例如，我们先新建文档，然后按住Alt+L键，松开之后再按N键，就可以弹出如图2-5所示的菜单栏。

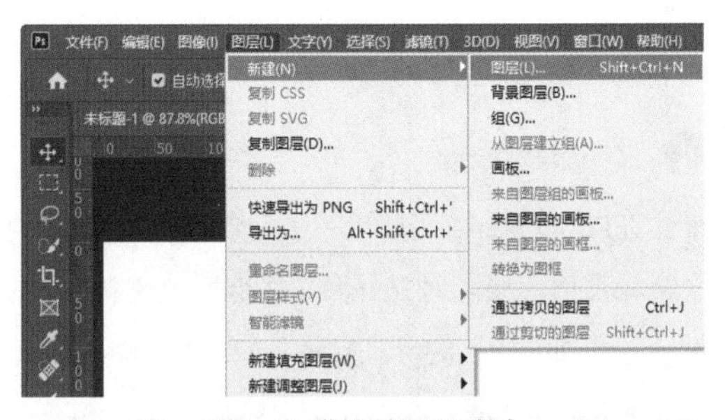

图2-5　带快捷键的命令

（4）使用右键快捷菜单：打开一个素材，选择【矩形选框工具】，然后在文档窗口空白处或者任一对象上单击鼠标右键就可以显示快捷菜单，在面板上单击鼠标右键也可以显示快捷菜单，如图2-6所示。

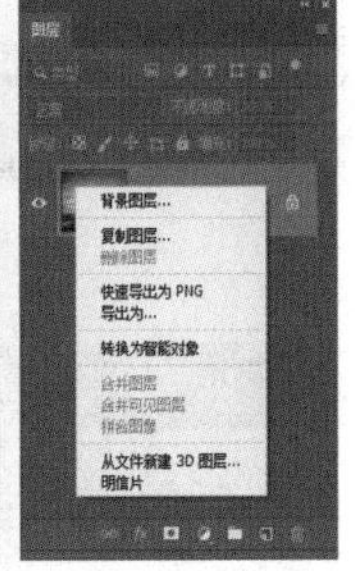

图2-6　右键快捷菜单

② 工具箱

如图2-7所示，各式各样的工具都存放在工具箱里，这些就是我们处理图像的工具。

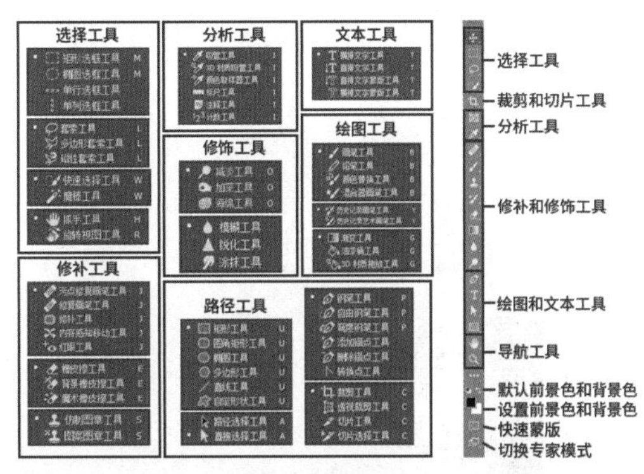

图2-7　工具箱

拓展知识

自定义工具栏

单击菜单栏上【编辑】→【工具栏】，可自定义工具栏，只需列出常用工具，符合自己的使用习惯即可。

③ 工具选项栏

工具选项栏是用来设置工具选项的，根据所选工具的不同，选项栏中的内容也不同。例如：选择【画笔工具】时，其选项栏如图2-8所示；选择【裁剪工具】时，其选项栏如图2-9所示。

图2-8　【画笔工具】选项栏

图2-9　【裁剪工具】选项栏

（1）使用工具选项栏：在工具选项栏中，可以在特定的文本框中选择选项或输入不同的参数值，如图2-10所示为【橡皮擦工具】选项栏。

图2-10　【橡皮擦工具】选项栏

（2）移动工具选项栏：将光标放在选项栏的最左侧，然后按住鼠标左键将其拖出，可使其成为浮动的工具选项栏。若想放回原处，将光标放置在工具选项栏左侧的黑色区域，按住鼠标左键将其拖至菜单栏下，当出现蓝色条时松开鼠标即可。

（3）显示/隐藏工具选项栏：默认情况下选项栏是显示的，执行【窗口】→【选项】命令，即可隐藏或显示工具选项栏，如图2-11所示。

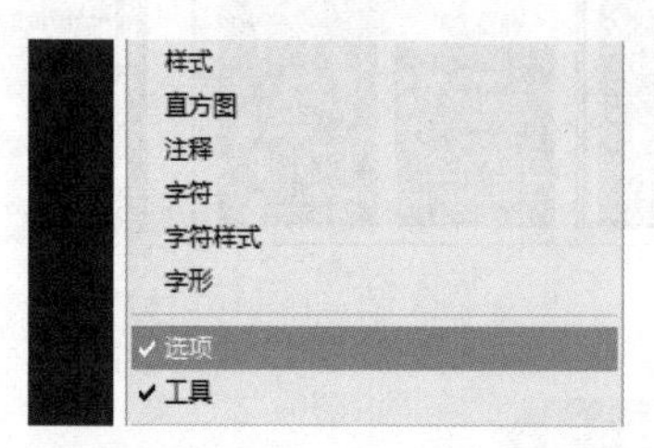

图2-11　【窗口】→【选项】命令

（4）使用工具预设：单击工具图标右侧的按钮，将【工具预设】面板打开，其中包含了各种工具预设，如图2-12所示。

（5）创建工具预设：选择工具，然后在工具选项栏中设置选项，单击【新建工具预设】按钮，就可基于当前设置的工具创建一个工具预设，如图2-12所示。

（6）复位工具预设：选择一个工具预设之后，以后每次选择该工具都会应用该预设。单击面板右上角的三角形按钮，在面板菜单中选择【复位工具】命令，可复位工具预设，如图2-12所示。

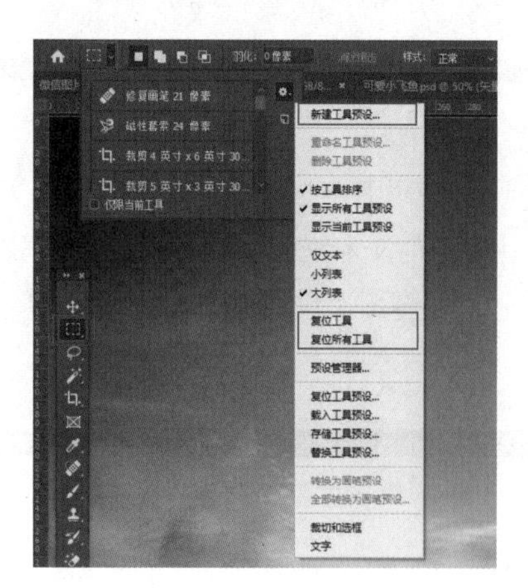

图2-12　工具预设

（7）仅限当前工具：勾选此复选框，将只显示工具箱中所选工具的各种预设；如果取消选择，会显示所有工具的预设，如图2-13所示。

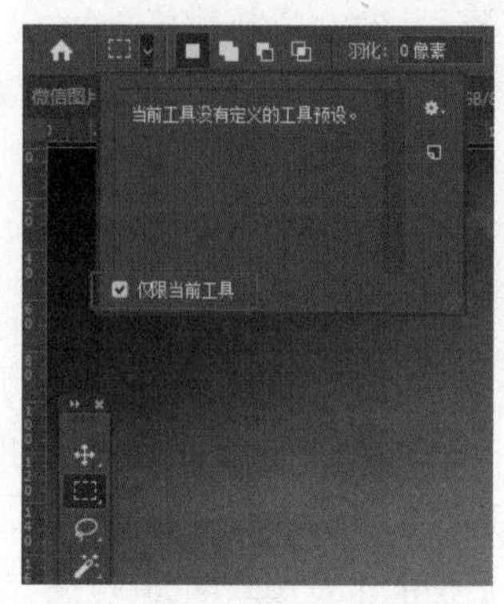

图2-13　仅限当前工具

（8）重命名和删除预设：在工具预设上单击鼠标右键，就可以在打开的快捷菜单中选择重命名或者删除该工具预设。

4 文档标题栏

在Photoshop中每打开一个图像，便会创建一个文档窗口。当同时打开多个图像时，文档窗口就会以选项卡标签的形式显示，如图2-14所示。

图2-14　打开多个图像

（1）选择文档：单击选项卡上任一文档的标题栏，即可将该文档窗口设置为当前操作窗口，如图2-15所示。

图2-15　单击文档标题栏

拓展知识

多个文档之间如何迅速切换?

除单击选择文档之外，也可通过快捷键迅速切换文档。按快捷键Ctrl+Tab可按顺序切换窗口；按快捷键Ctrl+Shift+Tab则按相反的顺序切换窗口。

（2）调整文档顺序：按住鼠标左键，拖动文档的标题栏，就可调整它在选项卡中的顺序。

（3）移动文档窗口：如图2-16所示，选择一个文档的标题栏，按住鼠标左键将其拖出选项卡，该文档便成为可任意移动位置的浮动窗口。如果想恢复至原状态，则将鼠标放置在浮动窗口的标题栏上，按住鼠标左键，拖动至工具选项栏下，当出现蓝框时松开鼠标，该窗口就会回到选项卡中了。

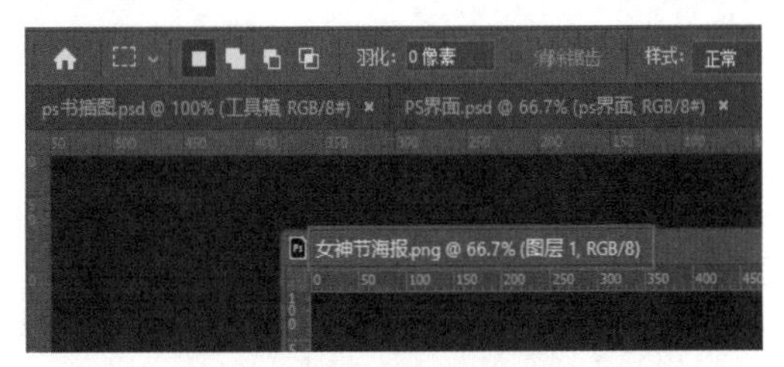

图2-16　浮动窗口

（4）调整浮动窗口大小：将光标放在浮动窗口的一角或边框上，待出现双向箭头时进行拖动，就可调整该窗口的大小。

（5）合并多个浮动窗口：如图2-17所示，在标题栏处单击鼠标右键，在弹出的快捷菜单中选择【全部合并到此处】命令，就可将所有浮动窗口合并到标题栏。

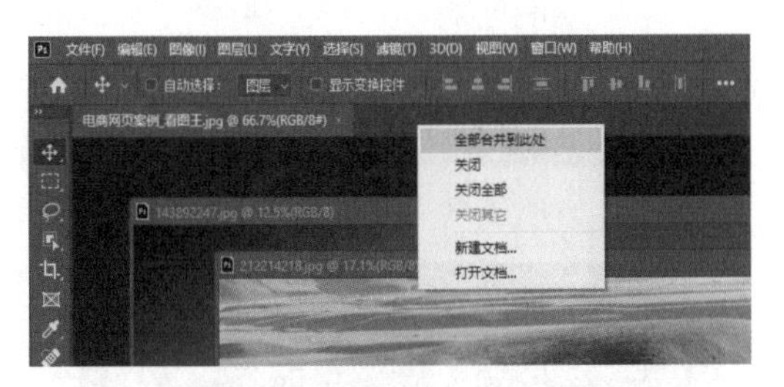

图2-17　合并多个浮动窗口

（6）关闭文档：单击标题栏右侧的关闭按钮，就可将该文档关闭。如果想将所有文档关闭，在标题栏任意位置上单击鼠标右键，在弹出的快捷菜单中选择【关闭全部】命令即可，如图2-18所示。在按下Shift键的同时单击【关闭】按钮，也可以同时关闭所有文档。

图2-18　关闭全部文档

5 状态栏

状态栏位于窗口的底部，如图2-19所示，可显示文档的缩放比例、文档大小、当前使用的工具等信息。

图2-19　状态栏

如图2-20所示，在文档信息区上按住鼠标左键，就可以显示图像的宽度、高度、通道等信息。

图2-20　显示文档信息

如图2-21所示，在状态栏中单击按钮，在弹出的菜单中有12种选项可供选择，按照不同的需求可以选择不同的显示内容。

图2-21　单击按钮弹出子菜单

（1）文档大小：显示当前文档的数据大小信息。选择该选项之后，状态栏中就会出现两个数字，左边的数字为拼合图层并存储为文件后的大小；而右边的数字为当前文档全部内容的大小，其中包含图层、通道以及路径等所有Photoshop特有的图像数据。

（2）文档配置文件：显示文档所使用的颜色配置文件名称。

（3）文档尺寸：显示当前文档的尺寸。

（4）测量比例：显示当前文档的比例。

（5）暂存盘大小：显示当前文档虚拟内存的大小。选择该选项之后，状态栏就会出现两个数字，左边的数字为当前文档文件所占用的内存空间；右边的数字为当前电脑中可供Photoshop使用的内存大小。

（6）效率：显示一个百分数，表示Photoshop执行工作的效率。如果这个百分数经常低于60%，就说明硬件系统可能已经无法满足需要。

（7）计时：显示一个时间数值，代表执行上一次操作所需要的时间。

（8）当前工具：显示当前选中的工具的名称。

拓展知识

快捷键

快捷键又叫热键，是指通过某些特定的按键、按键顺序或者按键组合来快速完成一个操作的按键设置。很多快捷键常常与Ctrl键、Shift键、Alt键等配合使用。

某些工具或命令在用鼠标操作的时候，需要定位、单击以及展开等多项步骤，为了提高工作效率，我们可使用快捷键一次性完成命令。熟练地使用快捷键能大大提高工作效率，也可以解放鼠标来做更多的绘制工作。

（9）32位曝光：用于调整预览图像，以便在电脑显示器上查看32位/通道高动态范围（HDR）图像的选项。仅当文档窗口显示HDR图像时，该滑块才可用。

（10）存储进度：显示每次保存图像时的进度情况，以便于在遇到较大图片时清楚了解Photoshop执行工作的状态，不会以为是电脑死机。

（11）智能对象：显示智能对象的情况。

（12）图层计数：显示该文档图层的数量。

6 面板

面板是用来设置颜色、工具参数，执行编辑命令的。Photoshop CC中包含了26个面板，在【窗口】菜单中可以选择需要的面板将其打开，如图2-22所示。默认情况下，面板以选项卡的

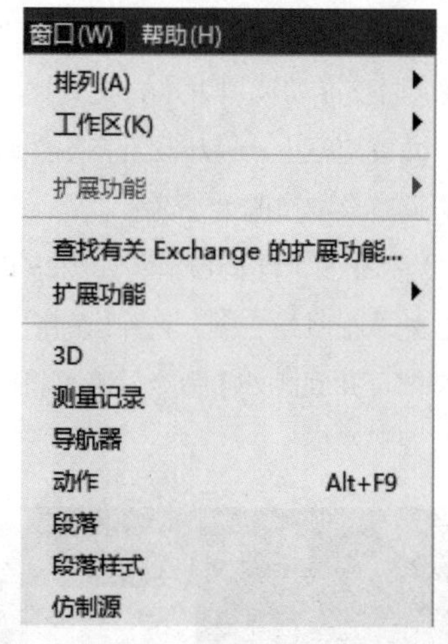

图2-22 【窗口】菜单

图2-23 面板选项卡

形式成组出现，显示在文档窗口的右侧，如图2-23所示。可以根据需要打开、关闭或者自由组合面板。

（1）选择面板：为了节省操作空间，我们通常会把多个面板组合在一起，叫作面板组。在面板组中单击任一个面板的名称就可将该面板设置为当前面板。

（2）折叠/展开面板：单击面板组右上角的双箭头按钮，可把面板折叠为图标（如图2-24）；拖动面板边界则可调整面板组的宽度；单击一个图标即可显示相应的面板，如图2-25所示。

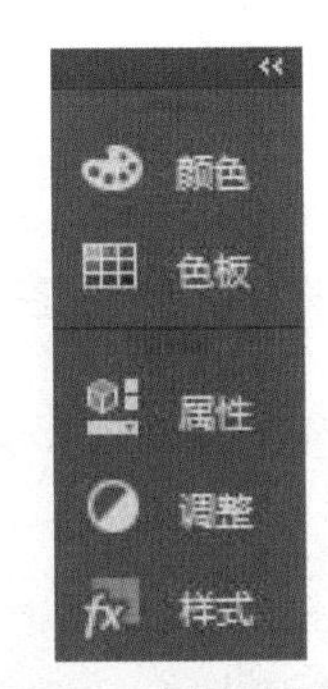

图2-24　折叠面板组

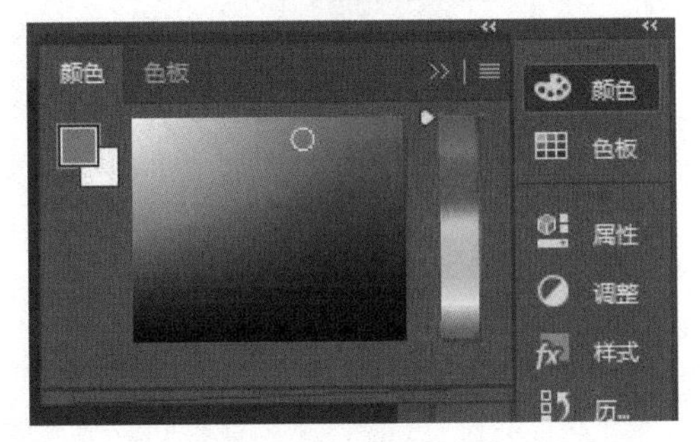

图2-25　展开面板

（3）移动面板：将光标放置在面板名称上，按住鼠标左键，将其拖至空白处，即可从面板组中分离出来，成为浮动面板。拖动浮动面板的名称，可将其放置在任意位置。

（4）组合面板：将鼠标放在一个面板名称上，并按住鼠标左键，拖至另一个面板名称上，当出现蓝色横条时松开鼠标，即可将其与目标面板组合，如图2-26所示。

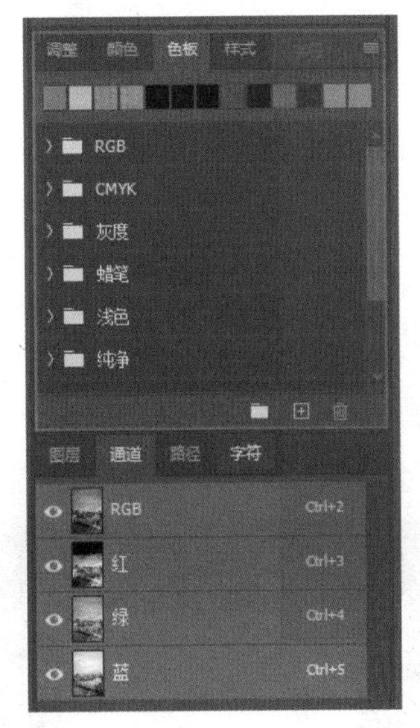

图2-26　组合面板

拓展知识

复原面板

如果面板被放得乱七八糟，应该如何快速调整呢？

如图2-27所示，单击【窗口】→【工作区】→【复位基本功能】选项，这样就可以复原所有面板了。

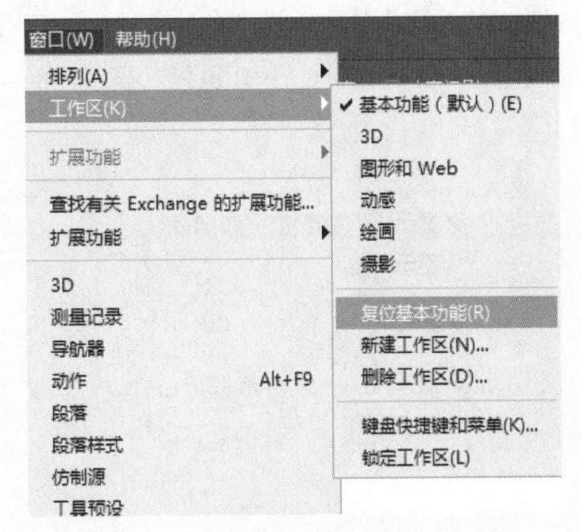

图2-27　【复位基本功能】选项

如果想隐藏全部面板，则可按快捷键Tab，面板就会被临时隐藏；再按Tab键，面板即可恢复显示。

2.1.3 图像编辑的辅助功能

界面辅助功能主要包括屏幕模式、标尺、网格、参考线、显示/隐藏额外内容。

1 屏幕模式

按下Tab键之后，工具箱、工具选项栏和面板会被隐藏（如图2-28），再次按下Tab键，工具箱、工具选项栏和面板会重新出现。

图2-28 按下Tab键之后效果图

2 标尺

如图2-29所示，单击菜单栏中的【视图】按钮，在下拉菜单中选择【标尺】选项，即可显示标尺。按快捷键Ctrl+R也可以显示或隐藏标尺。

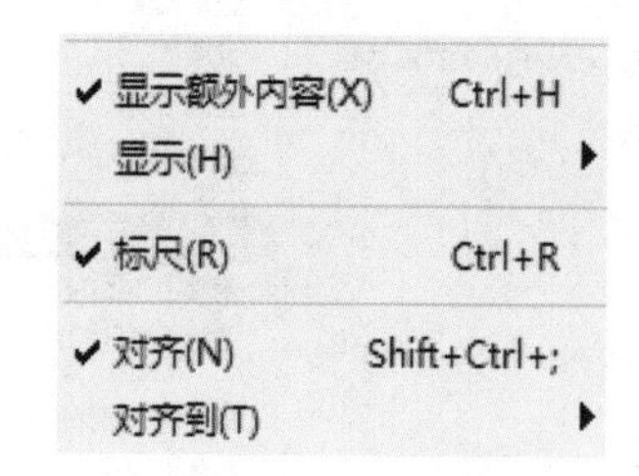

图2-29 显示标尺

3 网格

选择【视图】→【显示】→【网格】选项，就可以显示或隐藏参考网格，如图2-30所示。

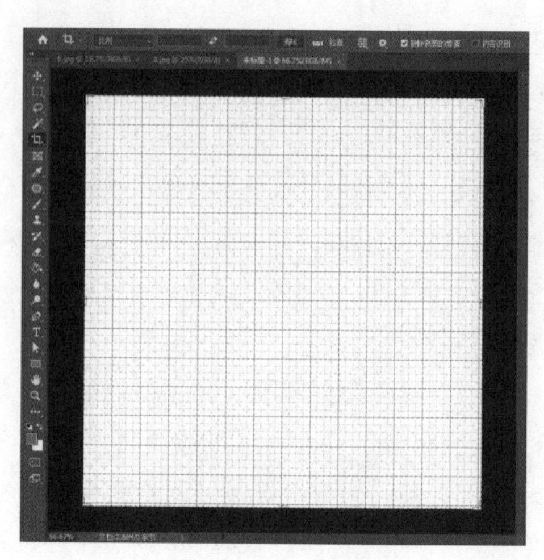

图2-30 显示网格

4 参考线

在标尺上按住鼠标左键，可拖拽出水平或者垂直的参考线，也可在【视图】菜单下执行一系列有关参考线的操作命令，如图2-31所示。

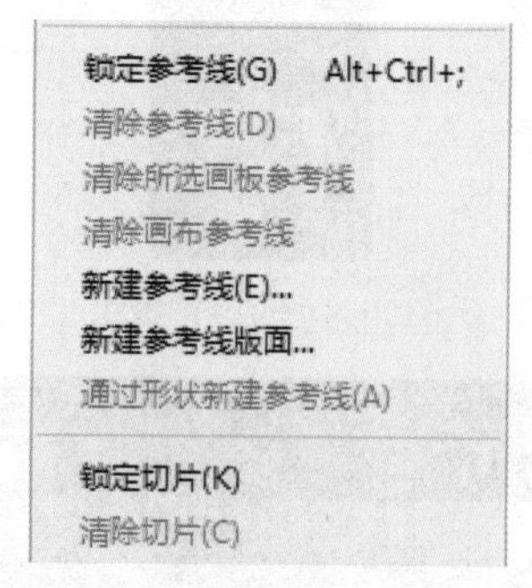

图2-31 有关参考线的操作命令

除了普通的参考线外，还有智能参考线，选择【视图】→【显示】→【智能参考线】选项，可以打开或者关闭智能参考线功能，如图2-32

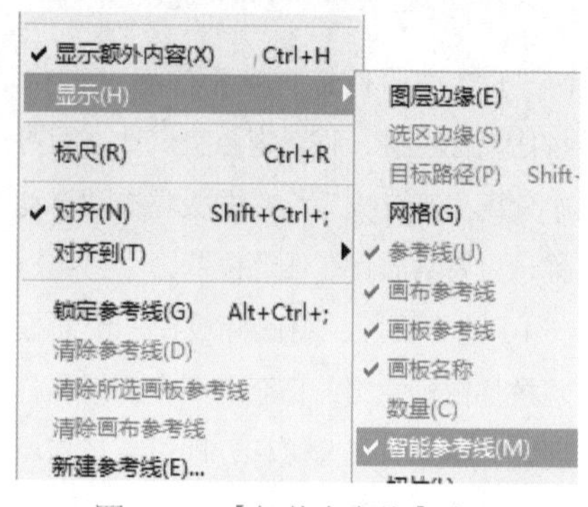

图2-32 【智能参考线】选项

所示。使用智能参考线可以智能地捕捉到居中、边缘、对齐等信息。

5 显示/隐藏额外内容

如果不想显示参考线、网格等辅助内容，可在【视图】菜单中取消选择【显示额外内容】选项，也可以通过快捷键Ctrl+H进行显示或隐藏。

2.1.4 预设工作区和自定义工作区

工作区就是软件界面的布局，每个人对界面的要求不尽相同。我们可以将自己习惯的软件界面布局保存下来，即使以后界面有变动，也可以随时将其切换回自己惯用的状态。

调整好界面布局之后，单击【窗口】→【工作区】→【新建工作区】选项，弹出【新建工作区】对话框，在【名称】文本框中为工作区命名，例如“abc”，最后单击【存储】按钮进行保存，如图2-33所示。

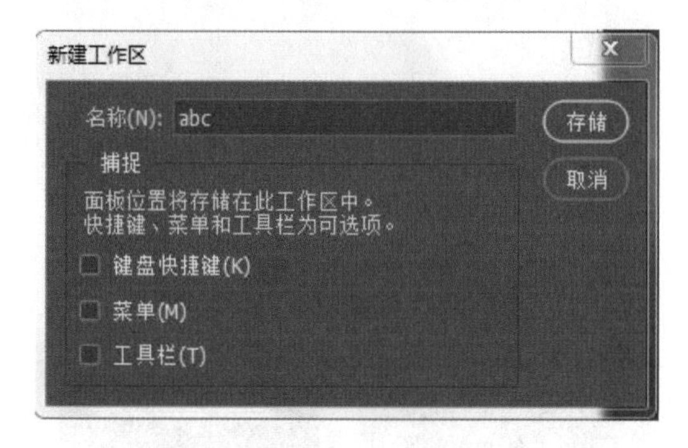

图2-33 【新建工作区】对话框

单击【窗口】→【工作区】选项，就可以看到新建好的“abc”工作区了。另外，Photoshop也预设了几个工作区，例如：【绘画】适合画笔绘制，【3D】适合进行3D设计，【摄影】则适合照片处理等。

如果软件界面混乱，选择【复位abc】即可恢复，如图2-34所示。

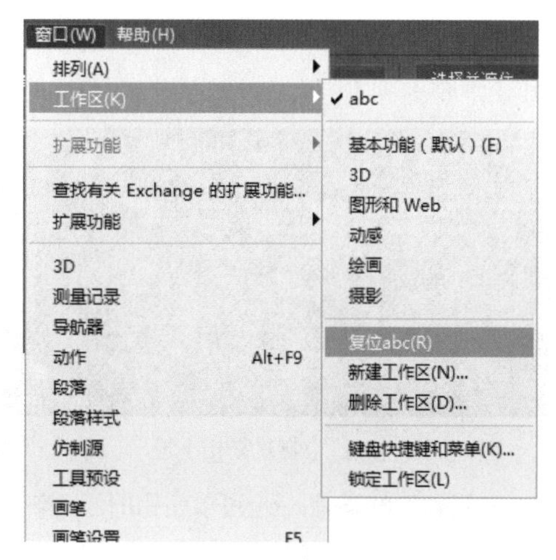

图2-34 复位工作区

2.2 新建文档

2.2.1 新建文档的方法

如图2-35所示，打开Photoshop软件后，打开【文件】菜单，其中第一项就是【新建】命令。或者使用快捷键Ctrl+N也可以新建文档。

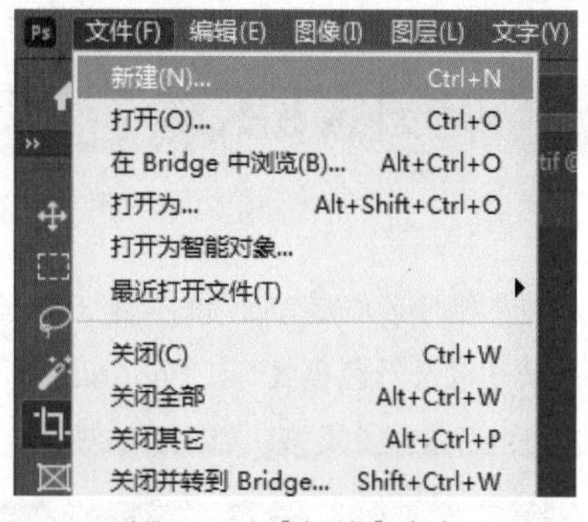

图2-35 【新建】命令

拓展知识

Command键

一般情况下，在使用macOS系统的电脑操作Photoshop软件时，可以用macOS系统下的Command键代替Windows系统下的Ctrl键。

执行【新建】命令后，将弹出【新建文档】窗口，如图2-36所示。

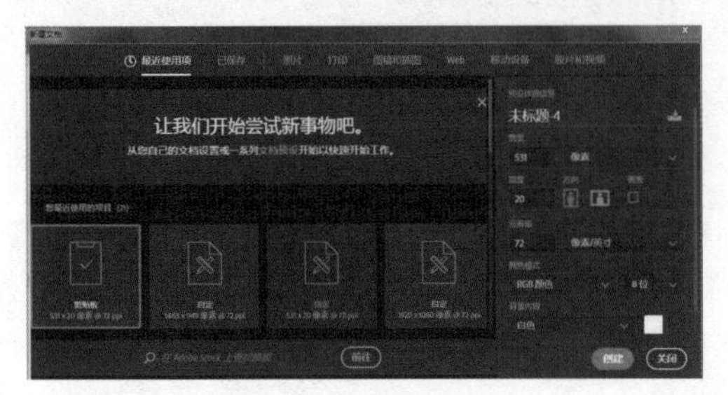

图2-36 【新建文档】窗口

新版本的Photoshop也可以使用旧版的新建文档布局，只需在【编辑】菜单最下方找到【首选项】命令，选择其中的【常规】选项，在打开的对话框中勾选【使用旧版“新建文档”界面】即可，如图2-37所示。

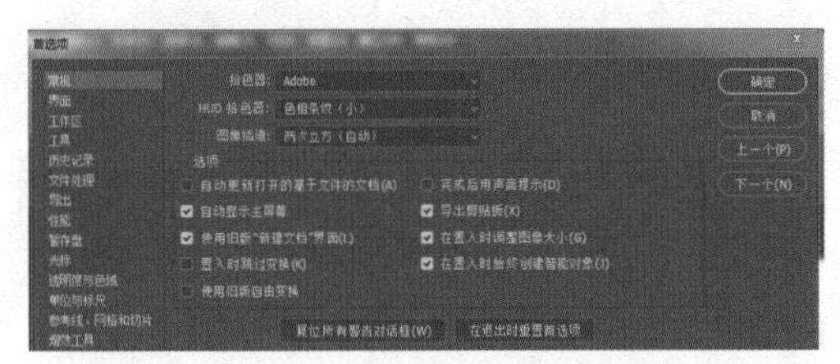

图2-37 设置【使用旧版“新建文档”】界面

2.2.2 新建文档参数设置

① 预设尺寸

新建文档时必须要有初始的设定，如尺寸大小、分辨率以及颜色模式等。Photoshop预设了一些常见的标准尺寸类型，如图2-38所示。

图2-38 新建文档的初始设定

当选择【打印】时，可以看到下方列表中有国际标准纸张的A4规格，选中它后，右侧的参数将自动变成相应尺寸，如图2-39所示。

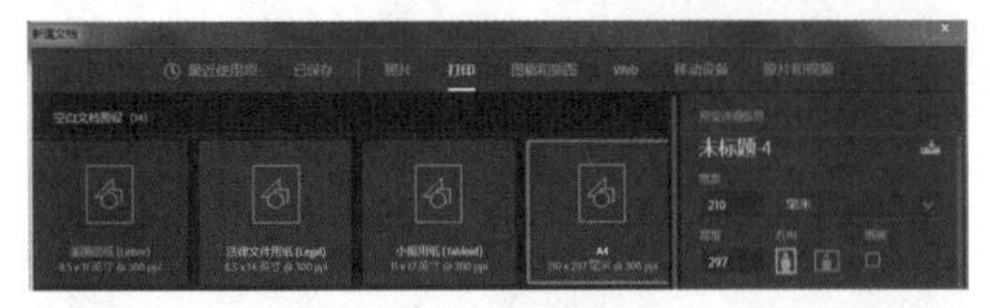

图2-39 打印尺寸

如果预设中没有需要的尺寸，我们可以自己手动输入尺寸。尺寸的单位有厘米、毫米等。另外，如图2-40所示，还有一种单位名叫像素。

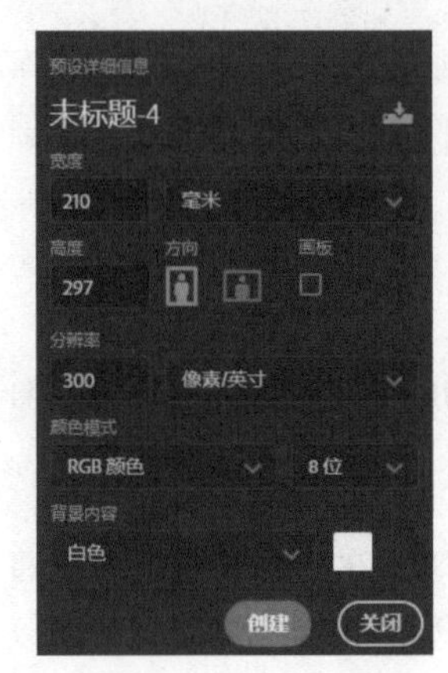

图2-40 像素设置

② 像素

大家应该不会对像素感到陌生，我们在使用手机摄像时，经常会提到像素的概念，例如镜头的像素、照片的像素等。

像素（Pixel）是计算数位影像的一种单位，一个像素就是图像最小的组成单元，在屏幕上一般显示为单个小方块。

简单地说，我们在计算机、电视、手机等电子显示屏幕上看到的图像，其实就是由一个个小方块组成的。例如，将图2-41中的模特图像的局部放大后，我们可以看到马赛克一样的像素，如图2-41所示。

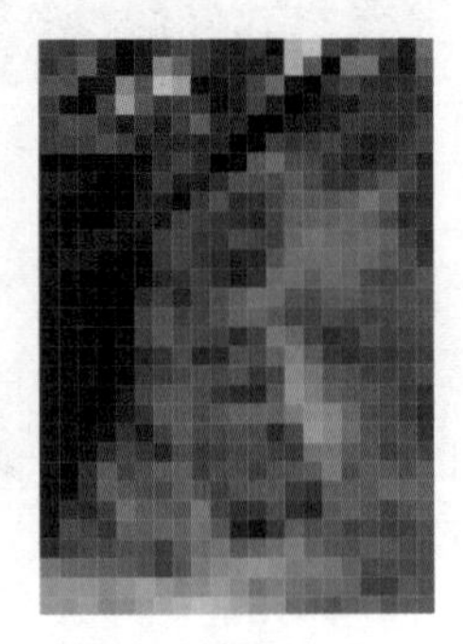

图2-41 模特图像及其眼睛处放大效果

因为像素是显示设备的单个染色点，所以创建显示屏所用的图像都需要基于像素这个单位，如网络图片、演示图片以及视频所用的图像等。

如图2-42所示，当选择【Web】【移动设备】【胶片和视频】中的预设尺寸时，单位会自动显示为像素。

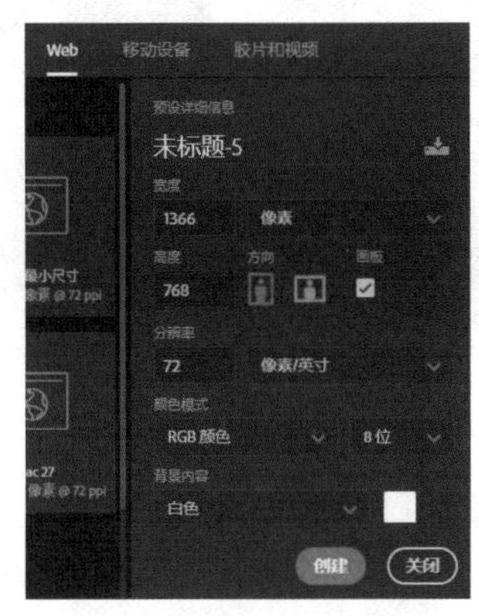

图2-42 【Web】的预设尺寸单位为像素

但是，我们在制作有实际载体的打印项目时，如画册、宣传单、书籍、展架海报等，要用现实生活中的实际尺寸来设定。

注意，不论把图片设置成什么单位，像素是一直存在的，因为数位图像就是由像素组成的。即便使用厘米、毫米以及英寸这样的计量单位，也不影响像素的存在。

③ 分辨率

设定好打印尺寸，即输出的尺寸，例如A4纸是210毫米×297毫米，打印文档后，有时我们会发现图像很模糊，画质“惨不忍睹”。其原因是图片像素太小。那么，在输出尺寸固定的情况下，如何设定像素的大小呢？这时候我们就需要调节一个参数——分辨率，如图2-43所示。

图2-43 分辨率

分辨率比较常用的单位是像素/英寸（ppi，每英寸像素数），下拉菜单中还有像素/厘米（ppc，每厘米像素数），我们更习惯使用前者。

这里的分辨率的准确叫法是图像分辨率，也就是单位英寸中所包含的像素点数。像素点个数越多，分辨率越高，相反则越低。同理，图片的分辨率越高，图像就越细致，质量就更高，分辨率低的图片质量就相对低一些。如图2-44、图2-45所示为同一照片分辨率分别设置为72像素/英寸、300像素/英寸时的效果。

图2-44 分辨率为72像素/英寸

图2-45 分辨率为300像素/英寸

另外，设定高分辨率就代表着像素量高、细节多，最终生成的作品图像质量会越好，但是相应也会占用更多的电脑资源，如果电脑配置低，处理速度也会特别慢。

不同行业对图像分辨率的要求也不尽相同。例如，用于在显示器上显示的图像分辨率只需达到72dpi（dpi是指输出分辨率，指各类输出设备每英寸上可产生的像素点数）即可；若要将图像用打印机打印出来，分辨率最低也要达到150dpi。

拓展知识

常用的分辨率设置

洗印照片：300像素/英寸或以上。

杂志、名片等印刷物：300像素/英寸。

电子图像：72像素/英寸或96像素/英寸。

大型海报：96～200像素/英寸。

大型喷绘、户外广告：25～50像素/英寸。

以上数据仅供参考，请结合具体情况设定最适合的分辨率。

④ 背景内容

如图2-46所示，背景内容可以选择【白色】【黑色】【背景色】或【透明】（无背景颜色），以及自定义颜色。

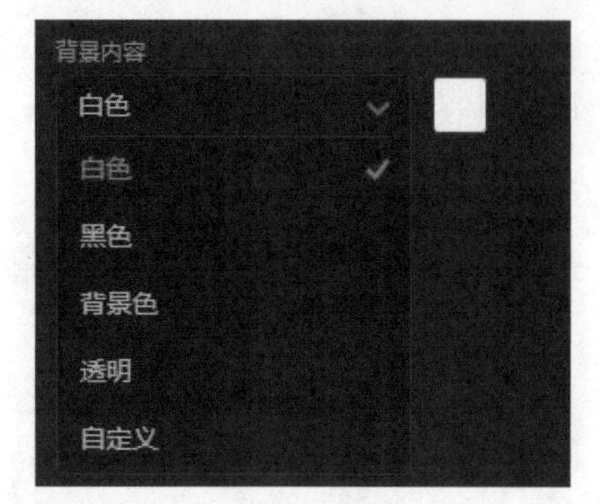

图2-46　背景内容

背景内容下方是高级选项，保持默认设置即可，初学者通常不用设定。

拓展知识

存储预设

标题文本框的后方有存储预设按钮，如图2-47所示，可以将自己常用的尺寸规格存储为系统预设里的一项，方便以后直接使用。

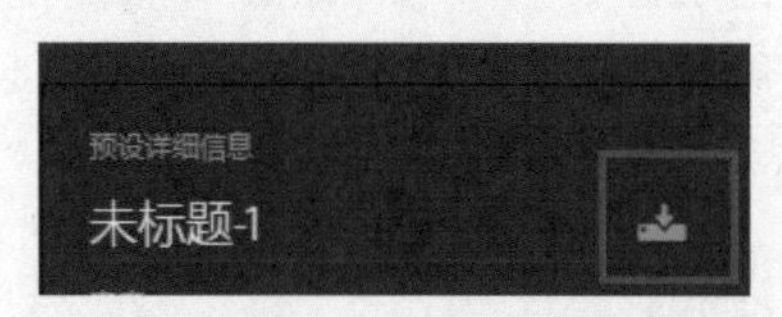

图2-47　存储预设按钮

2.2.3　位图图像的概念

位图也叫作点阵图，它是由许多像素点组成的。位图图像可以表现丰富的色彩变化并产生逼真的效果，容易在不同软件之间交换使用，但它在保存图像时需要记录每一个像素的色彩信息，所以占用的存储空间较大，在进行旋转或缩放时会产生锯齿，如图2-48所示。

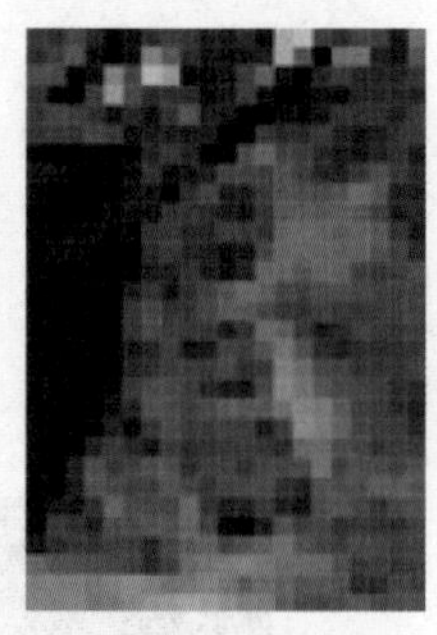

图2-48　位图图像及其眼睛处放大效果

2.2.4　矢量图像的概念

矢量图通过数学的向量方式来进行计算，使用这种方式记录的文件所占用的存储空间很小。由于它与分辨率无关，所以在进行旋转、缩放等操作时，可以保持对象光滑无锯齿，如图2-49所示。

图2-49　矢量图及其局部放大效果

2.3　打开文件

如果想要进行图像处理或是继续完成之前的设计文件，就必须先将它打开。在Photoshop CC中，打开图像文件有两种方式：一是单击菜单栏中的【文件】→【打开】命令，如图2-50所示；二是按快捷键Ctrl+O，在弹出的选项框中单击选中想要打开的图片，单击【打开】按钮或按Enter键，或双击图片，如图2-51所示。

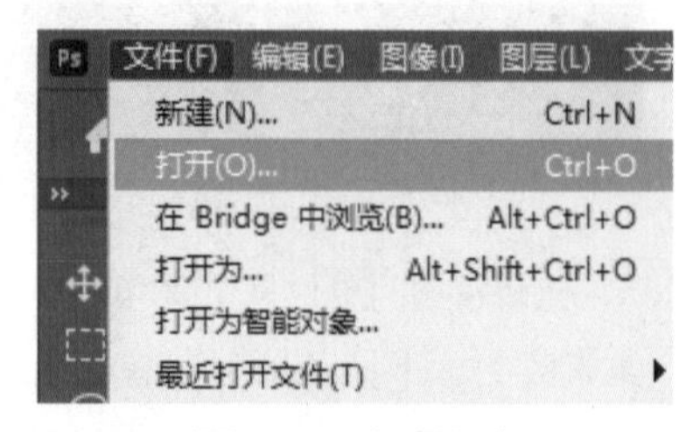

图2-50　打开文件

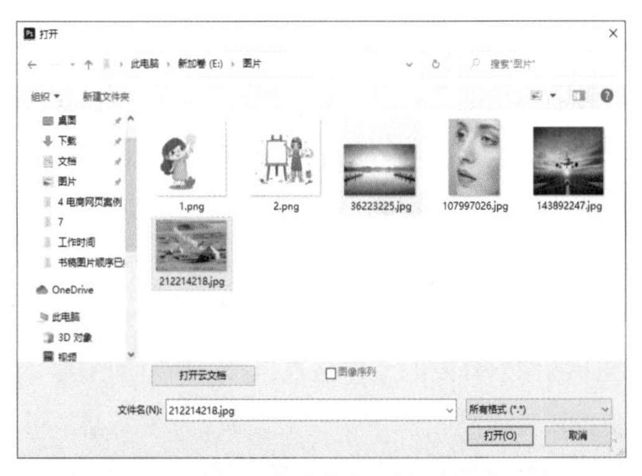

图2-51　选择图片打开

2.4 存储文件

当完成作品设计或者需要暂时关闭软件时，就需要存储文件了。在Photoshop CC中，我们可以通过执行【文件】→【存储】命令，或者是按快捷键Ctrl+S来保存文件。如果保存时不出现对话框，说明文件存储在原始位置；若是第一次保存文件，就会弹出【另存为】对话框，如图2-52所示。

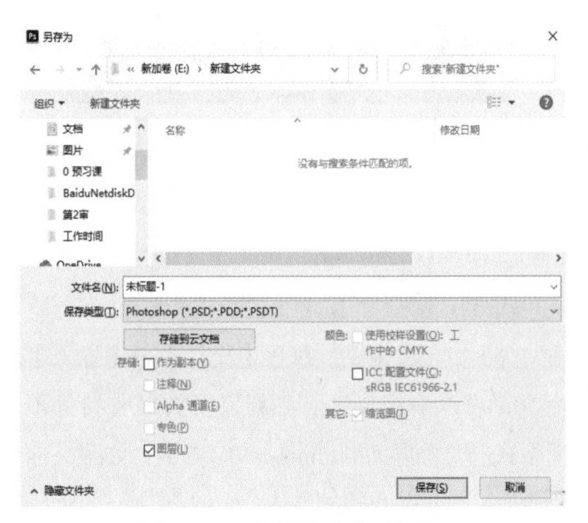

图2-52　【另存为】对话框

（1）文件名：被保存文件的名称，输入相应的文字即可。

（2）保存类型：保存文件的格式，常用的格式有JPEG、PSD、PDF、PNG、GIF等。

（3）作为副本：勾选该选项时，可以另外保存一个副本文件。

（4）注释/Alpha通道/专色/图层：可选择是否存储为注释、Alpha通道、专色和图层。

（5）使用校样设置：当文件保存为EPS、PDF格式时才可用，勾选该选项框，可以保存打印用的校样设置。

（6）ICC配置文件：可以保存嵌入在文档中的ICC配置文件。

（7）缩览图：为图像创建并显示缩览图。

拓展知识

PSD格式

在所有的文件格式中，PSD文件能够保存图层、通道、路径以及文字等信息，并可以随时进行修改。若要保存未完成编辑的文件，则可以保存为PSD格式，下次打开可以继续编辑。

2.5 常用图片格式

Photoshop CC支持多种文件格式，如TIFF、GIF、JPEG等，文件格式决定了图像数据的存储方式以及文件是否与一些应用程序兼容。使用【存储】或者【存储为】命令保存文件时，可以在弹出的对话框中选择文件的保存格式。如图2-53所示为在Windows 7操作系统下不同格式图片的显示图标。

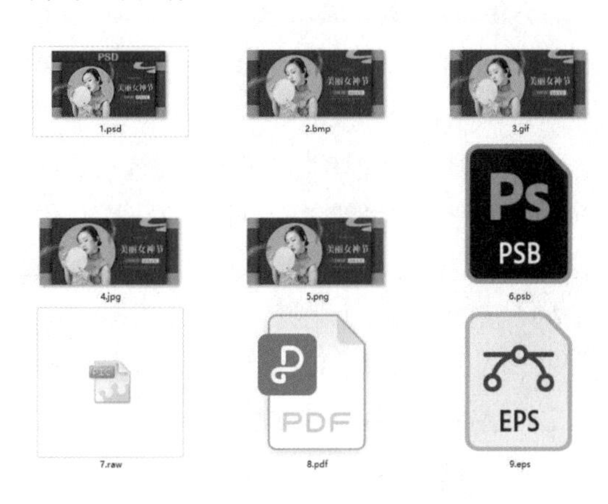

图2-53　不同格式图片的图标

（1）PSD格式。PSD格式是Photoshop软件默认的文件格式。但是PSD格式所包含的图像数据信息较多，所以比其他格式的图像文件要大得多。由于PSD格式保留文件的所有数据信息，因而修改起来较方便。

（2）BMP格式。BMP格式为DOS系统和Windows系统兼容的标准Windows图像格式，主要用来存储位图文件。BMP格式可以处理24位颜色的图像，支持RGB模式、位图模式、灰度模式以及索引模式，但不能保存Alpha通道。它的文件尺寸较大。

（3）GIF格式。GIF格式是基于在网络上传输图像而创建的文件格式。它支持透明背景和动画，被广泛应用于因特网的HTML网页文档中。GIF格式压缩效果较好，但是只支持8位的图像文件。

（4）JPEG格式。JPEG格式的图像一般用于图像预览。此格式的最大特色就是文件比较小，为目前所有格式中压缩率最高的格式。但是JPEG格式在压缩保存时会以失真方式丢掉一些数据，所以保存后的图像与原图有所差别，质量不如原图像。印刷品图像文件最好不要使用这种格式存储。

（5）PNG格式。PNG格式具备GIF格式的支持透明度和JPEG格式的色彩范围广的特点，并且可包含所有的Alpha通道，采用无损压缩方式，不会损坏图像的质量。

（6）PSB格式。当文件的总内存超过2 GB之后，就不能保存为PSD格式了，这时就需要保存为PSB格式。PSB格式可以支持最高达到300000像素的超大图像文件，可以保持图像中的通道、图层样式以及滤镜效果不变。PSB格式的文件只能在Photoshop中打开。

（7）RAW格式。RAW格式支持具有Alpha通道的CMYK、RGB和灰度模式，以及无Alpha通道的多通道模式、索引模式、Lab模式和双色调模式。

（8）PDF格式。PDF格式是主要用于网上出版的文件格式，可包含矢量图形、位图图像和多页信息，并支持超级链接。由于具有良好的信息保存功能和传输能力，PDF格式已成为网络传输的重要文件格式。

（9）EPS格式。EPS格式是为了在打印机上输出图像而开发的文件格式，几乎所有的图形、图表和页面排版程序均支持该模式。EPS格式可以同时包含矢量图形和位图图像，支持RGB、CMYK、位图、双色调、灰度、索引以及Lab模式，但是不支持Alpha通道。它的最大优点是可以在排版软件中以低分辨率预览，而在打印时以高分辨率输出，做到工作效率和图像输出质量两不误。

（10）TIFF格式。TIFF格式可在许多图像软件和平台之间转换，是一种灵活的位图图像格式。TIFF格式支持RGB、CMYK、Lab、位图、索引和灰度模式，并且在RGB、CMYK和灰度模式中还支持使用通道、图层以及路径的功能。

2.6 导入和导出文件

在使用Photoshop CC的过程中，有时我们需要将其他类型的文件导入，或者将做好的文件导出到其他程序或设备中。所以，导入/导出的功能也需要了解和学习。

（1）导入文件：执行【文件】→【导入】命令，可以将视频帧、注释以及WIA支持等不同格式的文件导入到Photoshop CC中，如图2-54所示。

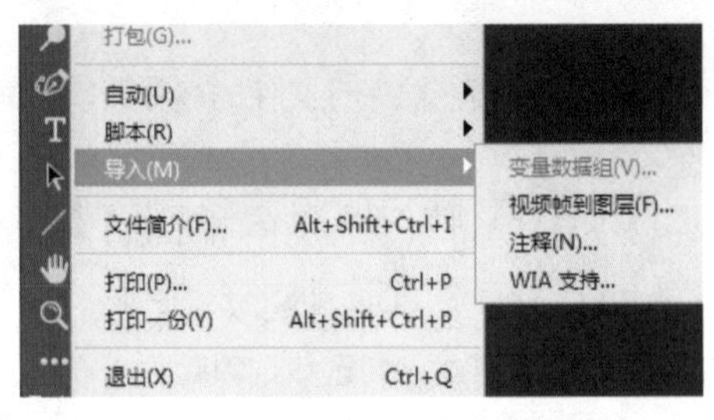

图2-54 【导入】命令

有的人为了能够及时查看照片的细节，在拍摄时直接将数码相机连接到电脑上，这个时候就可以执行【文件】→【导入】→【WIA支持】，把拍摄的照片快速导入到Photoshop CC中。

（2）导出文件：执行【文件】→【导出】命令，如图2–55所示，可以将图层、画板等导出为图像资源，或者导出到Illustrator、视频设备中。在打开的【导出为】对话框中，可以设置文件导出的格式、图像大小等，如图2–56所示。

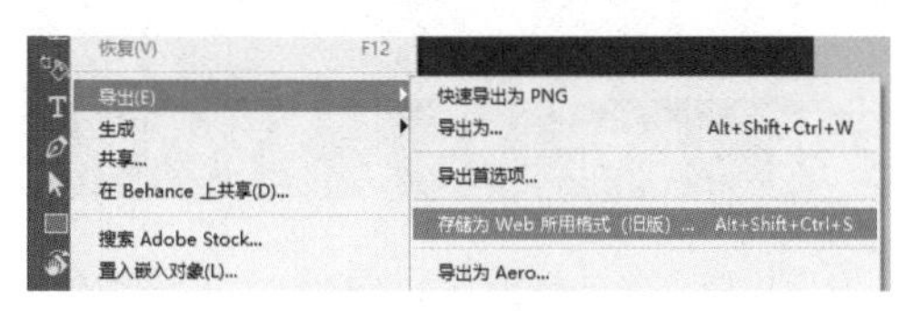

图2–55　【导出】命令

图2–56　【导出为】对话框

2.7 关闭文件

在保存完编辑的文件后，我们就可以将其关闭。执行【文件】→【关闭】命令，或者按快捷键Ctrl+W，又或者直接单击标题栏中右侧的【关闭】按钮，就可关闭文件，如图2–57所示。

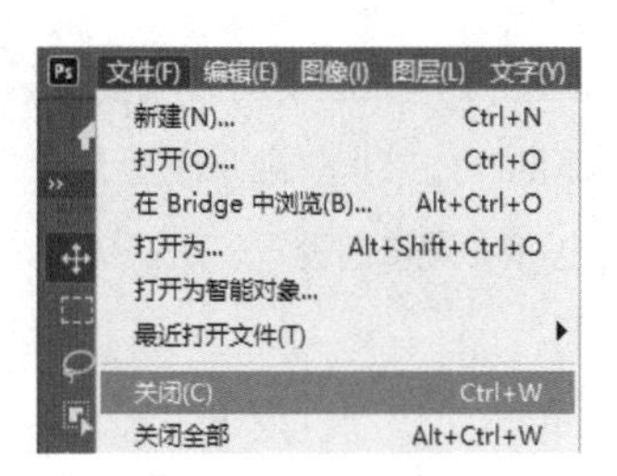

图2–57　关闭文件

拓展知识

关闭多个文件

如果打开了很多个文件，在保存后或者不需要保存的前提下想要快速关闭，可执行【文件】→【关闭全部】命令，或是按快捷键Alt+Ctrl+W，即可同时关闭所有文件。

2.8 首选项设置

在Photoshop【编辑】菜单的下方可以找到【首选项】，快捷键为Ctrl+K。

【首选项】是Photoshop的个性化设置，能够深入调节软件的一些性能。对于初学者来说，需要先了解以下三点：

1 暂存盘

Photoshop在工作的时候会产生临时文件，这是因为软件在运行的过程中会产生大量的数据，需要将数据暂时存在硬盘空间上。一般情况下，【暂存盘】默认设置为第一个驱动器，对于Windows系统来说，也就是C盘，如图2–58所示。

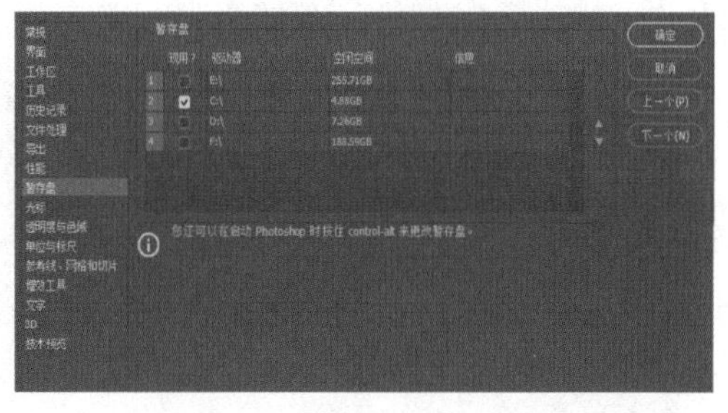

图2–58　【暂存盘】对话框

如果C盘空间不够大，那就要注意了：在处理比较大的文件时，缓存文件有可能会将这个驱动器塞满，软件则会提示暂存盘已满，命令无法执行，这时软件就基本上处于崩溃的边缘了。因此推荐取消勾选C盘，转而勾选其他剩余空间比较大的驱动器，如图2–59所示。

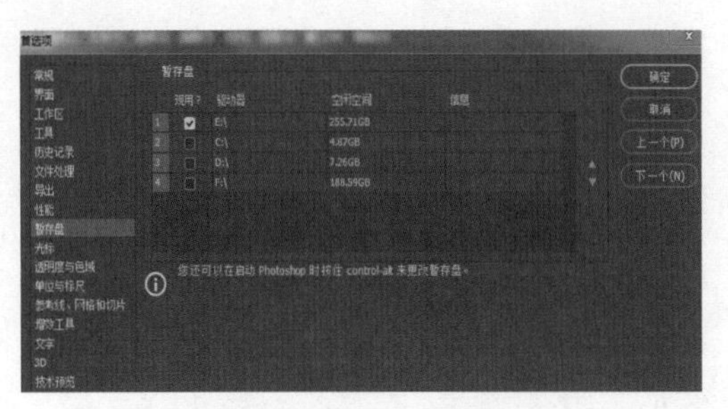

图2-59　勾选其他驱动器

注意，苹果电脑一般都是一体化驱动器，保证有足够剩余空间即可，一般不修改。

2 历史记录状态

单击【性能】选项，找到【历史记录状态】，如图2-60所示。

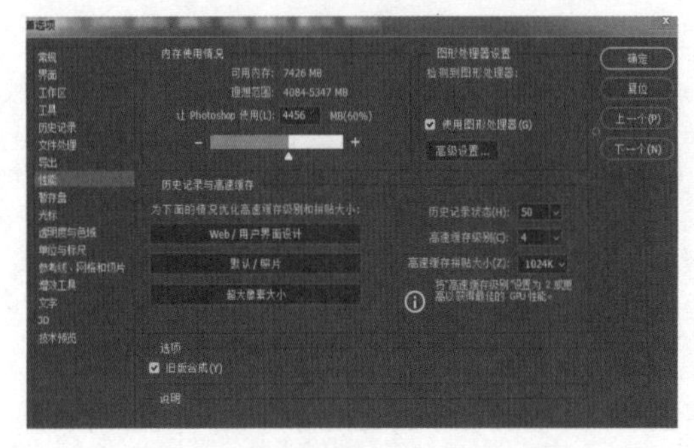

图2-60　【历史记录状态】次数

【历史记录状态】次数表示计算机缓存的历史工作步骤，该数值越高，能够返回的步骤就越多。换句话说，操作失误后，我们能够找回更多的历史记录，有更多后悔的机会。

3 自动保存

很多人的操作习惯是经常按快捷键Ctrl+S来保存文件，做几步就要保存一次，看起来虽然麻烦，但这个习惯值得提倡。

在Photoshop的【首选项】里有关于自动保存的设置，勾选之后软件会自动保存。如图2-61所示，在【文件处理】的【文件存储选项】中能够找到【自动存储恢复信息的间隔】一项，可选择5分钟保存一次，也可将该间隔时间设置得久一些。

图2-61　文件存储选项

Photoshop的自动保存通过后台静默处理，只要电脑配置不是特别低，通常是感觉不到明显拖慢运行速度的。一旦开启该功能，当Photoshop由于死机或者其他情况意外退出而再次启动时，最近保存的文件就会自动恢复。

2.9 快捷键设置

使用快捷键能够提高工作效率，我们能够对Photoshop快捷键进行自定义设置。

单击【编辑】→【键盘快捷键】或者【窗口】→【工作区】→【键盘快捷键和菜单】命令，打开【键盘快捷键和菜单】对话框，如图2-62所示，在这个对话框中，能够看到所有默认快捷键。

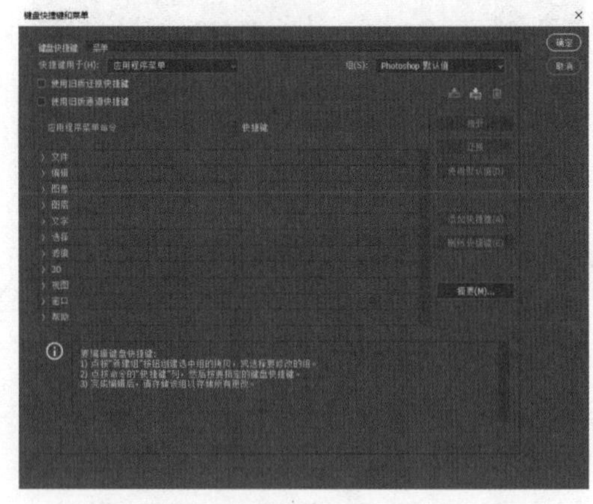

图2-62　【键盘快捷键和菜单】对话框

为了自己操作更加便利，我们可以自行修改某些快捷键；如果某些命令或者工具没有快捷键，我们也可以为它们设置一组快捷键。具体操作步骤如下：

（1）单击【快捷键用于】选项右侧的 按钮，打开下拉列表，里面有4个选项。【应用程序菜单】选项是用于修改菜单命令快捷键的，【面板菜单】选项则用于修改面板菜单命令快捷键，如图2-63所示。

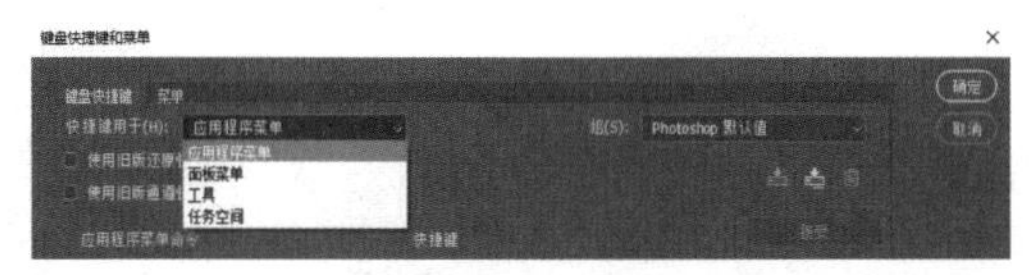

图2-63　【快捷键用于】选项

（2）在【工具面板命令】列表中选择【切换屏幕模式】工具，可以看到它的快捷键是F键，如图2-64所示。单击右侧的【删除快捷键】按钮，该工具的快捷键就会被删除。

图2-64　删除快捷键

（3）添加锚点工具没有快捷键，我们可以将切换屏幕模式的快捷键指定给它。首先选择【添加锚点工具】，然后在显示的文本框中输入“F”，如图2-65所示，最后单击【确定】按钮关闭对话框。在【工具】面板中可以看到，快捷键F已经分配给【添加锚点工具】，如图2-66所示。

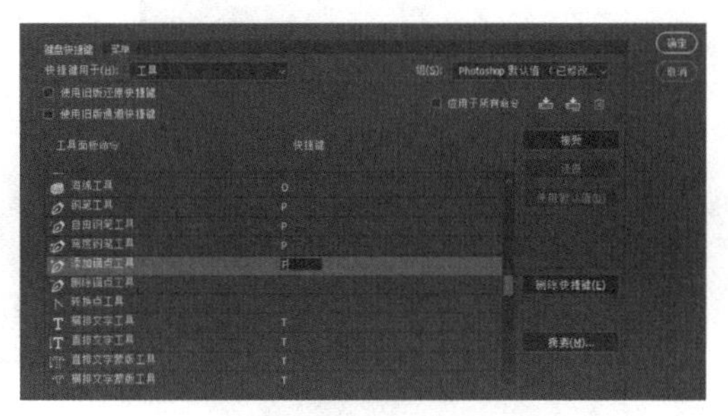

图2-65　在文本框中输入“F”

图2-66　快捷键F已经分配给【添加锚点工具】

PSD PS

第3章

图像的简单编辑

——感受 Photoshop 的魅力

本章主要对Photoshop的移动工具，图像大小修改、复制粘贴与查看，操作的还原与恢复以及相关知识进行讲解。

3.1 移动工具

移动工具是Photoshop中最常用的工具之一，其快捷键为V，位于工具箱的最顶端，可以用来移动文件中的图层、选区内的图像或是将图像拖入其他文件中。移动操作主要针对整体图层或者多个图层，也可以针对图层上选区内的像素，因此移动工具和图层密不可分。

如图3-1所示，所打开的图片素材是一个包含5个图层的PSD文件，其中4个图层各有一个小女孩，另外一个图层是背景图层（图层概念的详细讲解见第5章）。

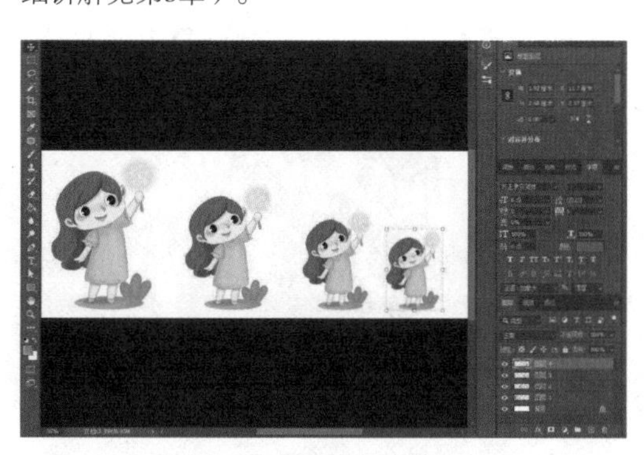

图3-1　打开图片素材

3.1.1 基本操作

❶ 选择图层

移动图层前，首先要选中相应的图层。我们可以用鼠标右键单击画面，选择相应图层，如图3-2所示；也可以在【图层】面板上选择相应图层，如图3-3所示，然后就可以在画面中移动该图层。

图3-2　右键单击画面，选择图层

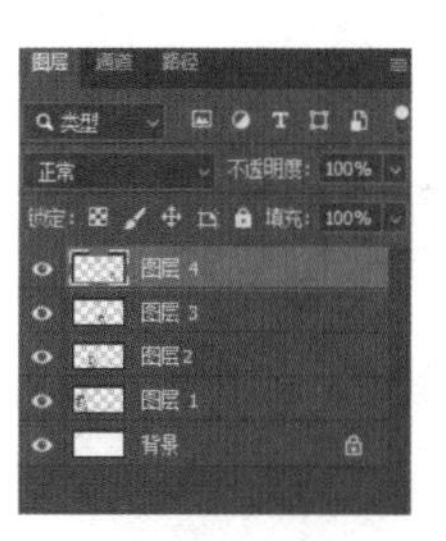

图3-3　在【图层】面板上选择图层

❷ 自动选择图层

如果勾选选项栏中的【自动选择】选项，用鼠标左键单击某个图层即可将其选中，然后可以直接移动，如图3-4所示。

图3-4　勾选【自动选择】

如果没有勾选【自动选择】选项，按住Ctrl键并使用鼠标左键单击图层也能选中相应的图层。

拓展知识

为什么不勾选【自动选择】选项？

当图层越来越多的时候，为了避免一不小心弄乱图层的位置，大部分设计师不会勾选【自动选择】选项，而是按住Ctrl键再单击选中要编辑的图层。

❸ 约束角度移动

按住Shift键并配合鼠标左键拖动，可约束角度移动图层，能够水平、垂直或向45°方向移动图层，如图3-5所示。

图3-5　约束角度移动

④ 按方向键移动

使用上、下、左、右方向键，能够对图像进行微调，每按一下移动1个像素；按住Shift键的同时按方向键可以一次移动10个像素。

⑤ 移动并复制

选择图层，按住Alt键并配合鼠标左键拖动，图层会被复制并移动，如图3-6所示。

图3-6 移动并复制图层

3.1.2 变换控件

选择【移动工具】之后，在选项栏上勾选【显示变换控件】选项，图层内容的周围会显示定界框，拖动控制点可以对图层对象进行简单变换操作，如缩放、旋转等，如图3-7所示。

图3-7 显示变换控件

我们可以拖动控制点对图片进行缩放。将鼠标放在控件边缘的任意地方时，会出现方向箭头（↔、↕、⤡），这个时候按住鼠标左键往外拖动就是放大，往里拖动就是缩小，如图3-8所示。

图3-8 缩放图片

将鼠标放在控件的每个直角处时，会出现旋转箭头⤵，这个时候按住鼠标左键拖动就可以顺时针或逆时针旋转图片，如图3-9所示。

图3-9 旋转图片

拓展知识

为什么不勾选【显示变换控件】选项?

为了避免变换控件边框影响图像整体视觉效果，大部分设计师会选择不勾选【显示变换控件】，因此这是不常用的功能。

3.1.3 对齐与分布

当同时选中多个图层的时候，我们可以使用移动工具选项栏上的对齐和分布功能。

① 对齐

如图3-10所示，对齐的功能包括左对齐、水平居中对齐、右对齐、顶对齐、垂直居中对齐、底对齐等多种对齐方式。

图3-10　对齐方式

如图3-11所示，将素材图片打开，图片中的小女孩由下到上排列。

图3-11　由下到上排列

要想将全部小女孩图片底部对齐，可在【图层】面板上按住Shift键，再单击图层1与图层4来选中要对齐的所有图层，也可以按住Ctrl键，逐个选中所要对齐的图层，如图3-12所示；然后单击【底对齐】按钮，便可使全部小女孩图片底部对齐，如图3-13所示。

图3-12　选中要对齐的所有图层

图3-13　底部对齐

❷ 分布

分布的意思就是将图层对象进行等距离的排列。如图3-14所示，分布方式包括按顶分布、垂直居中分布、按底分布、按左分布、水平居中分布、按右分布。需要注意的是，分布命令需要选中3个以上的对象才能激活。

图3-14　分布方式

如图3-15所示，小女孩图片的间距不是相等的。选中所有小女孩图片的图层，单击【水平居中分布】按钮，所有小女孩图片就会以相等间距进行分布，如图3-16所示。

图3-15　小女孩的间距不相等

图3-16　水平居中分布

3.2 图像大小和复制粘贴

3.2.1 修改图像大小

当图像的尺寸、方向及大小无法满足要求时，就需要进行调整。可使用【图像大小】命令，调整图像的像素大小、打印尺寸和分辨率。

打开一张图片素材，执行【图像】→【图像大小】命令，弹出【图像大小】对话框，如图3-17、图3-18所示。

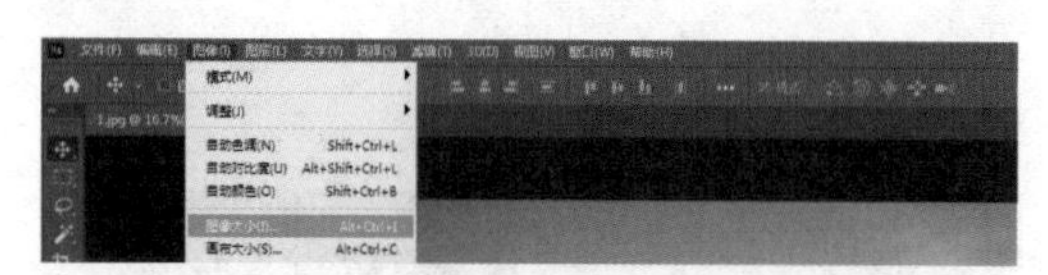

图3-17 【图像】→【图像大小】命令

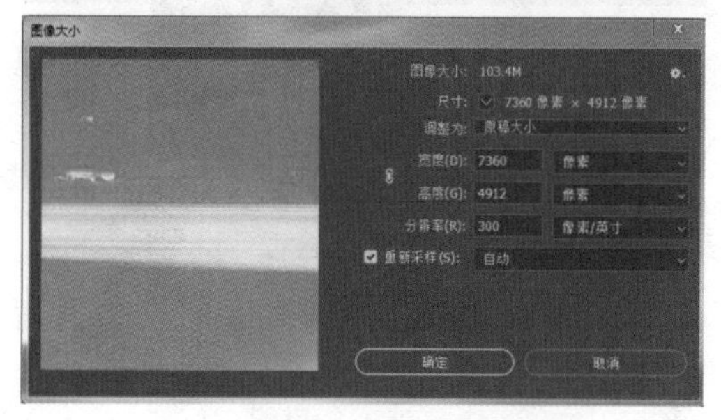

图3-18 【图像大小】对话框

（1）图像大小：显示图像内存大小。

（2）尺寸：显示图像当前的像素尺寸。

（3）调整为：在下拉列表中可以选择多种常用的预设图像大小。如图3-19所示。

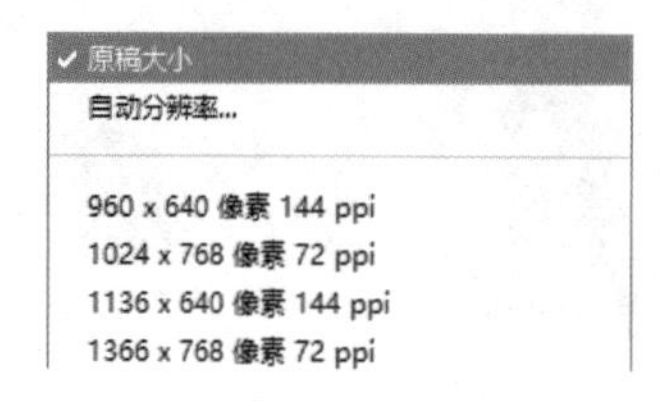

图3-19 【调整为】下拉列表

（4）宽度、高度：用户可以直接在文本框中输入相应的数值，以更改图像的尺寸。输入数值之前，需要在右侧的单位下拉列表中选择合适的单位，包括百分比、像素、英寸、厘米、毫米、点、派卡、列。如图3-20所示。

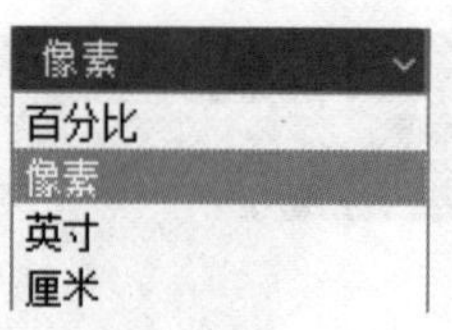

图3-20 【宽度】【高度】单位下拉列表

拓展知识

约束长宽比

【宽度】和【高度】左边的🔗为【约束长宽比】按钮，启用此按钮，可以实现在调整图像大小以后，依旧保持原来的长宽比。未启用时，可以分别调整宽度和高度的数值。

3.2.2 像素和分辨率的修改

在【图像大小】对话框中，可以调整分辨率数值。

（1）分辨率：用户可以在【分辨率】右侧文本框中直接输入相应的数值，以更改图像的分辨率。

（2）重新采样：重新采样是计算机执行某种算法后重新生成像素，也就是修改图像像素的大小，根据需求可以选择不同的插值方法，如图3-21所示。如果未勾选，像素不会发生变化，图像上像素的总量被锁定，此时只能修改物理尺寸，不能调整像素值。

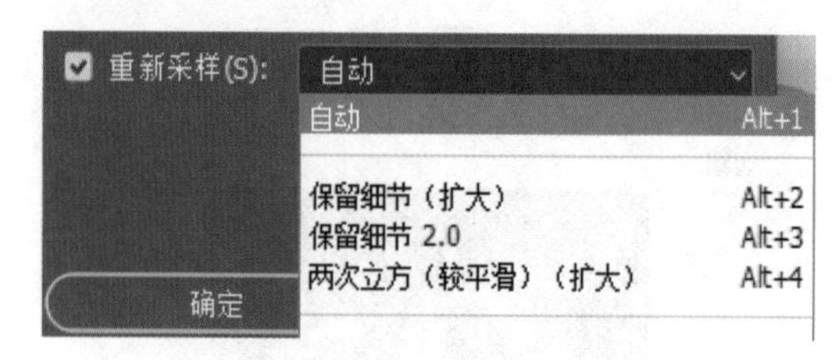

图3-21 重新采样

画面总像素值的计算公式如下：

画面总像素值=高（像素）×宽（像素）

画面总像素值=高（英寸）×宽（英寸）×分辨率（像素/英寸）^{2}

实例3-1　制作合适尺寸的图片

需要得到一个宽度为800像素、高度为700像素的图像，而且大小要在500KB以下，实例效果如图3-22所示。

图3-22　实例效果

步骤01　执行【文件】→【打开】命令，打开素材，如图3-23所示。执行【图像】→【图像大小】命令，打开【图像大小】对话框，图片的原始尺寸比较大，宽度为8000像素、高度为7090像素，如图3-24所示。

图3-23　图片素材

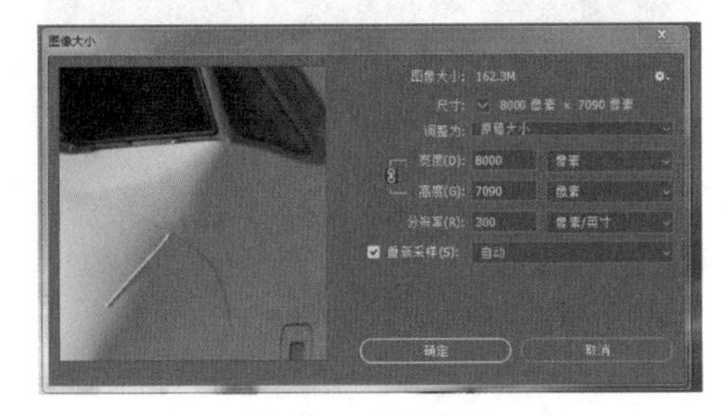

图3-24　原始尺寸

步骤02　单击【约束长宽比】按钮，将限制长宽比取消；在【宽度】右侧框中输入"800"，【高度】右侧框中输入"700"，然后单击【确定】按钮，如图3-25所示。注意：取消【约束长宽比】选项后，目标尺寸的比例要接近原图比例，否则图像会变形。

图3-25　设置【宽度】与【高度】

步骤03　执行【文件】→【存储为】命令，在弹出的【另存为】对话框中设置文件保存位置及文件名，并在【保存类型】下拉列表中选择【JPEG（*.JPG；*.JPEG；*.JPE）】，然后单击【保存】按钮。在弹出的【JPEG选项】对话框中设置【品质】为"8"（此时的文档大小符合我们的要求），单击【确定】按钮，如图3-26所示。

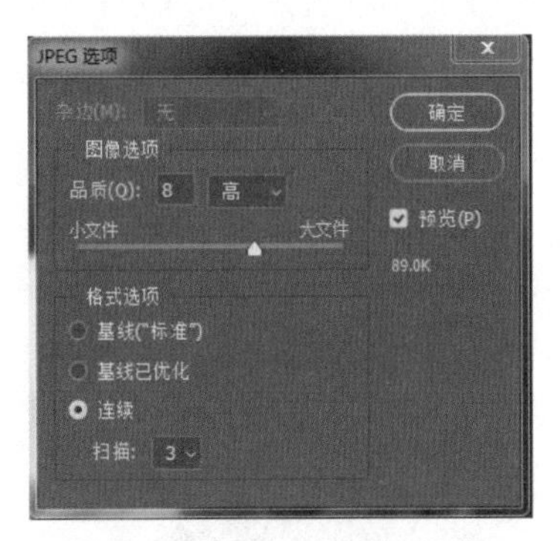

图3-26　【JPEG选项】对话框

3.2.3　图像的复制与粘贴

❶ 复制图像

在Photoshop中能够轻松地实现复制图像的操作。执行【图像】→【复制】命令，弹出【复制图像】对话框，如图3-27所示。单击【确定】按钮，就可完成图像的复制，所拷贝的图像文档显示在文档标题栏上，两个文档内容是一样的，如图3-28所示。

图3-27 【复制图像】对话框

图3-28 复制效果

② 拷贝和粘贴

使用选择工具选中需要拷贝的图像，如图3-29所示，执行【编辑】→【拷贝】命令（快捷键Ctrl+C），把图像拷贝到剪贴板上（这里的剪贴板是虚拟的，看不到），完成拷贝操作。

打开要粘贴对象的目标文件，执行【编辑】→【粘贴】命令（快捷键Ctrl+V），就可完成粘贴操作，然后适当移动对象到合适位置上，如图3-30所示。

图3-29 拷贝操作

图3-30 粘贴操作

3.3 图像的查看

3.3.1 屏幕显示模式切换

鼠标左键长按或者鼠标右键单击工具箱底部的【更改屏幕模式】按钮，弹出如图3-31所示的子命令窗口，用户可以选择3种不同的屏幕显示模式。

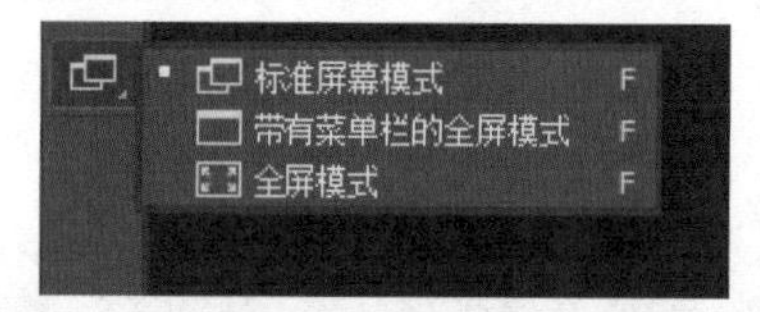

图3-31 更改屏幕模式

（1）标准屏幕模式：此模式为默认的屏幕模式，在此模式下屏幕显示菜单栏、标题栏、滚动条以及其他屏幕元素，如图3-32所示。

图3-32 标准屏幕模式

（2）带有菜单栏的全屏模式：在此模式下，屏幕显示有菜单栏但没有标题栏和滚动条的全屏窗口，如图3-33所示。

图3-33 带有菜单栏的全屏模式

（3）全屏模式：单击【全屏模式】选项，会弹出如图3-34所示的【信息】对话框，单击【全屏】按钮，就可以进入全屏模式，该模式又被叫作专家模式，只显示黑色背景的全屏窗口，不显示标题栏、菜单栏和滚动条，如图3-35所示。可以通过按F键或Esc键返回标准屏幕模式。

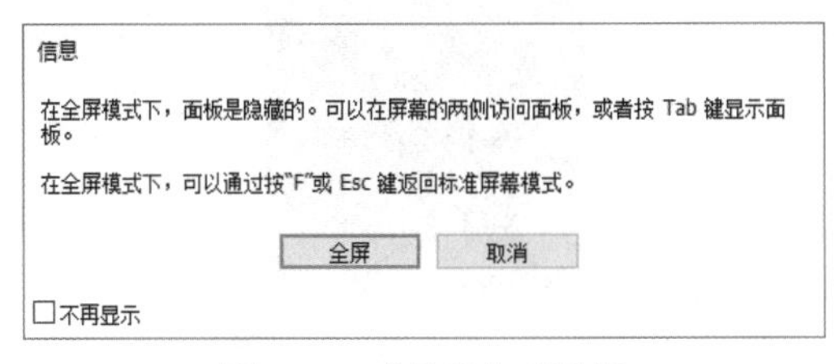

图3-34 【信息】对话框

图3-35 全屏模式

3.3.2 在多窗口中查看图像

如果在Photoshop中同时打开了多个图像文件，为了更好地观察比较，可以执行【窗口】→【排列】命令，在下拉列表中可选择不同的文档排列方式，包括全部垂直拼贴、全部水平拼贴、双联水平、双联垂直等多种排列方案，如图3-36所示。

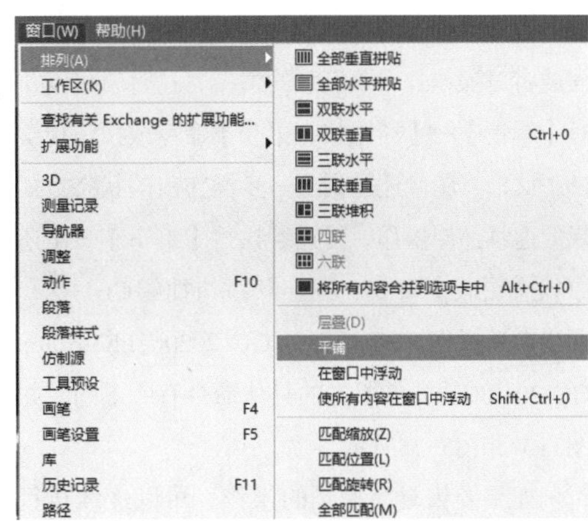

图3-36 【窗口】→【排列】命令

（1）层叠：从屏幕的左上角到右下角以一层一层的方式堆叠文档，要想使用该功能，当前的所有文档都必须为浮动状态。

（2）平铺：按照文档的多少在窗口中平铺显示，图片的大小会根据文档的多少自动调整。

（3）在窗口中浮动：图像自由浮动在窗口上，并可以随意拖动标题栏移动位置。

（4）使所有内容在窗口中浮动：使所有文档都浮动在窗口上，并可以随意拖动。当然改变之后，可以执行【窗口】→【排列】→【将所有内容合并到选项卡中】命令，变回默认排列状态。

（5）匹配缩放：把所有窗口的大小都调整到与当前窗口相同的缩放比例。

（6）匹配位置：把所有窗口中图像的显示位置都调整到与当前窗口相同。

（7）匹配旋转：把所有窗口中画布的旋转角度都调整到与当前窗口相同。

（8）全部匹配：把所有窗口的缩放比例、图像显示位置、画布旋转角度调整至与当前窗口相匹配。

3.4 操作的还原与恢复

3.4.1 操作还原与重做

在图像编辑的过程中，经常会出现操作失误或者对操作效果不满意的情况，这时就可以执行【编辑】→【还原状态更改】命令或按快捷键Ctrl+Z，将图像还原到上一步操作前的状态。如果要连续还原操作，可连续执行【编辑】→【还原状态更改】命令，或连续按快捷键Ctrl+Z，逐步撤销操作。Photoshop CC 2020与Photoshop CC 2018或更早的版本的具体命令有所不同，如图3-37和图3-38所示。

如果要恢复被撤销的操作，可以连续执行【编辑】→【重做】命令，或者连续按快捷键Shift+Ctrl+Z，逐步恢复被撤销的操作，如图3-37所示。

如果要在前后两个操作之间来回切换，可以连续执行【编辑】→【切换最终状态】命令，或者连续按快捷键【Alt+Ctrl+Z】，来切换前后两个操作，如图3-37所示。

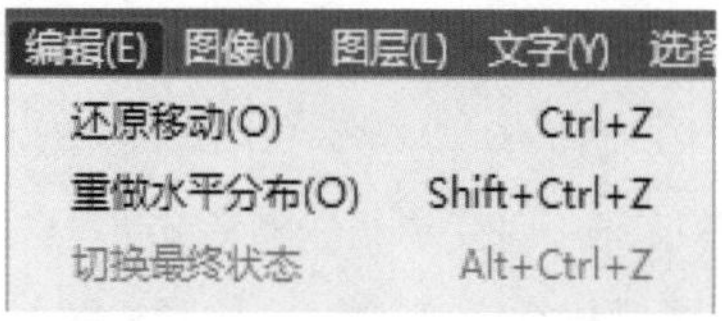

编辑(E) 图像(I) 图层(L) 文字(Y) 选择
还原移动(O) Ctrl+Z
重做水平分布(O) Shift+Ctrl+Z
切换最终状态 Alt+Ctrl+Z

图3-37 Photoshop CC 2020的【还原】【重做】命令

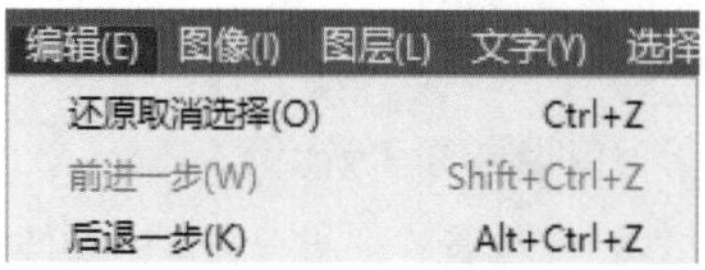

编辑(E) 图像(I) 图层(L) 文字(Y) 选择
还原取消选择(O) Ctrl+Z
前进一步(W) Shift+Ctrl+Z
后退一步(K) Alt+Ctrl+Z

图3-38 Photoshop CC 2018或更早的版本的【还原】【重做】命令

3.4.2 使用【历史记录】面板还原操作

执行【窗口】→【历史记录】命令，即可打开【历史记录】面板，如图3-39和图3-40所示。【历史记录】面板用来记录用户的各项操作。使用此面板，可以将操作恢复至操作过程中指定的某一步，也可以再次返回至当前操作状态。

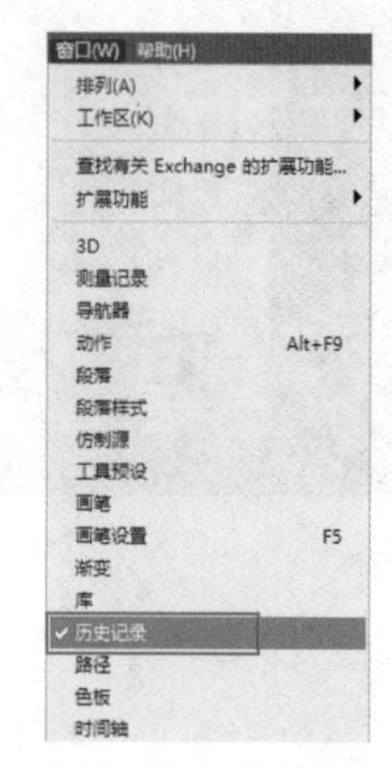

图3-39 【窗口】→【历史记录】命令

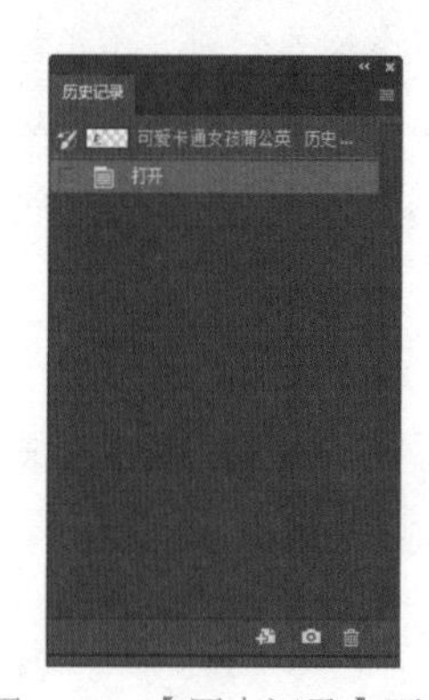

图3-40 【历史记录】面板

只要发生了操作变化，【历史记录】面板就会有相应的记录，例如，显示按住Alt键和鼠标左键，移动并复制1个小女孩图片的历史记录，如图3-41所示。

图3-41 移动并复制的历史记录

接下来再按住Alt键和鼠标左键，再移动并复制1个小女孩图片出来，【历史记录】面板上面也会记录相关的操作，如图3-42所示。

图3-42　历史记录更新

然后我们按住Ctrl键不放手，配合鼠标左键，单击【图层】面板中的其他图层从而选中它们（如图3-43），再单击选项栏中的【水平分布】按钮（如图3-44），就可以得到如图3-45所示效果。

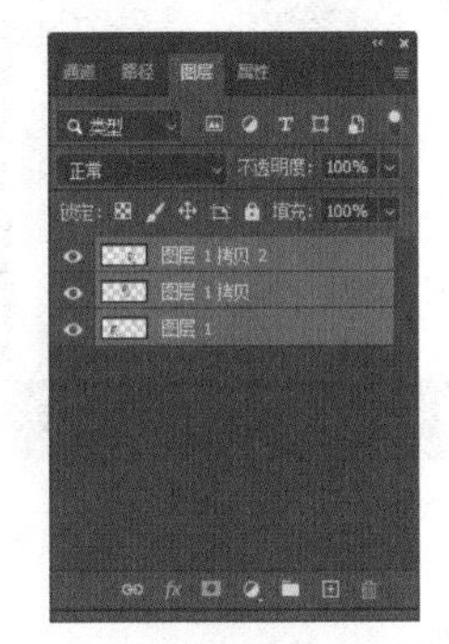

图3-43　【图层】面板

图3-44　单击【水平分布】按钮

图3-45　小女孩图像水平分布效果

步骤渐渐变多之后，如果想还原到之前的某一个步骤，在【历史记录】面板中单击该步骤就可以实现。例如，想回到第一次移动并复制的步骤，单击最上方的【移动】就可以了，如图3-46所示。

图3-46　单击【历史记录】面板中的【移动】

同样，单击【水平分布】，也可以重做，如图3-47所示。

图3-47　单击【历史记录】面板的【水平分布】

当然，历史记录是可以被删除的，操作方法为：选中某一项记录，单击删除图标，如图3-48所示；或者用鼠标右键单击该记录，在弹出的子菜单中单击【删除】命令，如图3-49所示。另外，通过【编辑】菜单的【清理】命令，也可以清除所有历史记录，如图3-50所示。

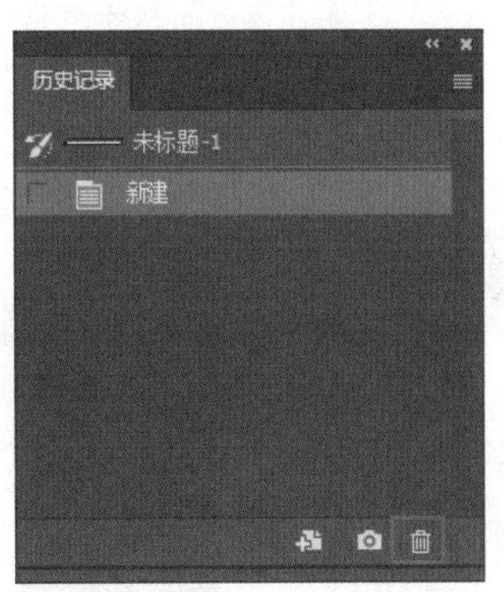

图3-48　删除图标

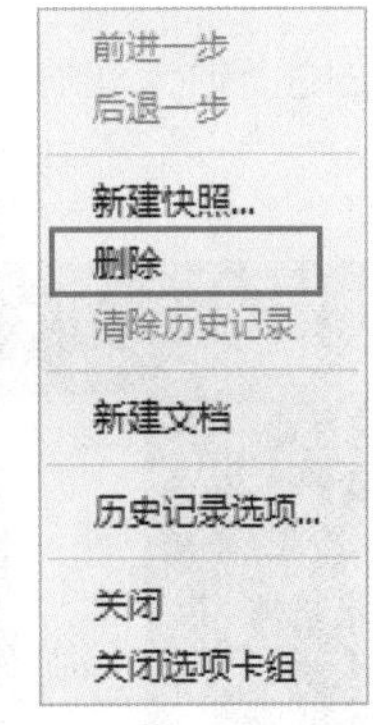

图3-49　子菜单选项

图3-50　【编辑】菜单的【清理】命令

3.4.3 恢复

在图像编辑的过程中，只要没有保存图像，都可以把图像恢复至打开时的状态。执行【文件】→【恢复】命令或是按F12键即可完成文件的恢复，如图3-51所示。

图3-51 执行【恢复】命令

3.5 视图的简单调整

3.5.1 视图的放大缩小

在图像编辑的过程中，我们经常需要将视图放大来处理细节，或者是将视图缩小来看整体效果，我们可以通过工具箱中的【缩放工具】对视图进行放大和缩小。打开一张图片，如图3-52所示。

图3-52 打开图片

单击【缩放工具】，得到【缩放工具】的选项栏，如图3-53所示。

图3-53 【缩放工具】选项栏

选中放大功能，多次单击模特脸部，就会以脸部为中心，放大整个视图，如图3-54所示。

图3-54 放大视图

选中缩小功能，多次单击模特脸部，就会以脸部为中心，缩小整个视图，如图3-55所示。

图3-55 缩小视图

拓展知识

快捷键

在【缩放工具】状态下，按住Alt键可临时切换【放大】或【缩小】功能。

缩放视图还有另外一个方法，就是通过鼠标滚轮进行操作，执行【编辑】→【首选项】→【工具】命令，勾选【用滚轮缩放】选项，即可通过鼠标滚轮进行缩放，如图3-56所示。

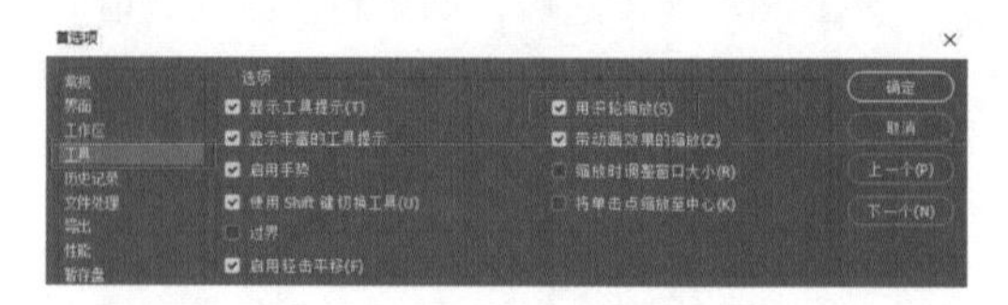

图3-56 勾选【用滚轮缩放】

拓展知识

不勾选【用滚轮缩放】

如果不勾选【用滚轮缩放】，可以按住Alt键加鼠标滚轮对视图进行放大和缩小。

3.5.2　视图的旋转

按下快捷键R，即可打开【旋转视图工具】选项栏，鼠标左键单击图片，鼠标变成了，如图3−57所示。

图3−57　【旋转视图工具】选项栏

接着可以通过拖动鼠标对视图进行顺时针或者逆时针旋转调节，如图3−58所示。

图3−58　旋转视图

也可以在【旋转角度】右侧的文本框中输入数值，精确控制旋转的角度，如图3−59所示。

图3−59　用数值控制角度

如果想恢复视图的原始状态，单击【复位视图】按钮即可，如图3−60所示。

图3−60　【复位视图】按钮

PSD

PS

第4章

选区工具

——创建选区，实现抠图

选区就是被选择的编辑区域，它是Photoshop中很基础也很重要的功能。它可以帮助用户完成对图像的局部操作，而不影响其他部分的像素。本章主要对选区的创建、基本操作、编辑方法等相关知识进行讲解。

4.1 创建规则形状选区

在Photoshop中，规则形状指的是矩形、椭圆形这两种图形，以及由这两种图形派生出来的正方形和正圆形。规则形状的选区需要使用选框工具创建。

4.1.1 矩形选框工具

使用矩形选框工具能够在图像上创建矩形选区。用鼠标左键长按或者用鼠标右键单击工具箱中的【矩形选框工具】，弹出子命令窗口，如图4-1所示。

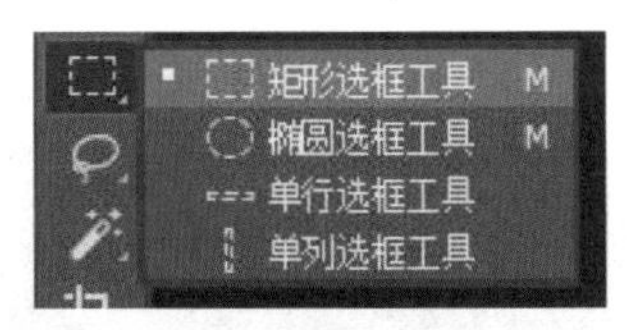

图4-1 【矩形选框工具】命令

选中第一个【矩形选框工具】，其选项栏如图4-2所示。

图4-2 【矩形选框工具】选项栏

（1）羽化：用于设置选区边缘的虚化程度，数值越大则虚化范围越大，反之越小，适当羽化可使选区过渡更加平滑。

（2）消除锯齿：矩形选框工具通常不存在锯齿，此设置仅用于椭圆选框工具。

（3）样式：用于设置选区的创建方法。

● 选择【正常】：可以通过拖动鼠标创建任意大小的选区。

● 选择【固定比例】：可以在右侧的【宽度】和【高度】文本框中输入数值，创建固定宽高比例的选区。

● 选择【固定大小】：可以在右侧的【宽度】和【高度】文本框中输入数值，只需在画布中单击即可创建固定大小的选区。

矩形选框工具的使用方法十分简单，选择【矩形选框工具】后，在画布中按住鼠标左键向右下角拖动，即可绘制选区；按住Shift键并按住鼠标下拉，则可以绘制正方形选区，如图4-3所示。

图4-3 绘制选区（左边是矩形，右边是正方形）

执行【图层】→【新建】→【通过拷贝的图层】命令，如图4-4所示，抠出选区内的图片。

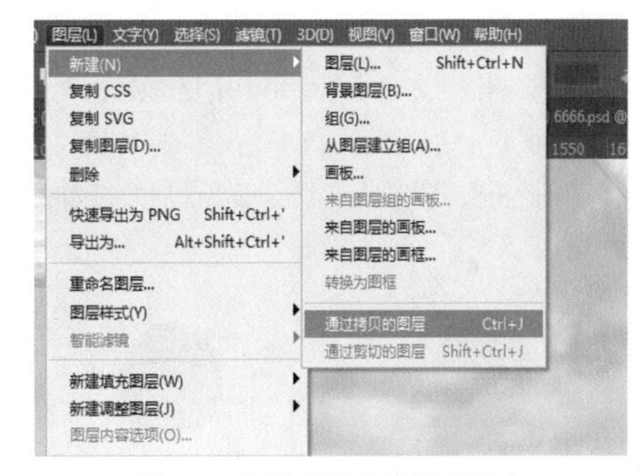

图4-4 选择【通过拷贝的图层】

单击【背景】图层前面的小眼睛，将隐藏背景图层，得到如图4-5所示效果。

图4-5 隐藏背景图层

拓展知识

因为选区的边线是闪烁的动态虚线，像许多蚂蚁排队跑步，所以我们也叫它“蚂蚁线”。

4.1.2 椭圆选框工具

椭圆选框工具与矩形选框工具同属于选框工具，使用椭圆选框工具可以在图片中创建椭圆形与正圆形选区。【椭圆选框工具】选项栏中比【矩形选框工具】多一个【消除锯齿】的复选框，默认勾选，如图4-6所示。

图4-6 【椭圆选框工具】选项栏

像素是组成图像的最小元素，并且是正方形的，因此在创建椭圆形、圆形等形状的选区时容易产生锯齿。勾选【消除锯齿】复选框之后，会使选区看上去平滑。由于只有边缘像素发生变化，因此不会丢失细节，消除锯齿前后效果如图4-7所示。

图4-7 消除锯齿前后对比（左边锯齿明显，右边锯齿不明显）

椭圆选框工具的使用方法与矩形选框工具相同，选择工具箱中的【椭圆选框工具】，在图片中按住鼠标左键向右下角拖动，即可绘制椭圆形选区；按住Shift键并按住鼠标左键下拉，则可以绘制正圆形选区，如图4-8所示。

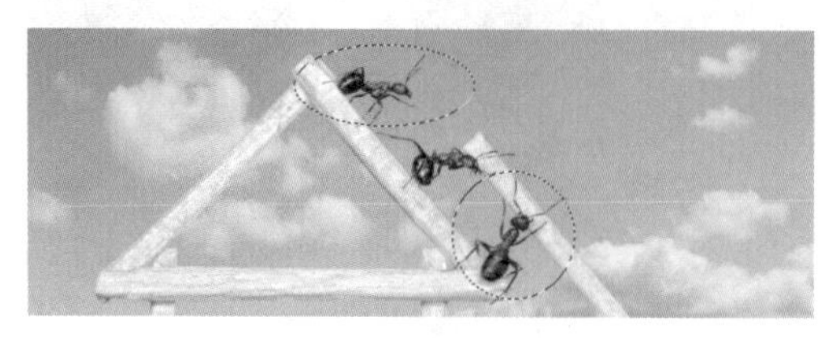

图4-8 绘制椭圆形和正圆形选区

4.1.3 选区的运算方式

在工具的选项栏中有4种选区的运算方式，分别是新选区、添加到选区、从选区减去、与选区交叉。

（1）新选区：指绘制新选区，选区工具在默认状态下为【新选区】选项 。前文对矩形选框工具和椭圆形选框工具的介绍中的选区，就是用新选区运算方式绘制的。

（2）添加到选区：指增加选区，单击【添加到选区】选项 ，或者按住Shift键，在已有选区的基础上，按住鼠标左键向任意方向拖动一下，就可以增加选区。如图4-9所示。

图4-9 添加到选区

（3）从选区减去：指减少选区，单击【从选区减去】选项 ，或者按住Alt键，在已有选区的基础上，按住鼠标左键向任意方向拖动一下，就可以减少选区。如图4-10所示。

图4-10 从选区减去

（4）与选区交叉：指获得两个选区重叠交叉的选区，单击【与选区交叉】选项 ，或者按住快捷键Shift+Alt，在已有选区基础上，按住鼠标左键向任意方向拖动一下，即可获得两个选区重叠交叉的选区。如图4-11所示。

图4-11　交叉选区

拓展知识

所有选区工具都可以用这4种运算方式绘制，大家可以通过快捷键来操作，从而提高工作效率！

4.1.4　单行/单列选框工具

单行选框工具、单列选框工具只能创建高1 px（像素）或宽1 px（像素）的选区，主要被用来制作网格。单行选框工具和单列选框工具的使用方法十分简单，单击工具箱中的【单行选框工具】按钮 ，然后把光标移至画面中，在想要绘制网格的地方单击即可；同样，选择【单列选框工具】按钮 ，把光标移至画面中，单击即可绘制纵向网格，如图4-12所示。

图4-12　单行/单列选框工具选择效果

4.2　创建不规则形状选区

4.2.1　套索工具

使用套索工具能够绘制不规则形状的选区，它要比创建规则形状选区的工具自由度更高。比如，处理图片时若需要对局部进行调整或绘制不规则图形，都可以用套索工具创建选区。

打开图片，单击工具箱中的【套索工具】按钮 ，然后在图片中按住鼠标左键并移动鼠标，就可圈选所要选择的图像区域。当终点和起点闭合时，释放鼠标即可创建选区，如图4-13所示。

图4-13　使用套索工具创建选区

拓展知识

使用套索工具时，中途释放鼠标会怎么样?

在使用套索工具绘制选区的过程中，如果中途释放鼠标，Photoshop CC就会自动用一条直线连接起点与终点，并形成封闭选区。

4.2.2　多边形套索工具

多边形套索工具可以很方便地对一些转角明显的对象创建选区，适合创建一些由直线构成的多边形选区。

打开一张图片，用鼠标左键长按或者用鼠

标右键单击工具箱中的【套索工具】，在弹出的子命令窗口中选中【多边形套索工具】（如图4-14），然后在画面中单击确定起点，沿着对象边缘单击其他点（按下Delete键可删除最近绘制的线，按下Esc键可删除所有绘制的线）。依次框选对象，最后将鼠标移至起点位置单击，使终点同起点相连，形成封闭的选区，如图4-15所示。

图4-14 【套索工具】子命令窗口

图4-15 形成封闭的选区

拓展知识

Shift键的使用

使用多边形套索工具创建选区时，按住Shift键，可以水平、垂直或倾斜45°绘制直线。

4.2.3 磁性套索工具

磁性套索工具具有自动识别绘制对象的功能，一般用来创建边缘分明的选择对象的选区，或者是对选区精度要求不严格的选择对象的选区。

【磁性套索工具】选项栏如图4-16所示。

图4-16 【磁性套索工具】选项栏

（1）宽度：宽度设置的数值决定了以光标为基准，其周围有多少个像素能够被【磁性套索工具】检测到。如果选择对象的边缘比较清晰，可以使用较大的宽度值；如果边缘不是很清晰，则需要用一个较小的宽度值。

（2）对比度：设置工具感应图像边缘的灵敏度。较大数值检测对比鲜明的边缘，较小数值则检测对比不清晰的边缘。

（3）频率：用磁性套索工具创建选区时，会生成很多个锚点，频率设置的数值决定了锚点的数量。频率数值越大，生成的锚点越多，捕捉到的边缘越准确。

打开一张图片，用鼠标左键长按或者用鼠标右键单击工具箱中的【套索工具】，在弹出的子命令窗口中单击【磁性套索工具】按钮，在画面中单击确定起点，然后沿着选择对象边缘移动鼠标，就能够在光标经过处自动选取边缘，最终创建选区，如图4-17所示。

图4-17 使用磁性套索工具创建选区

拓展知识

1. 锚点越多越好吗？

使用过多的锚点会使选区的边缘不够平滑，因此在设置频率时要根据选择对象的大小和样式决定，锚点越多不一定就越好。

2. 【磁性套索工具】与【多边形套索工具】的切换

在使用【磁性套索工具】时，按住Alt键，单击能够切换成【多边形套索工具】，释放Alt键，单击之后又变回【磁性套索工具】。

4.2.4　对象选择工具

对象选择工具能够框选对象，通过软件的智能识别，直接获取对象的选区，是创建选区最快捷的方法之一，常被用于边缘分明的选择对象。【对象选择工具】选项栏如图4-18所示。

图4-18　【对象选择工具】选项栏

（1）模式：有矩形和套索两种模式，用法与矩形工具和套索工具一样。

（2）对所有图层取样：勾选此复选框，会针对所有图层显示效果建立选取范围。如果只是基于单个图层取样，则不必勾选。

（3）自动增强：勾选此复选框，可减少选区边界的粗糙度和块效应，使选区边缘同对象边缘更贴近，也就是创建的选区更精准。

（4）减去对象：在定义的区域内查找并自动减去对象。

【对象选择工具】的操作方法很简单，打开一张图片，在工具箱中单击【对象选择工具】按钮，然后将光标从左上角往右下角拖曳，框选对象，即可创建选区，如图4-19所示。

图4-19　使用对象选择工具创建选区

4.2.5　快速选择工具

快速选择工具能够利用可调整的圆形画笔快速创建选区，是创建选区最快捷的方法之一，仅需要在待选取的图像上多次单击，或者是按住鼠标左键并拖动，快速选择工具就会自动查找颜色接近的区域，并创建这部分的选区。【快速选择工具】选项栏如图4-20所示。

图4-20　【快速选择工具】选项栏

（1）添加/删减选区：一般用【添加到选区】按钮来创建选区，单击按钮可以在原有选区的基础上增加选区。如果在操作过程中，不小心使选区超出了所选范围，就可以单击【从选区减去】按钮，在选区多余区域单击进行删减操作。

（2）设置画笔：单击按钮，会弹出【画笔】子窗口，可以设置画笔的大小、硬度、间距、角度以及圆度等数值（画笔工具的详细讲解见第8章）。另外，在创建选区过程中，按“[”键可缩小画笔，按“]”键可加大画笔。

（3）自动增强：与【对象选择工具】工具选项栏中对应的复选框功能一样。

（4）对所有图层取样：与【对象选择工具】工具选项栏中对应的复选框功能一样。

快速选择工具的操作方法很简单，打开一张图片，在工具箱中单击【快速选择工具】按钮，然后将光标放在图像上，单击鼠标或者拖动鼠标，即可创建选区，如图4-21所示。

图4-21　使用快速选择工具创建选区

4.2.6 魔棒工具

使用魔棒工具能够快速地获取与取样点颜色相似的部分选区。单击画面时，光标所在的区域就是取样点。【魔棒工具】选项栏如图4-22所示。

图4-22 【魔棒工具】选项栏

（1）取样大小：设置取样的范围，通常默认为“取样点”，也就是对光标所在的位置进行取样。下拉菜单中有“3×3平均”“5×5平均”等7个选项，数字表示的是像素的数目。

（2）容差：所选取图像的颜色接近度，数值在0～255之间。其中容差数值越大，图像颜色的接近度就越小，选择的区域越广；容差数值越小，图像颜色的接近度就越大，选择的区域越窄。

（3）消除锯齿：勾选该复选框后，可以使选区的边缘更平滑。

（4）连续：勾选该复选框后，只选择颜色连接的区域，不能跨区域选择。如果不勾选该项，则可以选择所有颜色相近的区域。

（5）对所有图层取样：勾选该复选框后，整个文档中颜色相同的区域都会被选中，不勾选则只会选中单个图层的颜色。

打开一张图片，在工具箱中单击【魔棒工具】按钮，取消工具选项栏中【连续】的勾选 □连续，单击相应区域即可创建选区，如图4-23所示。

图4-23 使用魔棒工具创建选区

4.3 创建选区的其他方法

4.3.1 选择主体

Photoshop CC 2019版新加了一个创建选区的方法——选择主体。新增的选择主体功能，只需单击一下，即可对图像中比较明显的主体创建选区。

选择主体创建选区的方法可通过两种方式实现：一是【快速选择工具】选项栏中的【选择主体】按钮，如图4-24所示；二是执行【选择】→【主体】命令，如图4-25所示。

图4-24 【快速选择工具】选项栏中的【选择主体】

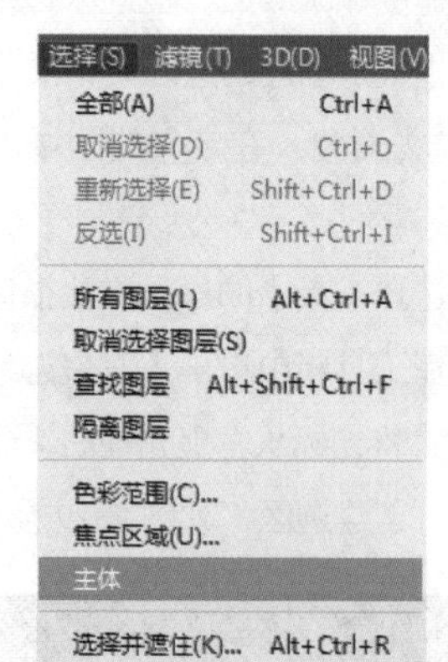

图4-25 【选择】→【主体】命令

打开一张图片，执行【选择】→【主体】命令，效果如图4-26所示。

图4-26 执行【选择】→【主体】命令创建选区

选择主体功能是基于软件智能计算实现的，对于边缘较为复杂图像的处理不一定完美，我们可以在此基础上使用【选择并遮住】的方法来完善我们的选区。

4.3.2 选择并遮住——调整边缘

【选择并遮住】命令可以用来对选区进行边缘检测，调整选区的平滑度、羽化、对比度以及边缘位置。由于【选择并遮住】命令能够智能地细化选区，因此常用于人和动物的毛发或者细密的植物的抠图。

1 【选择并遮住】界面

继续编辑上面我们用【选择】→【主体】命令获得的选区，执行【选择】→【选择并遮住】命令，如图4-27所示；或者在【快速选择工具】选项栏中单击【选择并遮住】，进入【选择并遮住】界面，如图4-28所示，左侧为一些用于调整选区以及视图的工具，左上方为所选工具的选项栏，右侧为选区编辑选项。

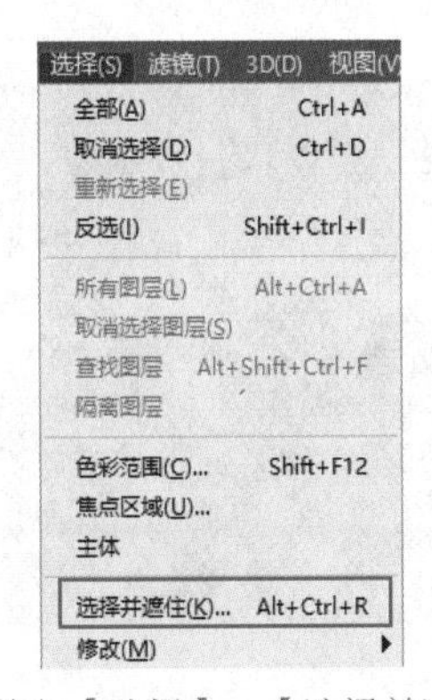

图4-27 执行【选择】→【选择并遮住】命令

图4-28 单击【选择并遮住】后的界面

（1）快速选择工具：和前面介绍的快速选择工具功能一样。

（2）调整边缘画笔工具：可以识别出与对象边缘颜色不同的区域。这个工具是【选择并遮住】最重要的工具，可用来去掉毛发周围的白色。

（3）画笔工具：通过涂抹添加或减去选区（画笔工具的详细讲解见第8章）。

（4）对象选择工具：在定义的区域内查找并自动选择一个对象。

（5）套索工具组：包括【套索工具】和【多边形套索工具】两种工具。详见本章4.2.1和4.2.2部分讲解。

2 视图模式

在【视图模式】选项组能够设置视图显示的方式。单击【视图】下拉按钮，在下拉列表中选择一个合适的视图模式，如图4-29所示。

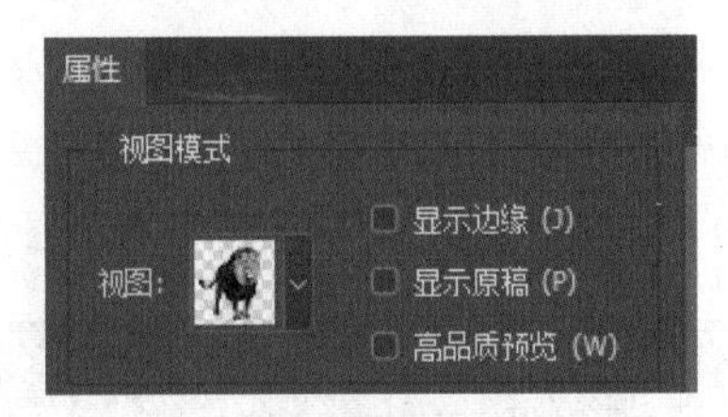

图4-29 【视图模式】选项组

（1）视图：在【视图】下拉列表中可以选择不同的显示效果。如图4-30所示为各种视图模式的显示效果。我们现在将【视图】设为【黑底】，【不透明度】设为60%，如图4-31所示。

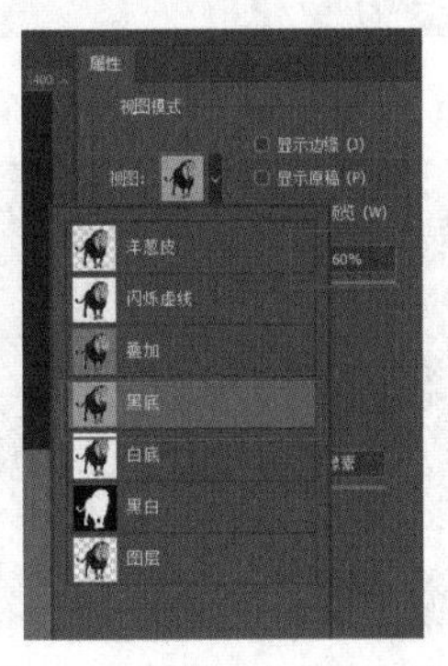

图4-30 【视图】下拉列表

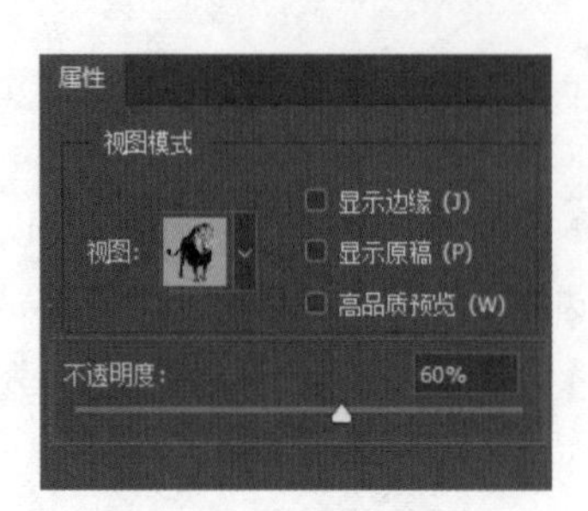

图4-31　调节【不透明度】

（2）显示边缘：勾选该复选框时，显示以半径定义的调整区域。

（3）显示原稿：勾选该复选框时，可以查看原始选区。

（4）高品质预览：勾选该复选框时，能够以更好的效果预览选区。

3 边缘检测

如果对象边缘仍然有黑色的像素，可设置【边缘检测】的【半径】选项进行调整。【半径】选项确定对象边缘所需调整的选区边界的大小。对于较柔和的边缘，可使用较大的半径；对于锐边，可使用较小的半径；将半径分别设置为0和250时的对比效果如图4-32和图4-33所示。勾选【智能半径】复选框可以自动调整边缘区域中发现的硬边缘及柔化边缘的半径。

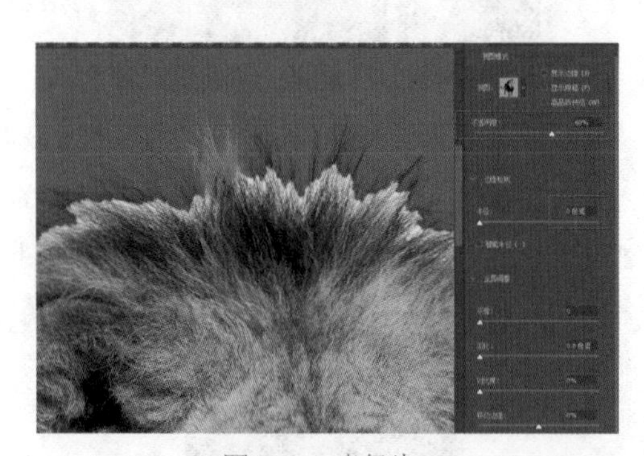
图4-32　半径为0

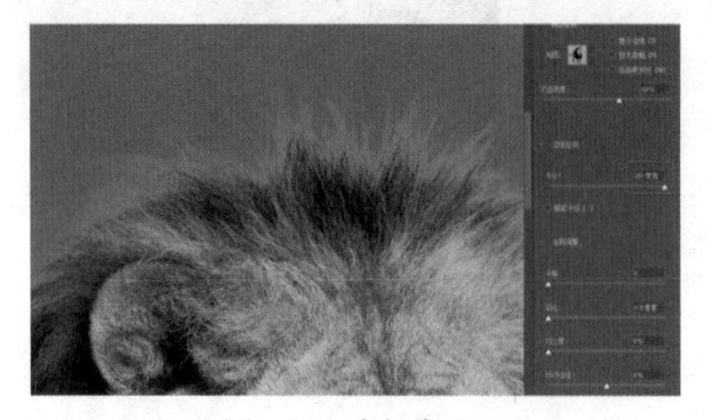
图4-33　半径为250

4 全局调整

【全局调整】选项组主要用来对选区进行平滑、羽化以及扩展等处理，如图4-34所示。

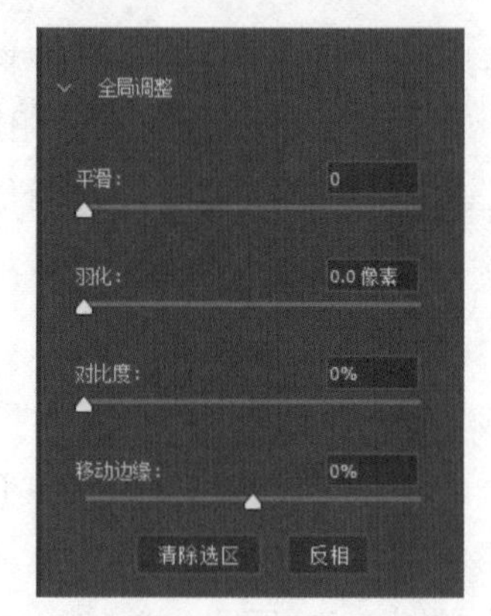

图4-34　【全局调整】选项组

（1）平滑：用来减少选区边缘中的不规则区域，以创建较平滑的轮廓。将边缘检测半径调为0，然后改变平滑数值，如图4-35和图4-36所示为不同参数下的对比效果。

图4-35　平滑数值为0，边缘锯齿明显

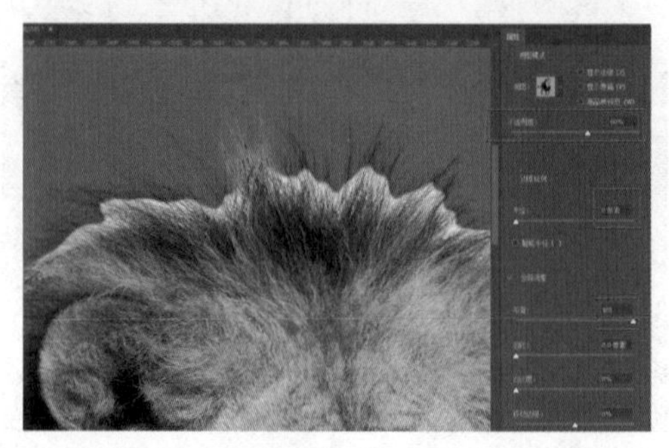
图4-36　平滑数值为100，边缘平滑

（2）羽化：模糊选区边缘和周围像素之间的过渡效果。将半径、平滑值都调为0，然后改变羽化数值，如图4-37和图4-38所示为不同参数下的对比效果。

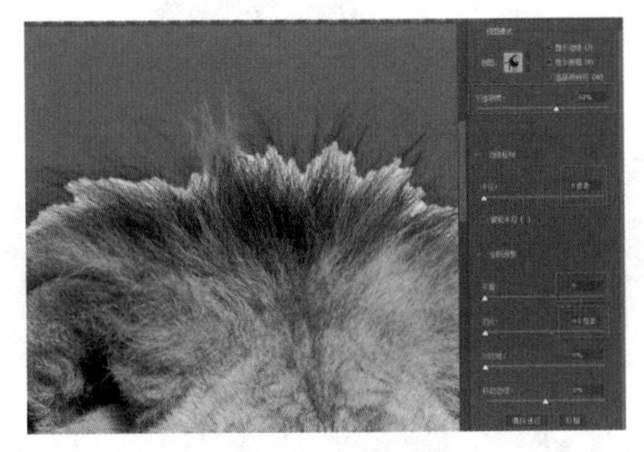

图4-37　羽化数值为0

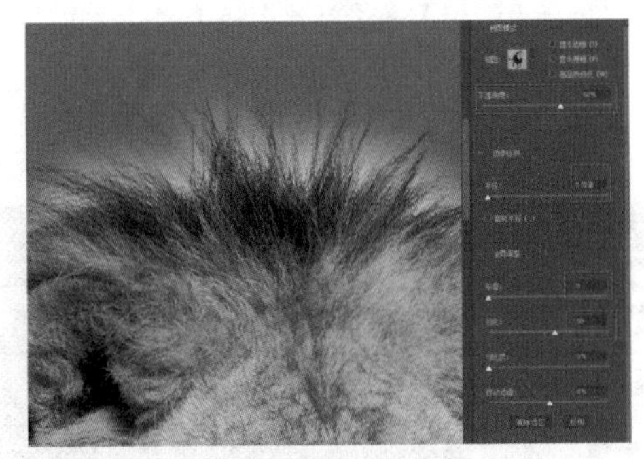

图4-38　羽化数值为50

（3）对比度：锐化选区边缘并消除模糊的不协调感。通常配合【智能半径】选项调整出来的选区效果会更好。

（4）移动边缘：当设置为负值时，可向内收缩选区边界；当设置为正值时，可以向外扩展选区边界。

（5）清除选区：单击该按钮可取消当前选区。

（6）反相：单击该按钮，即可得到反向的选区。

5 输出设置

在输出之前，使用【调整边缘画笔工具】，将其调整到合适大小。如图4-39所示，单击画笔工具旁边的小箭头，出现下拉子菜单，选中三角形滑块，左右滑动可调节大小。

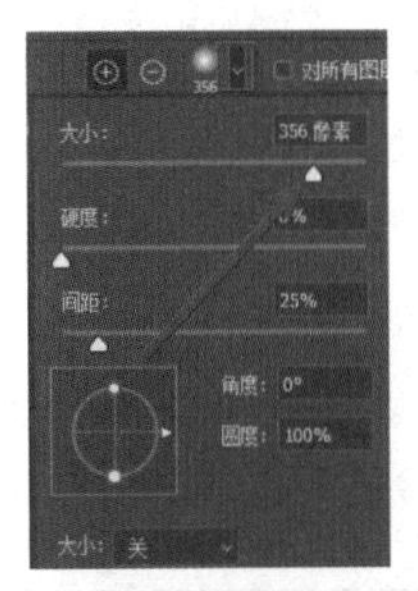

图4-39　调整【调整边缘画笔工具】大小

然后用【调整边缘画笔工具】在狮子毛发边缘慢慢涂抹一圈，如图4-40所示，得到图4-41所示的效果图。

图4-40　涂抹狮子毛发边缘

图4-41　调整边缘效果图

接下来我们对比一下使用【调整边缘画笔工具】处理前后效果图，如图4-42所示。

图4-42　使用【调整边缘画笔工具】处理前后效果图（左边为使用前的效果，右边为使用后的效果）

处理完之后，我们开始进行输出设置，在【输出设置】选项组中有净化颜色设置和输出方式设置。

（1）净化颜色：如图4-43所示，勾选之后可以将选区边缘的杂色替换为附近完全选中的像素颜色。

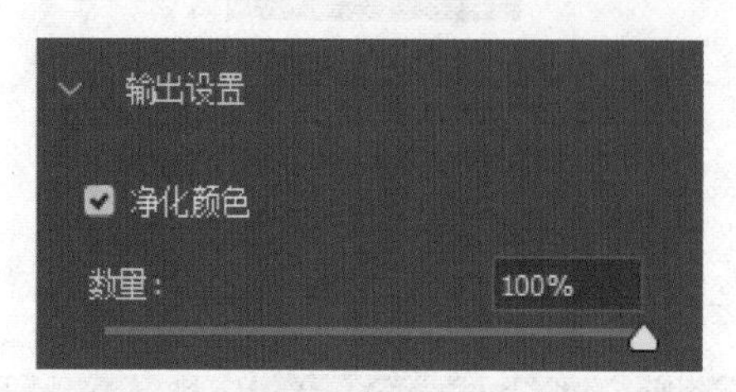

图4-43 净化颜色

（2）输出到：设置选区的输出方式，单击【输出到】旁边的箭头，在下拉列表中可以选择相应的输出方式，将【输出到】设为【选区】，如图4-44所示。

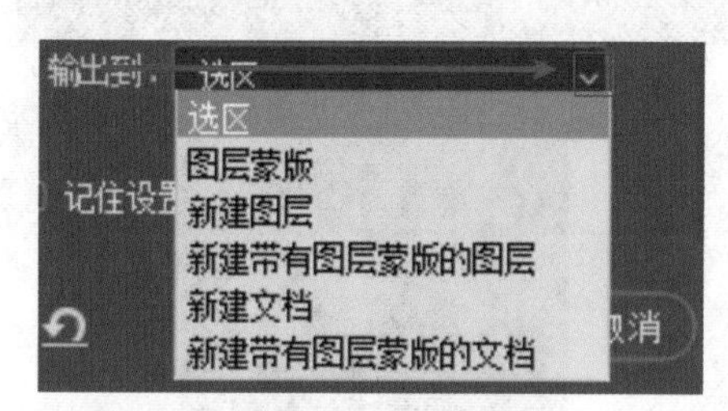

图4-44 【输出到】下拉列表

6 记住设置

勾选该选框，在下次使用该命令的时候即会默认显示上次使用的参数。

勾选【记住设置】，单击【确定】按钮，如图4-45所示。

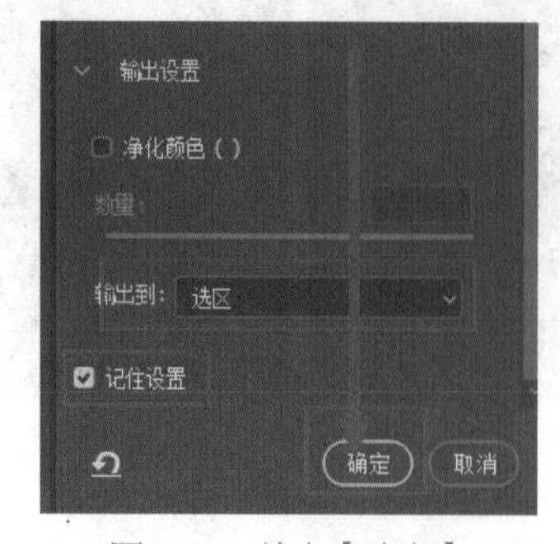

图4-45 单击【确定】

确定之后，回到我们熟悉的工作界面，获得对象选区，如图4-46所示。

图4-46 获得对象选区

执行【图层】→【新建】→【通过拷贝的图层】命令或者按快捷键Ctrl+J抠出狮子图像，如图4-47所示，新增图层【图层1】。

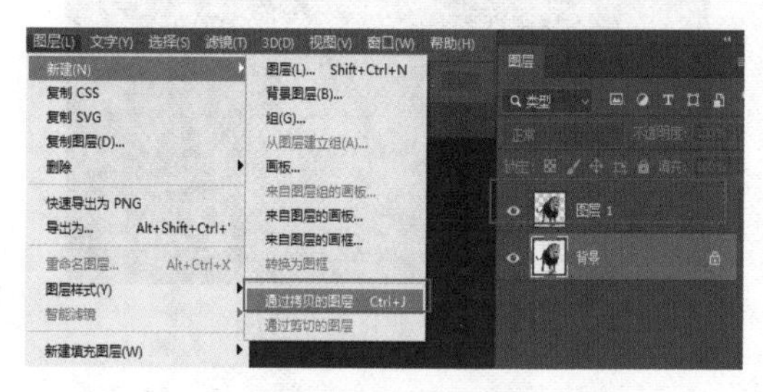

图4-47 抠出狮子图像

单击【背景】图层前面的小眼睛，隐藏背景图层，选中抠好的狮子，按快捷键Ctrl+C复制狮子，然后新建一个宽度1920像素、高度2037像素、分辨率72像素/英寸的黑色背景的文档，再按快捷键Ctrl+V，将狮子粘贴到新的文档里面，这样就将狮子完整地抠出来了，如图4-48所示。

图4-48 左边为隐藏背景图层的效果图，右边为换背景之后的效果图

4.3.3　色彩范围

【色彩范围】命令用来选择整个图像内指定的颜色或颜色子集。执行【选择】→【色彩范围】命令，在弹出的【色彩范围】对话框中可以进行颜色的选择、颜色容差的设置，还可使用吸管工具【添加到取样】和【从取样中减去】对选中的区域进行调整。

打开一张图片，如图4-49所示，执行【选择】→【色彩范围】命令，弹出【色彩范围】对话框。在这里需要先设置取样方式，即【选择】选项，打开其下拉列表框，可以看到其中有多种颜色取样方式可供选择。如图4-50所示。

图4-49　图片素材

图4-50　【色彩范围】对话框及【选项】下拉列表

若选择【红色】【黄色】【绿色】等选项，在图像查看区域中能够看到：画面中包含这种颜色的区域会以白色（选区内部）显示，不包含这种颜色的区域通过黑色（选区以外）显示。若图像中仅部分包含这种颜色，则以灰色显示，如图4-51所示。也可以从【高光】【中间调】【阴影】中选择一种方式，如选择【阴影】在图像查看区域可以看到被选中的区域变为白色，其他区域为黑色。

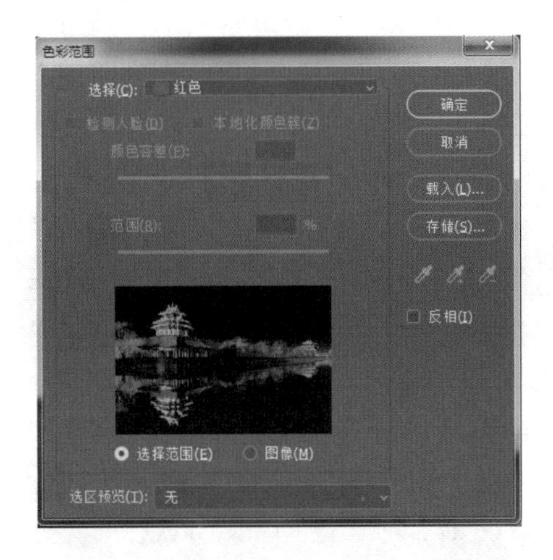

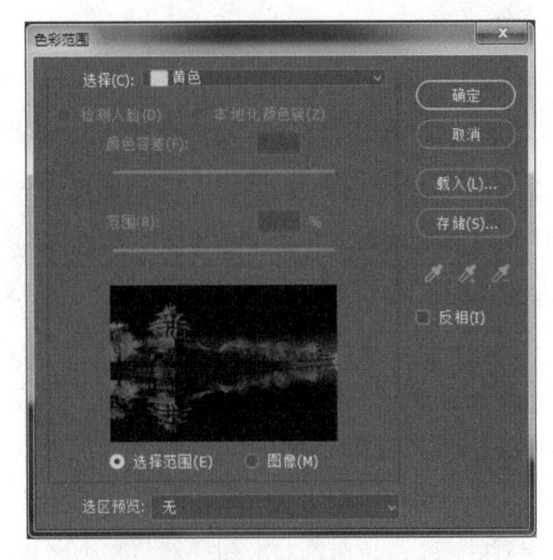

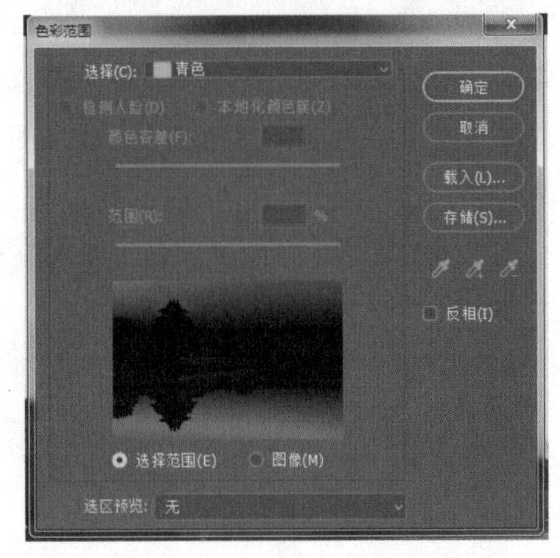

图4-51　选择【红色】【黄色】【青色】时的不同效果

图像查看区域包含【选择范围】和【图像】两个选项。当选中【选择范围】时，预览区中的白色代表被选择的区域，黑色代表未选择的区域，灰色代表被部分选择的区域（即有羽化效果的区域）；当选中【图像】时，预览区内会显示彩色图像。

（1）吸管工具：用于定义图像中选择的颜色。使用【吸管工具】可以直接在画面中单击，将图像中单击处的颜色定义为选择的颜色。若要添加取样颜色，可以单击【添加到取样】按钮，然后在预览区或图像上单击，以取样其他颜色；若要减去多余的取样颜色，可以单击【从取样中减去】按钮，然后在预览区或图像上单击，以减去多余的取样颜色。

（2）选择：用来设置创建选区的方式。选择【取样颜色】选项时，将光标移至画布中的图像上单击即可进行取样；选择【红色】表示以图像中的红色创建选区，也可以指定其他颜色创建选区；选择【高光】则表示以图像中的高光创建选区。

（3）检测人脸：勾选此复选框时，可以更加准确地查找皮肤部分的选区。

（4）本地化颜色簇：勾选此复选框，然后拖动【范围】滑块可控制要包含在蒙版中的颜色与取样点的最大和最小距离。

（5）颜色容差：控制颜色的选择范围。数值越高，包含的颜色越多；数值越低，包含的颜色越少。

（6）范围：当【选择】设置为【高光】【中间调】和【阴影】时，可借助调整【范围】数值，设置【高光】【中间调】和【阴影】各个部分的大小。

（7）反相：将选区进行反转，也可创建选区后，执行【选择】→【反选】命令。

拓展知识

当发现选择范围无法满足需求时怎么办？

（1）当颜色选项无法满足需求时，可在【选择】下拉列表框中选择【取样颜色】，将鼠标移至图像上，单击即可进行取样。在图像查看区域中可以看到与单击处颜色接近的区域变为白色。

（2）如果发现单击后被选中的区域范围有些小，原本十分接近的颜色区域并没有在图像查看区域中变为白色，可适当增大【颜色容差】数值，使选择范围变大。

（3）增大【颜色容差】数值能够增大被选中的范围，但还是会遗漏一些区域。此时可以单击【添加到取样】按钮，在画面中多次单击需要被选中的区域。也可以在图像查看区域中单击，使需要选中的区域变白。

为了便于观察选区效果，可以从【选区预览】下拉列表框中选择文档窗口中选区的预览方式。选择【无】选项时，表示不在窗口中显示选区；选择【灰度】选项时，可以按照选区在灰度通道中的外观来显示选区；选择【黑色杂边】选项时，可以在未选择的区域上覆盖一层黑色；选择【白色杂边】选项时，可以在未选择的区域上覆盖一层白色；选择【快速蒙版】选项时，可以显示选区在快速蒙版状态下的效果，如图4-52所示。

灰度

黑色杂边

白色杂边

快速蒙版

图4-52 不同选区预览模式

4.4 选区的基本操作

4.4.1 全选

【全选】命令一般在复制图像时使用，执行【选择】→【全部】命令，或者按快捷键Ctrl+A，就可选择当前图层文档边界内的全部图像。

4.4.2 取消选择和重新选择

创建选区后，执行【选择】→【取消选择】命令，或者按快捷键Ctrl+D，就可以取消选择；若要恢复取消的选区，则可以执行【选择】→【重新选择】命令，或者按快捷键Shift+Ctrl+D。

4.4.3 移动选区

如果选区的位置不满足需求，需要移动，则选择任意选区创建工具，确认其选项栏中显示的选区运算方式是【新选区】。然后将光标移至选区内任意位置，按住鼠标左键拖动即可移动选区。如果光标移至选区外，则将新建选区。

4.4.4 选区修改

① 边界选区

执行【选择】→【修改】→【边界】命令可以把选区的边界沿当前选区范围向内部与外部进行扩展，形成一个新的选区。

新建一个长宽各为800像素、分辨率为72像素/英寸、背景为黑色的文档，接着创建一个选区，如图4-53所示。执行【选择】→【修改】→【边界】，弹出【边界选区】对话框，设置参数为100后，单击【确定】按钮，边界效果如图4-54所示。

图4-53 创建选区

图4-54 边界效果

② 平滑选区

如果想对选区进行平滑操作，可执行【选择】→【修改】→【平滑】命令，弹出【平滑选区】对话框，设置参数为20。设置完成后单击【确定】按钮，平滑选区效果对比如图4-55所示。

图4-55 平滑选区前后效果对比

③ 扩展/收缩选区

如果想要对选区范围进行扩展或收缩，先在文档中创建选区，然后执行【选择】→【修改】→【扩展/收缩选区】命令，弹出【扩展/收缩选区】对话框，适当设置【扩展/收缩量】。单击【确定】按钮，即可扩展/收缩选区。

④ 羽化

羽化可以使生硬的选区边缘变得柔和，羽化半径越大，边缘越柔和。如图4-56所示为不同羽化半径的效果对比。

羽化半径为20　　羽化半径为50

图4-56 不同羽化半径的效果对比

拓展知识

羽化半径的数值设置有限制吗?

如果创建的选区半径小于羽化半径，如选区羽化值为120像素，而创建的选区只有100像素，则会弹出【警告】对话框，如图4-57所示。单击【确定】按钮后，虽然在画布中无法看到选区，但选区仍然存在。

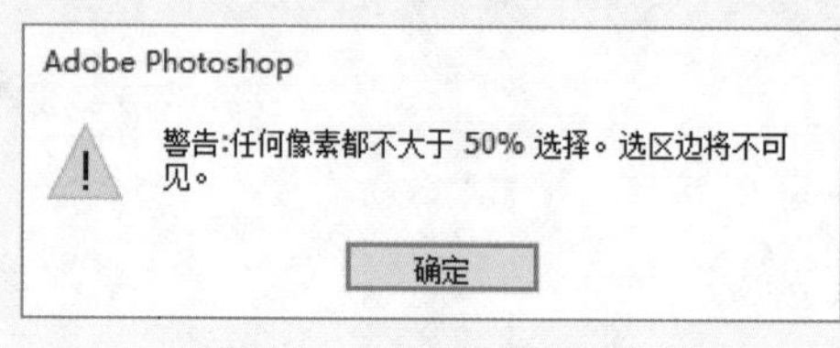

图4-57 【警告】对话框

4.4.5 选区反选

在图像中创建选区以后，执行【选择】→【反选】命令或者按快捷键Shift+Ctrl+I，就可将选择区域与未选择区域交换，这就是反选选区，也称为反转选区或反选等，该命令在实际应用中使用十分频繁。如图4-58所示为执行【反选】命令的效果。

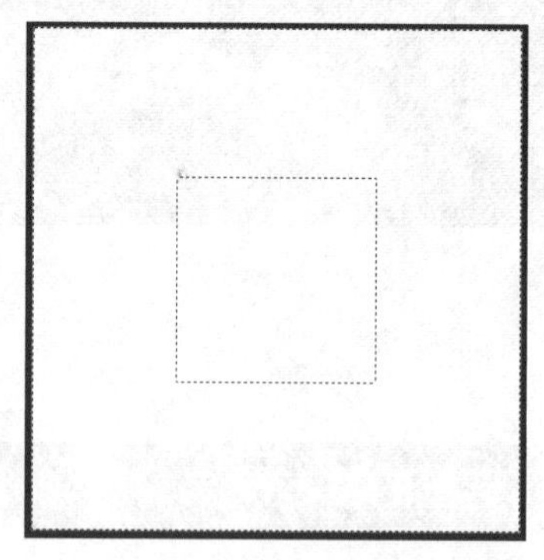

图4-58 执行【反选】命令的效果

4.4.6 扩大选取和选取相似

【扩大选取】和【选取相似】命令都是用来扩展当前选区的，执行这两个命令时，Photoshop会基于【魔棒工具】选项栏中的容差值来决定选区的扩展范围，容差值越大，选区扩展的范围就越大。

（1）扩大选取：执行【选择】→【扩大选取】命令，Photoshop会查找并选择同当前选区中的像素色调相近的像素，从而使选择区域扩大。执行该命令仅扩大到与选区相连接的区域。

（2）选取相似：执行【选择】→【选取相似】命令，Photoshop会查找并选择同当前选区中的像素色调相近的像素，从而使选择区域扩大。该命令可查找整个图像，包括与原选区不相邻的像素。

打开一张图片，单击【魔棒工具】，在选项栏中设置【容差】值为50，在图像中单击创建选区，如图4-59所示。执行【选择】→【扩大选取】命令，效果如图4-60所示。执行【选择】→【选取相似】命令，效果如图4-61所示。

图4-59　创建选区

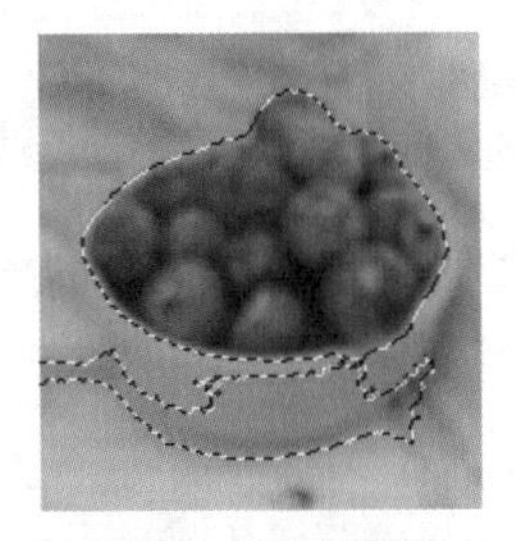

图4-60 扩大选取

图4-61　选取相似

4.5 选区的编辑

4.5.1　变换选区

选区也可以像图像那样自由变换（自由变换的详细讲解见第6章），只是选区的变换需要执行【变换选区】命令。

执行【选择】→【变换选区】命令能够像自由变换图像一样对选区进行缩放、旋转等变形操作，该命令只针对选区，对选区中的图像没有任何影响。【变换选区】命令的操作方式与变换图像相同。

新建一个长宽各为800像素、分辨率为72像素/英寸、背景为黑色的文档，接着创建一个选区，如图4-62所示。执行【选择】→【变换选区】命令，调出定界框后，按住鼠标左键即可随意拖拽变换选区，如图4-63所示。

图4-62　创建选区

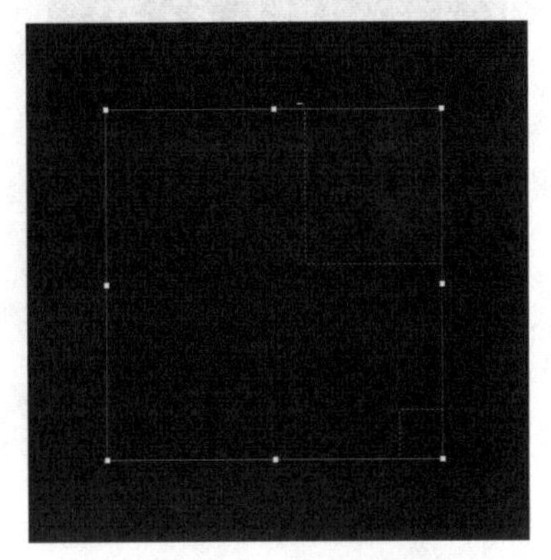

图4-63　变换选区

将光标移至定界框内，单击右键即可弹出【变换选区】菜单，可以选择变换方式（详细操作和第6章的自由变换操作一样），如图4-64所示。

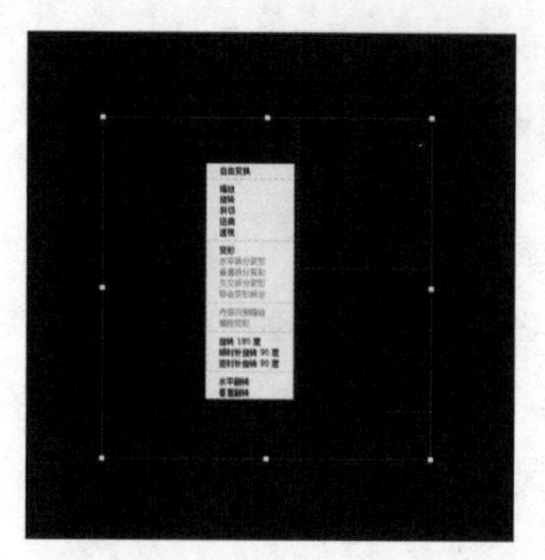

图4-64 【变换选区】菜单

4.5.2 描边选区

新建一个长宽各为800像素、分辨率为72、背景为黑色的文档，接着创建一个选区，如图4-65所示。执行【编辑】→【描边】命令，弹出【描边】对话框，如图4-66所示。适当设置描边的【宽度】和【位置】，然后单击【确定】按钮，得到选区描边效果，如图4-67所示。

图4-65 创建选区

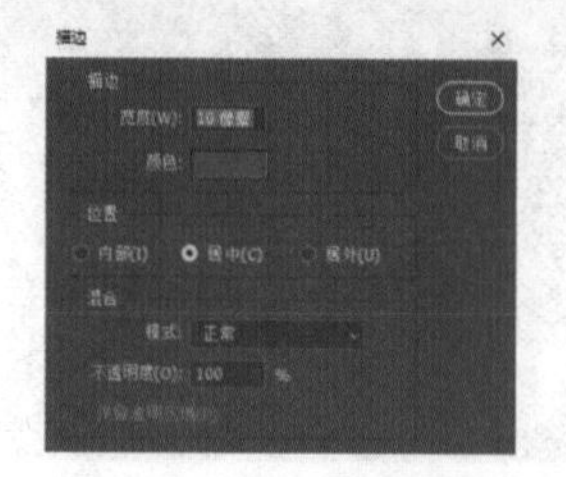

图4-66 【描边】对话框

图4-67 内部描边（左）、居中描边（中）与居外描边（右）效果

拓展知识

【保留透明区域】复选框

若文档中含有透明区域，则【描边】对话框中的【保留透明区域】复选框可以被勾选，勾选之后不会把描边效果应用至透明区域。若在新建的透明图层中描边，并勾选【保留透明区域】复选框，描边将没有效果。

4.5.3 隐藏和显示选区

把【视图】→【显示额外内容】取消勾选，或者按快捷键Ctrl+H，能够把图像中的选区隐藏。而若想再次显示选区，只要重新把【视图】→【显示额外内容】勾选或者按快捷键Ctrl+H即可。

4.6 存储选区和载入选区

存储选区就是将现有选区保存下来，以便随时调用；载入选区就是将存储的选区调出来使用。

4.6.1 使用路径存储选区

在Photoshop中选区与路径能够互相转换，即任意选区都能够转换为路径，任意路径也能够转换为选区。使用路径存储的选区在转换时会出现形状的损失，特别对于具有羽化效果的选区，在转换为路径后无法记录羽化信息。

新建一个长宽各为800像素、分辨率为72像素/英寸、背景为黑色的文档，创建一个选区。执行【窗口】→【路径】，调出【路径】面板，单击【路径】面板下方的【从选区生成工作路径】按钮，就可将选区转换为路径，如图4-68所示。双击生成的【工作路径】，弹出【存储路径】对话框，单击【确定】按钮，就可将路径存储，如图4-69所示。

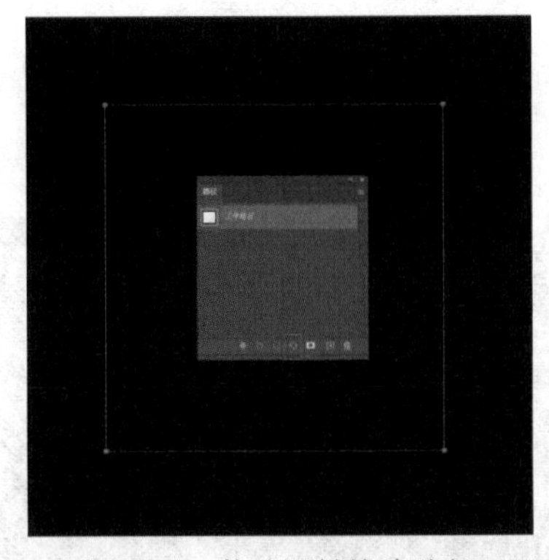

图4-68　将选区转换为路径

图4-69　存储路径

4.6.2　使用通道存储选区

新建一个长宽各为800像素、分辨率为72像素/英寸、背景为黑色的文档，创建一个选区，执行【选择】→【存储选区】命令，弹出【存储选区】对话框，如图4-70所示。可在此对话框中设置选区的名称和存储方式等属性，单击【确定】按钮，就可将选区存储为新的通道。

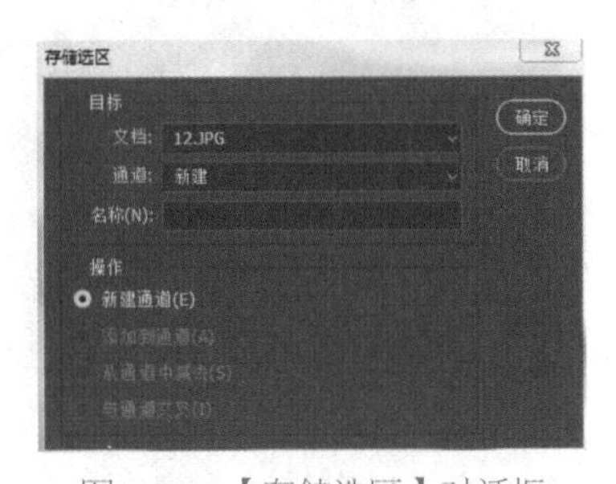

图4-70　【存储选区】对话框

（1）文档：下拉列表中可选择保存选区的目标文件，默认情况下选区保存在当前文档中。

（2）通道：用于指定选区保存的通道，可选择把选区保存至一个新建的通道中，或者保存到其他已经存在的通道中。

（3）名称：用于指定选区的名称。

（4）新建通道：可把当前选区存储在新通道中。

（5）添加到通道：把选区添加到目标通道的现有选区中。

（6）从通道中减去：从当前选区减去目标通道中的选区。

（7）与通道交叉：在当前选区和目标通道中的现有选区交叉的区域中存储一个选区。

拓展知识

1. 存储选区的其他方式

可以单击【通道】面板中的【将选区存储为通道】按钮，把选区存储为通道，如图4-71所示。

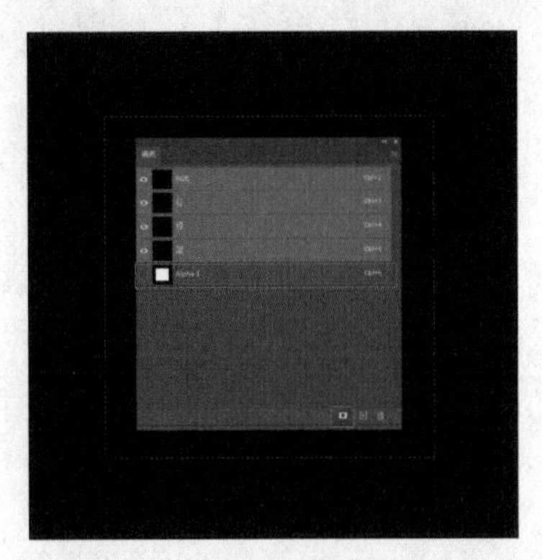

图4-71　【将选区存储为通道】按钮

2. 使用图层保存选区

使用图层保存选区，就是把现有选区在【图层】面板上新建图层并填充颜色，通过执行【选择】→【载入选区】命令，或者按住Ctrl键，单击图层，可以获得选区。严格来说，这种方法并不属于保存选区的操作，但利用这种方法确实可以获得选区。

4.6.3 载入通道的选区

执行【选择】→【载入选区】命令，可将存储选区载入到图像中。按照前面的步骤新建文档、创建选区、存储选区之后，执行【选择】→【载入选区】命令，弹出【载入选区】对话框，选择存储的通道，如图4-72所示，单击【确定】按钮，即可载入选区。用户可以使用这种操作方法载入图层、通道以及蒙版的选区。

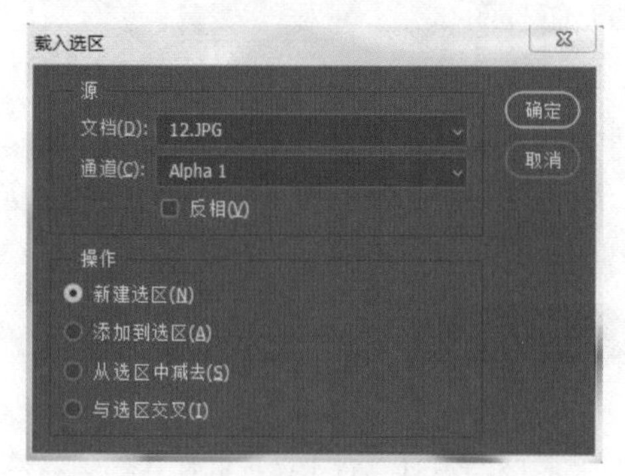

图4-72 【载入选区】对话框

（1）文档：选择包含选区的目标文件。

（2）通道：选择包含选区的通道。

（3）反相：把载入的选区反向。

（4）新建选区：可以用载入的选区替换当前选区。

（5）添加到选区：可把载入的选区添加到当前选区中。

（6）从选区中减去：可从当前选区中减去载入的选区。

（7）与选区交叉：可得到载入的选区与当前的选区交叉的区域。

4.6.4 载入路径的选区

把路径载入选区有下列方法：

（1）实际操作中最常用的方法：执行【窗口】→【路径】命令，打开【路径】面板，在【路径】面板中选择需要载入的路径，单击面板下方的【将路径作为选区载入】按钮，即可载入选区，如图4-73所示。

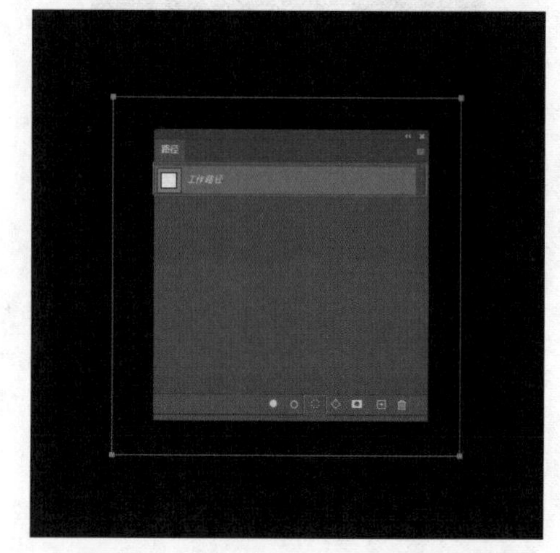

图4-73 【将路径作为选区载入】按钮

（2）在【路径】面板上选中路径，按快捷键Ctrl+Enter，就可把当前路径转为选区。

（3）按住Ctrl键的同时在【路径】面板中单击需要载入的路径缩览图，也可以把路径作为选区载入。

PSD PS

第5章

认识图层
——让设计有层次，有内涵

图层是Photoshop中非常重要的功能之一，几乎所有的编辑操作都以图层为依托。如果没有图层，所有的图像都将处于同一平面上，这对于图像的编辑是非常糟糕的。本章将对图层概念、图层的编辑以及其他相关知识进行讲解。

5.1 图层的概念

图层就是图像的层次，就好比是多张叠加在一起的包含文字或图形等元素的透明胶片，透过透明胶片不但能够看到其他胶片的内容，而且在单张胶片上面进行涂抹或者调整不会影响其他胶片。我们可以在每个图层的不同区域上绘制不同的颜色或者添加不同的图片，然后将所有的图层叠加在一起，组合成完整的作品，如图5-1所示。

图5-1　图像及所对应的图层

拓展知识

图层名称和图层缩览图

在【图层】面板中，图层右侧为图层的名称，左侧为该图层的缩览图，它显示图层中包含的图像内容。缩览图中的棋盘格代表了图像的透明区域。如果隐藏所有图层，那么整个文档窗口都会变为棋盘格。

5.2 【图层】面板和图层分类

5.2.1 【图层】面板

图层功能可以在一个文件中修复、编辑、合成、合并以及分离多张图像。一幅图像是由多个不同类型的图层通过一定的组合方式自下而上叠放在一起组成的，它们的叠放顺序和混合方式直接影响图像的显示效果。

【图层】面板中列出了图像中的所有图层、图层组以及添加的图层效果。可以用【图层】面板来显示和隐藏图层、创建新图层及处理图层组，还可以在【图层】面板菜单中访问其他命令和选项。如图5-2所示为【图层】面板。

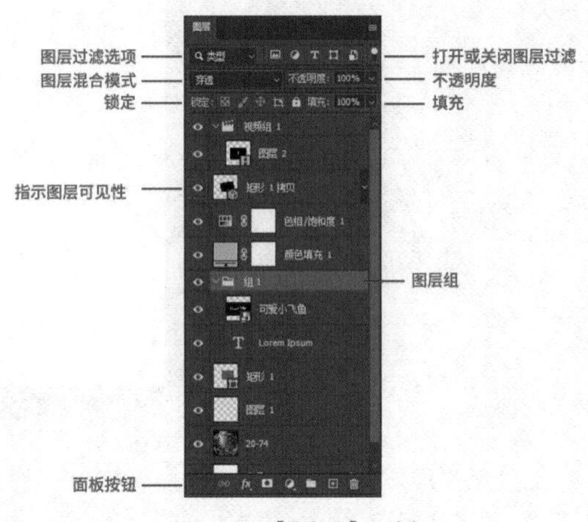

图5-2　【图层】面板

（1）图层过滤选项：选择查看不同图层类型，可在【图层】面板中快速选择同类图层。

（2）打开或关闭图层过滤：打开之后，才能使用图层过滤选项的功能。

（3）图层混合模式：用于设置图层的混合模式，在下拉菜单中可以选择相应的图层混合模式（图层混合模式的详细讲解见第21章）。

（4）不透明度：用于设置图层的整体不透明度，可在文本框中输入数值，也可单击右侧的按钮拖动滑块调节数值。

（5）锁定：用于保护图层中全部或部分图像内容。

- 【锁定透明像素】按钮：单击该按钮，将编辑范围限制在图层的不透明部分，透明部分则不可编辑。
- 【锁定图像像素】按钮：单击该按钮，可防止使用绘画工具等改变图层的像素。

●【锁定位置】按钮：单击该按钮，可将图层中对象的位置固定。

●【锁定全部】按钮：单击该按钮，可将图层全部锁定，该图层将不可编辑。

（6）填充：用于设置图层填充部分的不透明度。

（7）指示图层可见性：用于显示或隐藏图层。默认情况下，图层为可见层，单击该按钮可将图层隐藏。

（8）图层组：可以对图层进行组织管理，使操作更加方便快捷。

（9）面板按钮：用于快速设置调节图层，单击不同按钮，可执行不同命令。

●【链接图层】按钮：可以将选中的多个图层进行链接。

●【添加图层样式】按钮：单击后出现子菜单窗口，可为图层添加不同的图层样式。

●【添加图层蒙版】按钮：为当前图层添加蒙版。

●【创建新的填充或调整图层】按钮：单击后出现子菜单列表，可创建新的填充图层或调整图层。

●【创建新组】按钮：在当前图层的上方创建一个新的图层组。

●【创建新图层】按钮：可在当前图层上方创建一个新的图层。

●【删除图层】按钮：将当前图层删除。

5.2.2 图层的分类

图层可以分成多种类型，如背景图层、普通图层、空白图层、矢量图层、文字图层、智能对象图层、填充图层、调整图层、3D图层、视频图层，如图5-3所示。不同的图层，其应用场合和实现的功能有所差别，操作和使用方法也各不相同，在后面的章节中，我们会一一讲解。

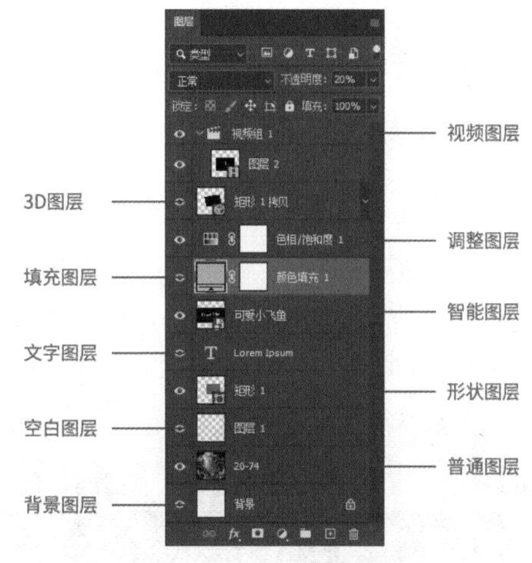

图5-3 图层的分类

5.3 图层的创建

5.3.1 在【图层】面板中创建新图层

如果要想在图片中添加一些元素，最好从创建图层开始。打开【图层】面板，单击面板底部的【创建新图层】按钮，即可在当前图层上面新建一个图层，新建的图层会自动成为当前图层，如图5-4所示。

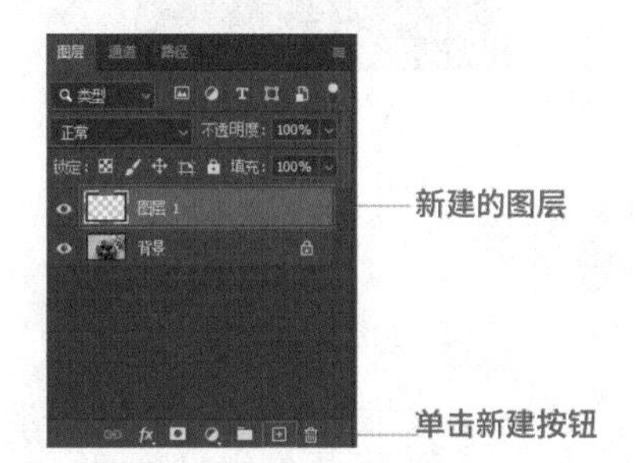

图5-4 新建图层

拓展知识

如何在当前图层下方新建图层?

如果想要在当前图层的下方新建图层，可按住Ctrl键并单击【创建新图层】按钮，但需要注意的是背景图层下面不能创建图层。

5.3.2 使用命令创建新图层

① 使用【新建】命令

可执行【图层】→【新建】→【图层】命令，弹出【新建图层】对话框，在对话框中可以对新创建的图层进行设置，如图层名称、颜色和混合模式，如图5-5所示。单击【确定】按钮，【图层】面板如图5-6所示。

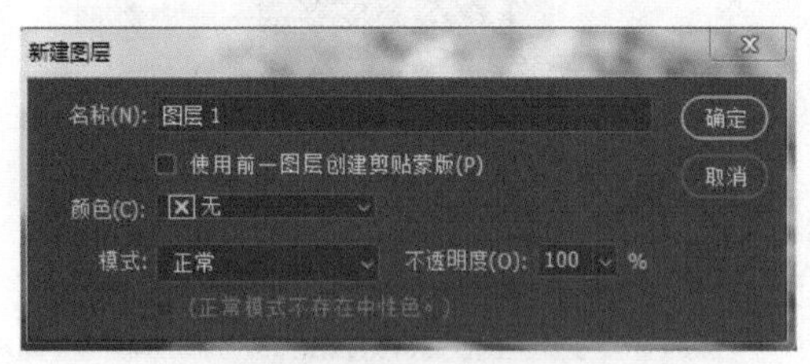

图5-5 【新建图层】对话框

图5-6 新建的图层

拓展知识

【新建图层】对话框

在【颜色】下拉列表中选择一种颜色，可用来标记图层。用颜色标记图层在Photoshop中被叫作“颜色编码”。为某些图层或者图层组设置一个能够区别于其他图层或者图层组的颜色，能够有效地区分不同用途的图层。

② 使用【通过拷贝的图层】命令

打开图像，如图5-7所示。使用【快速选择工具】选中图像中的飞鸟，选区效果如图5-8所示。

图5-7 打开图片素材

图5-8 选区效果

执行【图层】→【新建】→【通过拷贝的图层】命令，或者按快捷键Ctrl+J，可以将选区内的图像复制到一个新的图层中，原图层内容保持不变，如图5-9、图5-10所示。

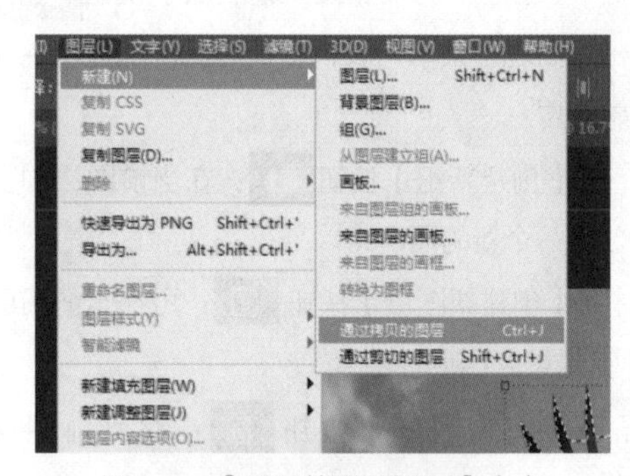

图5-9 【通过拷贝的图层】命令

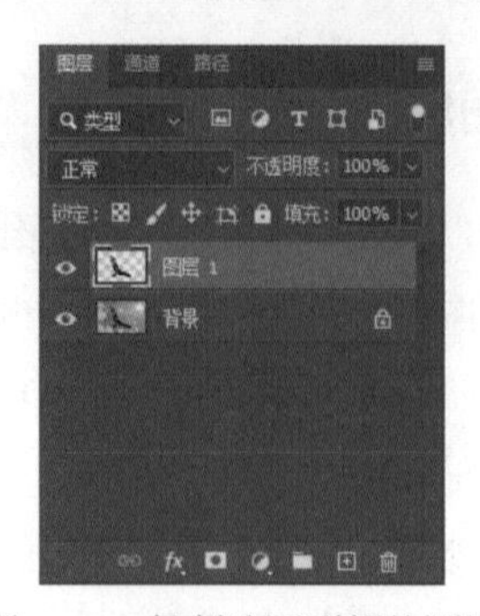

图5-10 复制选区到新的图层

如果没有创建选区，执行该命令可以快速复制当前图层，如图5-11所示。

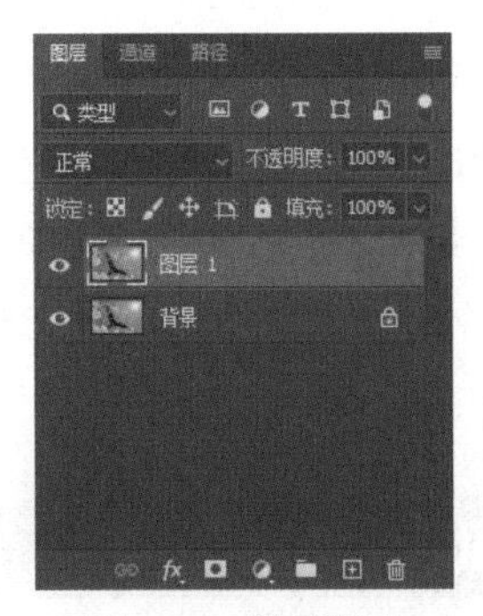

图5-11　复制图层

③ 使用【通过剪切的图层】命令

此方法与【通过拷贝的图层】命令新建图层相似，同样在图像中创建选区，执行【图层】→【新建】→【通过剪切的图层】命令，或者按快捷键Shift+Ctrl+J，如图5-12所示，把选区内的图像剪切到一个新的图层。不同之处就是在【图层】面板中可以看到，【背景】图层的选区部分已被剪切并移至新的图层中，如图5-13所示。

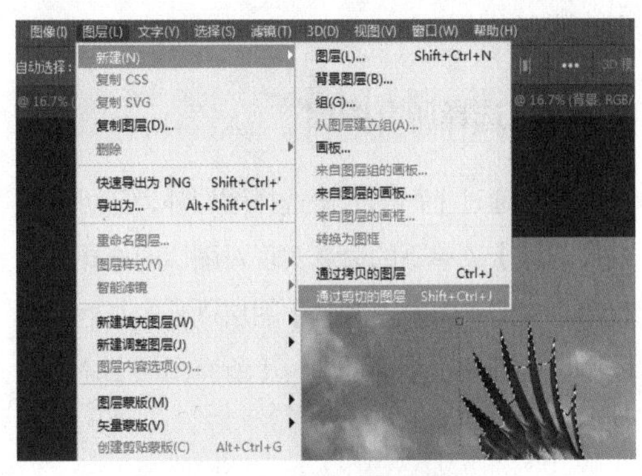

图5-12　【通过剪切的图层】命令

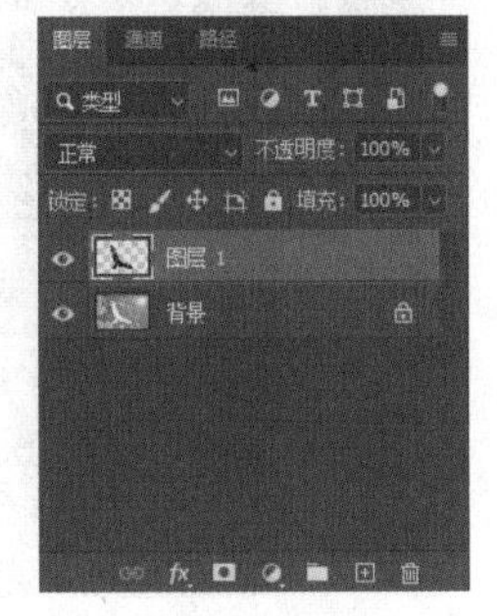

图5-13　【图层】面板

拓展知识

创建新图层还有其他方法吗?

单击【图层】面板右上角的按钮，在弹出的菜单中选择【新建图层】选项；或按住Alt键单击【创建新图层】按钮，也可以弹出【新建图层】对话框；或按快捷键Ctrl+Shift+Alt+N可以直接新建图层。

5.3.3　创建背景图层

执行【文件】→【新建】命令，弹出【新建文档】对话框，在该对话框中可以选择5种方式作为背景内容，如图5-14所示。

图5-14　【新建文档】对话框

若使用【透明】作为背景内容，文档中是没有背景图层的。若使用【白色】或者【背景色】作为背景内容，则【图层】面板中最下面的图层为【背景】图层。

如果删除了背景图层或者文档中没有背景图层，可以单击选择一个图层，执行【图层】→【新建】→【背景图层】命令，如图5-15、图5-16所示，就可将所选层创建为【背景】图层了。

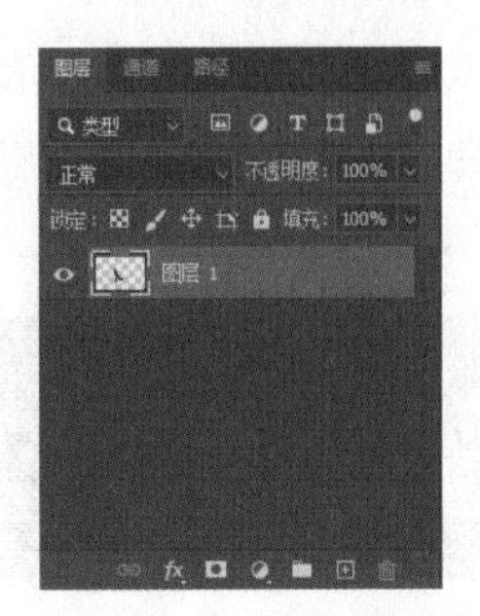

图5-15　没有背景图层

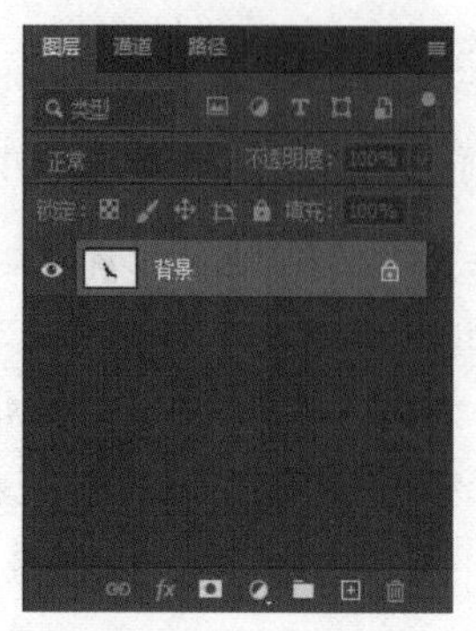

图5-16　将所选层创建为【背景】图层

5.3.4　将背景图层转换为普通图层

背景图层是一个不透明的图层，始终位于【图层】面板的最下方。用户无法对背景图层的【不透明度】【混合模式】和【填充】进行修改，也无法进行图像变换、清除图像、裁剪等直接修改和增减图像像素的操作，如图5-17所示。如果要进行这些操作，需要先将背景图层转换为普通图层。

图5-17　【背景】图层

打开【图层】面板，双击【背景】图层，弹出【新建图层】对话框，在对话框中输入图层名称，选择图层颜色，如图5-18所示。单击【确定】按钮，即可将其转换为普通图层。

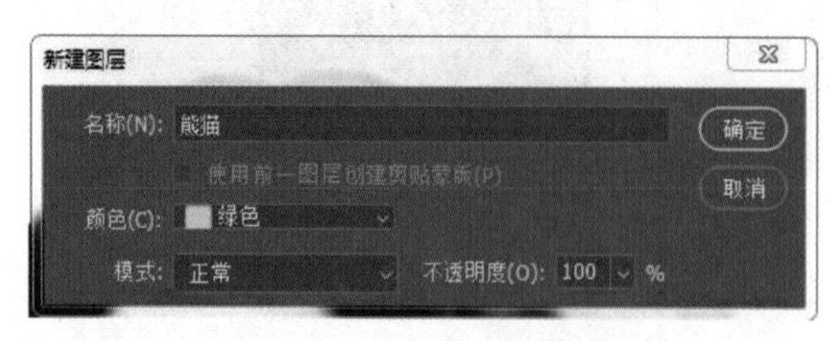

图5-18　【新建图层】对话框

拓展知识

快捷键

按住Alt键双击【背景】图层，就可以不打开对话框而直接把背景图层转换为普通图层。需要注意的是，一个图像中可以没有背景图层，但是最多只能有一个背景图层。

5.4　图层的选择

要想实现对图层的编辑操作，首先要选择图层。选择图层的方法如下：

（1）选择一个图层：在【图层】面板上单击任意一个图层即可选择该图层，并且所选图层会变成当前图层。

（2）选择多个图层：如果要选择多个连续的图层，可以单击第一个图层，按住Shift键并单击最后一个图层，完成选择操作。如果要选择多个不连续的图层，可以按住Ctrl键并单击这些图层，即可完成操作。

5.4.1　选择所有图层

除了通过上面的方法选择图层外，还可以通过【选择】菜单下的命令实现对图层的选择。如果用户需要选择除【背景】图层以外的其他所有图层，可以执行【选择】→【所有图层】命令，如图5-19所示。

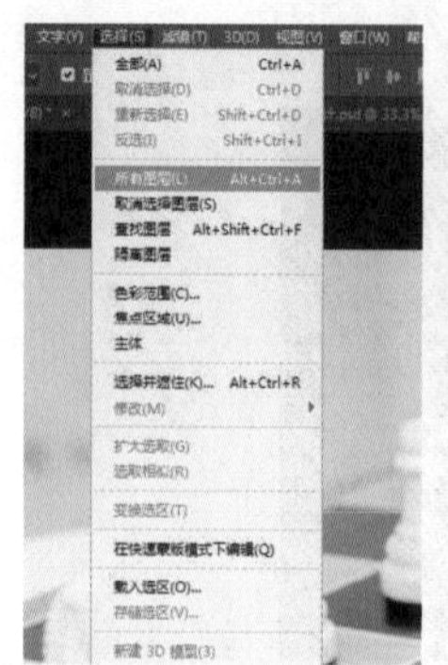

图5-19　选择所有图层

5.4.2 选择链接图层

为方便执行移动、缩放等操作，可以使用【链接】命令把多个相关图层链接在一起。例如，选中【图层3】至【图层7】多个连续图层，然后单击【链接】按钮，如图5-20所示。

要想选择所有链接图层，首先要选择一个链接图层，然后执行【图层】→【选择链接图层】命令，可以选择所有与之链接的图层，如图5-21所示。

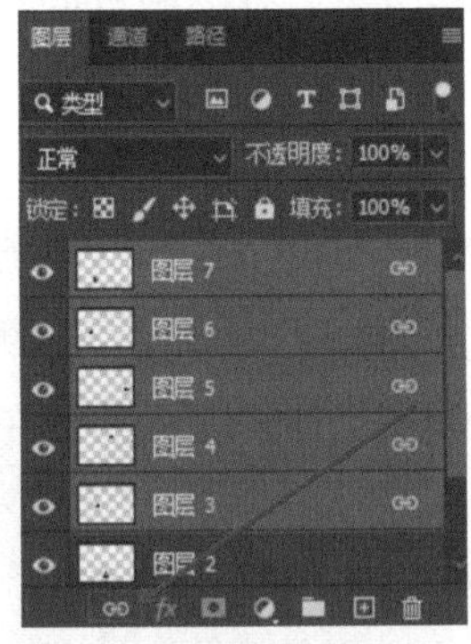

图5-20 链接相关图层

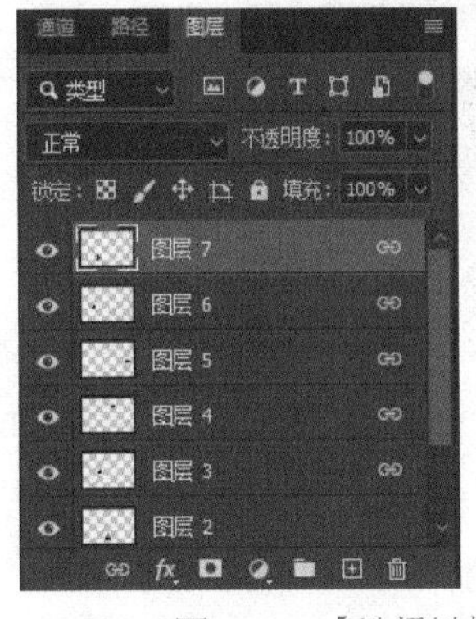

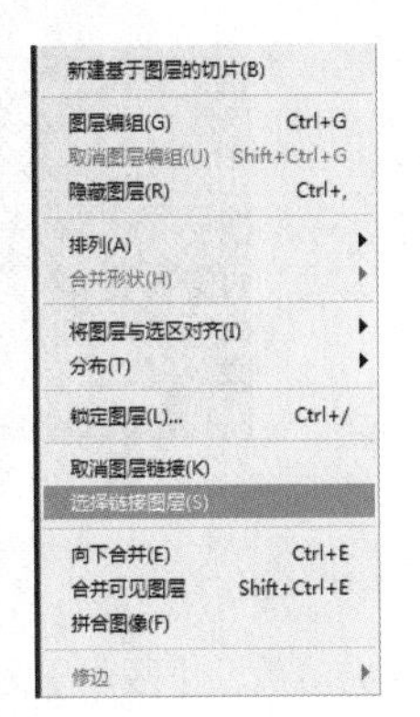

图5-21 【选择链接图层】命令

拓展知识

为什么【图层】菜单中
【选择链接图层】命令是灰色的?

如果选中的图层没有其他链接图层，则在【图层】菜单中显示的【选择链接图层】命令为灰色。

5.4.3 取消选择图层

执行【选择】→【取消选择图层】命令即可取消所选择的图层，如图5-22所示。

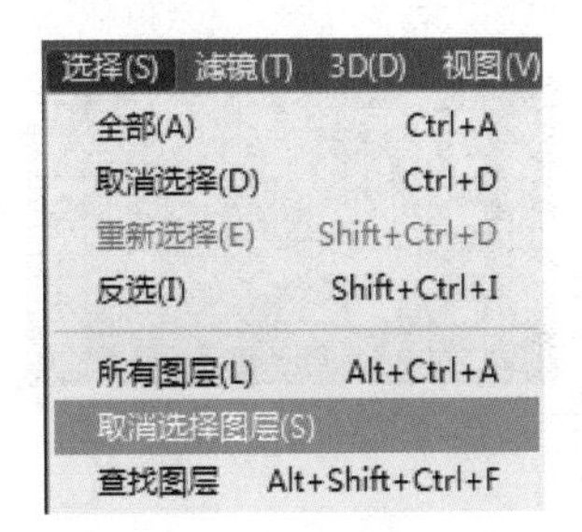

图5-22 取消选择图层

5.4.4 使用图层过滤选择图层

图层过滤功能主要是针对图层的管理，【图层】面板上部显示了图层过滤功能，如图5-23所示。

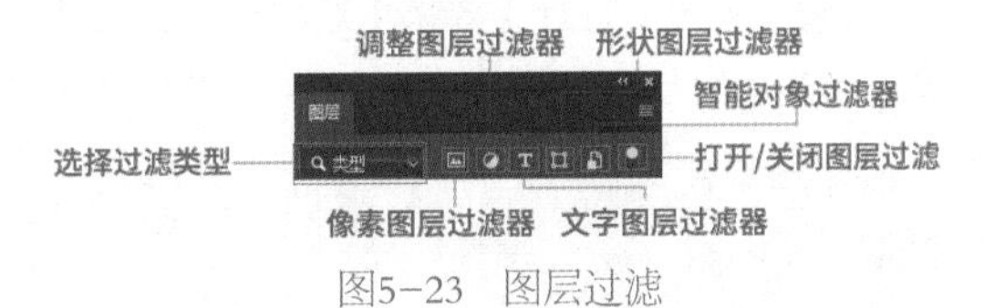

图5-23 图层过滤

【类型】下拉菜单中包括9个选项，如图5-24所示，选择不同的选项，右侧就会显示相应的参数。

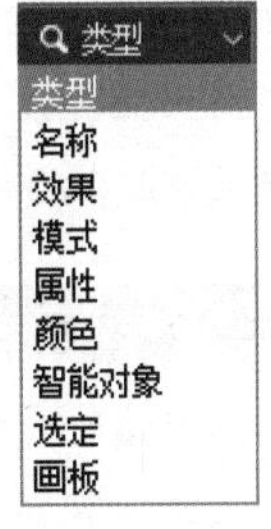

图5-24 【类型】下拉菜单

（1）类型：当选择【类型】时，右侧会显示一系列类型过滤器按钮。单击【像素图层过滤器】按钮，【图层】面板中将会只显示像素图层；单击【形状图层过滤器】按钮，【图层】面板中将会只显示形状图层；其他选项功能依此类推，如图5-25所示。

图5-25 只显示形状图层

（2）名称：选择【名称】选项时，右侧将会显示一个文本框，如图5-26所示，在文本框中输入图层的名称，将只显示搜索的图层。

图5-26 选择过滤类型为【名称】

（3）效果：选择【效果】选项时，右侧将会显示图层样式下拉列表，如图5-27所示。选择某个图层样式选项，将只显示带有该样式的图层。

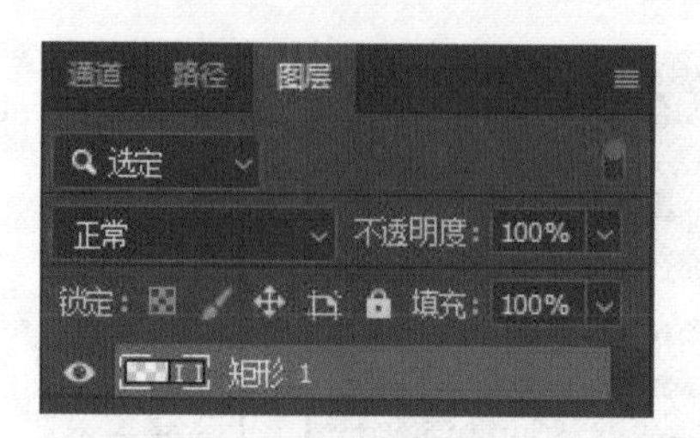

图5-27 选择过滤类型为【效果】

（4）模式：选择【模式】选项时，如图5-28所示，单击右侧框内下拉按钮，将会显示图层混合模式下拉列表，选择某个图层混合模式选项，就会只显示该混合模式的图层。

图5-28 选择过滤类型为【模式】

（5）属性：选择【属性】选项时，如图5-29所示，单击右侧框内下拉按钮，将显示图层属性下拉列表。选择某个图层属性选项，就会只显示该属性的图层。

图5-29 选择过滤类型为【属性】

（6）颜色：选择【颜色】选项时，如图5-30所示，单击右侧框内下拉按钮，将显示图层颜色下拉列表。选择某个图层颜色选项，就会只显示该颜色标记的图层。

图5-30 选择过滤类型为【颜色】

（7）智能对象：选择【智能对象】选项时，如图5-31所示，右侧有【最新的库链接智能对象的过滤器】【最新的本地链接智能对象的过滤器】【过期的链接智能对象的过滤器】【缺失的链接智能对象的过滤器】【嵌入的智能对象的过滤器】选项。

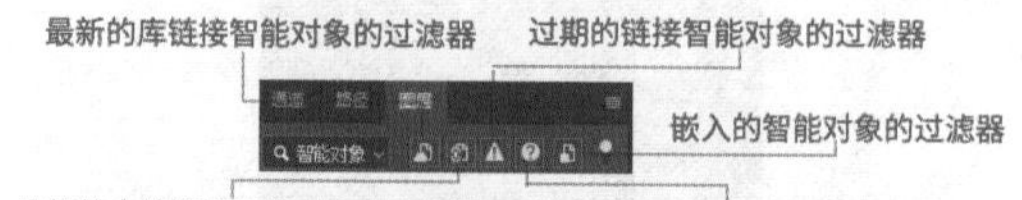

图5-31 选择过滤类型为【智能对象】

（8）选定：选择【选定】选项时，【图层】面板将只显示之前选定的图层，如图5-32所示。

图5-32 选择过滤类型为【选定】

（9）画板：选择【画板】选项时，右侧没有参数，【图层】面板中将显示所有图层，如图5-33所示。

图5-33 选择过滤类型为【画板】

（10）打开/关闭图层过滤：默认情况下，图层的选择过滤类型均为打开状态，单击【打开/关闭图层过滤】按钮即可关闭。

5.5 图层的编辑

5.5.1 复制和删除图层

① 复制图层

复制图层是比较常用的一个图层操作，可以把某一图层复制到同一图像或者是另一幅图像中。如果在同一图像中复制图层，将需要复制的图层拖至【图层】面板中的【创建新图层】按钮⊞上，就可复制该图层。如图5-34所示，将【背景】图层拖到⊞处，就可以复制一个名为【背景 拷贝】的图层出来。

图5-34　拖拽复制

也可以选中需要复制的图层，执行【图层】→【复制图层】命令，如图5-35所示；或者单击【图层】面板右上角的☰按钮，在弹出的菜单中选择【复制图层】命令，打开【复制图层】对话框，如图5-36所示，设置选项后，单击【确定】按钮，即可将图层复制到指定的图像中。

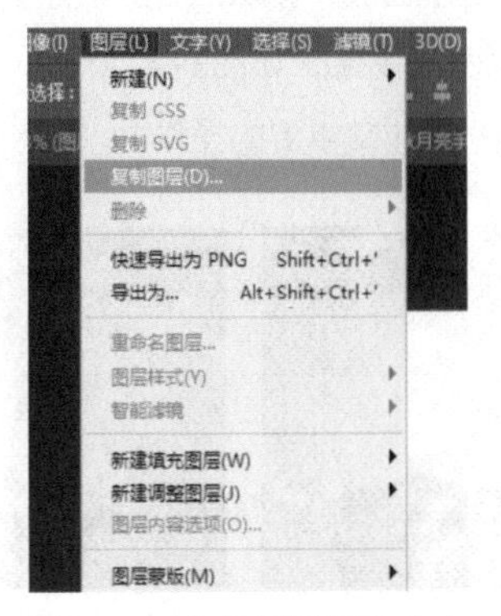

图5-35　【复制图层】命令

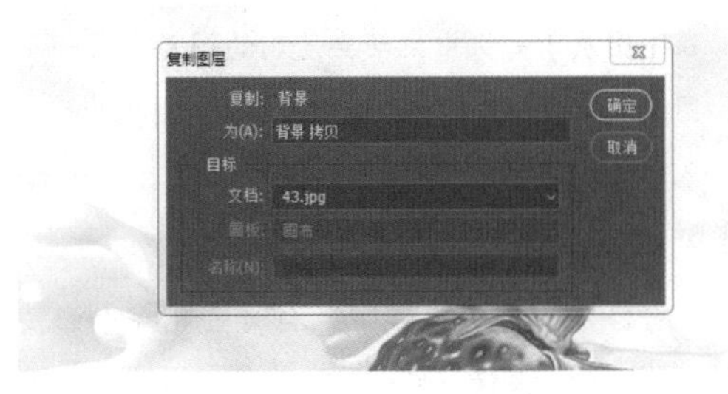

图5-36　【复制图层】对话框

【复制图层】对话框：

（1）为（A）：可在右边的文本框中输入图层的名称。

（2）文档：在右侧下拉列表中有当前已经打开的所有图像文件，从中选中一个文件存放复制后的图层；选择【新建】选项，则把图层复制到一个新建的图像文件中。此时，【名称】文本框会被激活，可在其中输入新的文件名。如图5-37所示。

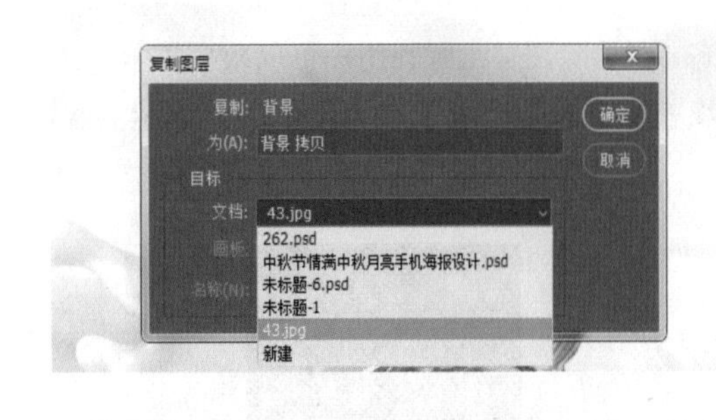

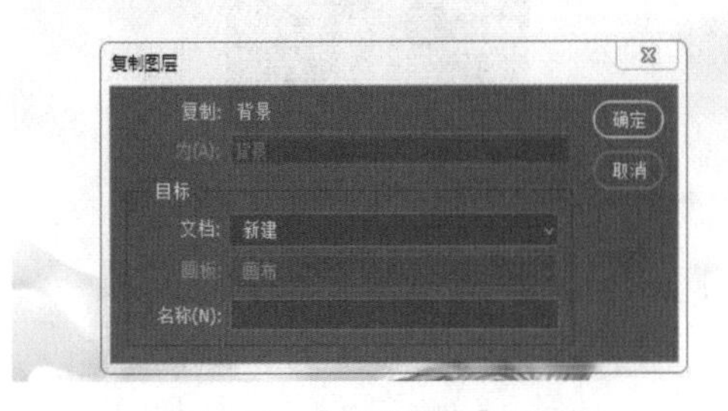

图5-37　【复制图层】对话框

拓展知识

如何快速复制图像?

把一幅图像中的某一图层复制到另一图像中，还有一个十分快速直接的方法。首先，同时显示这两个图像文件的窗口，然后在【图层】面板中拖动要复制的图层到另一图像的窗口中即可。

2 删除图层或组

在图片编辑的过程中，有时要删除不必要的图层，减少图像文件占用的空间。要进行删除操作并看到确认消息对话框，可以单击【删除图层】按钮，如图5-38所示。还可以执行【图层】→【删除】→【图层】命令，或者从【图层】面板菜单中选择【删除图层】选项。

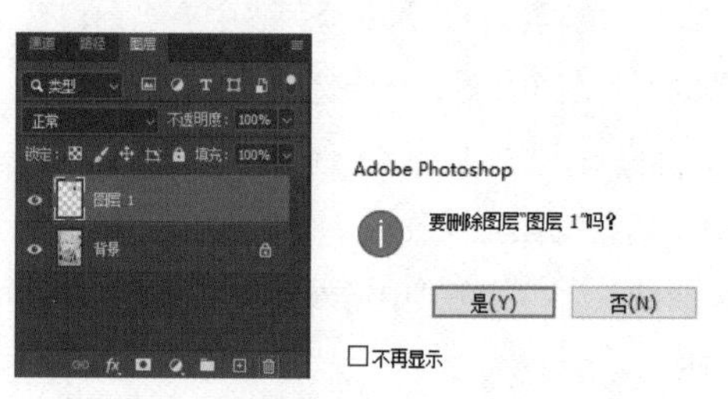

图5-38 删除图层

在删除图层组时，用户可以根据需求，选择删除【组和内容】或【仅组】，如图5-39所示。

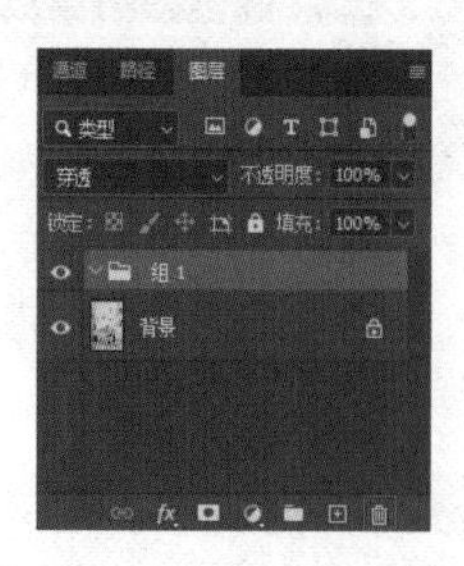

Adobe Photoshop

删除组"组 1"及其内容，还是仅删除组?

组和内容(G) 仅组(O) 取消(C)

图5-39 删除组

想直接删除图层或组而不需要经过确认，可选中图层或组，按住鼠标左键将其拖拽到【删除图层】按钮上，再松开鼠标即可；或按住Alt键的同时单击按钮；或按Delete键直接删除。

若所要删除的图层为隐藏的图层，则可以执行【图层】→【删除】→【隐藏图层】命令来删除，如图5-40所示。

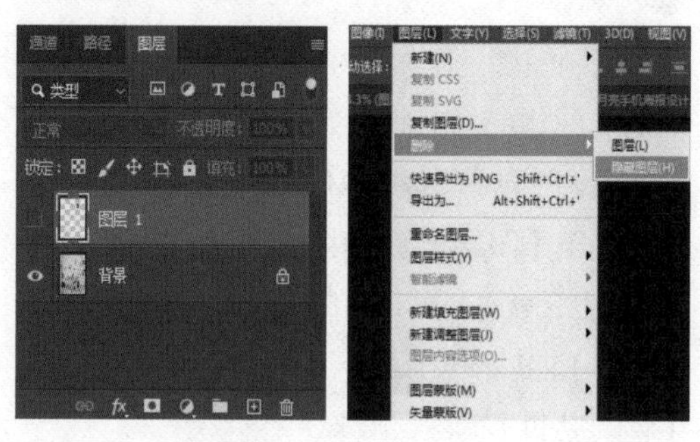

图5-40 删除隐藏图层

拓展知识

怎么删除链接图层?

如果要删除所有链接图层，可先选择其中一个链接图层，然后执行【图层】→【选择链接图层】命令，选中链接图层，再将图层删除。

5.5.2 调整图层的叠放顺序

【图层】面板中图层的叠放顺序会直接关系到图像的显示效果，如图5-41所示，所以图层排序也是一个非常重要的操作。

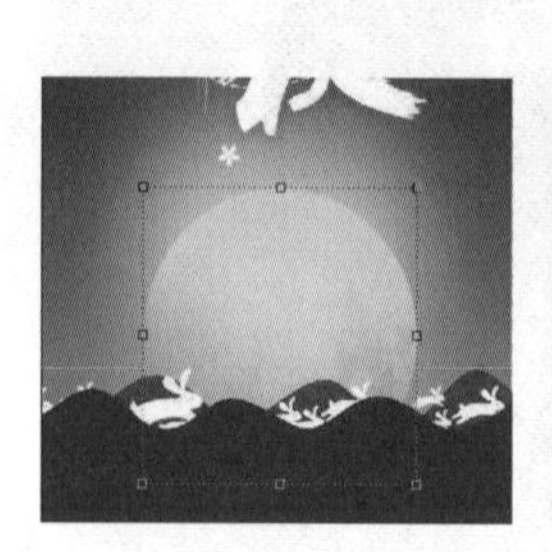

图5-41 不同叠放顺序的显示效果

调整叠放顺序的方法有两种：

❶ 使用鼠标直接拖拽

在【图层】面板中，可以用鼠标把图层移至所需的位置。如图5-42所示，选择需要调整叠放顺序的图层，然后拖至相应的位置。

图5-42　调整叠放顺序

❷ 使用【排列】命令

如图5-43所示，可对当前图层执行【图层】→【排列】命令，在该子菜单中选择相应命令或者按快捷键调整叠放顺序。

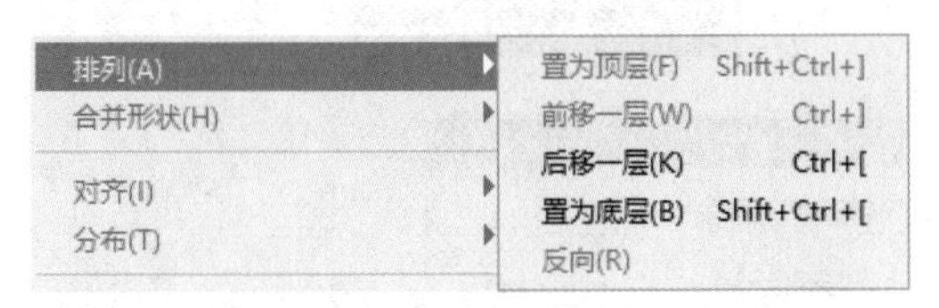

图5-43　【排列】命令子菜单

（1）置为顶层：把所选图层调整至顶层。

（2）前移一层/后移一层：把选择的图层向上或者向下移动一层。

（3）置为底层：把所选图层调整至底层。

（4）反向：在【图层】面板中选择多个图层，此命令可反转所选图层的叠放顺序。

拓展知识

特殊情况

如果所选择的图层位于图层组中，那么执行【置为顶层】或【置为底层】命令时，第一次可以把图层调整至当前图层组内的顶层或者底层；第二次执行则可以把图层调整至当前图层组之外的顶层或者底层。如果图像中含有背景图层，那么即使选择了【置为底层】命令，该图层仍然只能处于背景图层之上，这是背景图层的特性——始终位于底部。

5.5.3　锁定图层

在【图层】面板中可将图层的某些编辑功能锁住，从而避免对图像的错误编辑。使用鼠标单击相应的锁定图标，即可开启该功能。

（1）【锁定透明像素】按钮：单击该按钮，将编辑范围限制在图层的不透明部分，透明部分则不可编辑。

（2）【锁定图像像素】按钮：单击该按钮，可以将当前图层保护起来，不受填充、描边及其他绘图操作的影响，只能对图层进行移动和变换操作，如图5-44所示。

图5-44　锁定图像像素

（3）【锁定位置】按钮：单击该按钮，将不能对锁定的图层进行移动、旋转、自由变换等编辑操作，但能够对当前图层进行填充、描边以及其他绘图的操作。对于设置了精确位置的图像，把它的位置锁定后就不必担心被意外移动了。

（4）【防止在画板和画框内外自动嵌套】按钮：选中之后，当使用移动工具将画板内的图层或者图层组移出画板的边缘时，被移动的图层或者图层组不会脱离画板。

（5）【锁定图层或组的全部属性】按钮：单击该按钮，可锁定以上全部选项。锁定图层或者组将显示为一个变暗的锁定图标。

拓展知识

锁定图层

即使用户单击【锁定透明像素】按钮、【锁定图像像素】按钮或【锁定位置】按钮，仍然可调整当前图层的不透明度和图层混合模式。图层被锁定后，图层名称右侧会出现一个锁状图标，当图层被完全锁定时，锁定图标是实心的；当图层被部分锁定时，锁定图标是空心的。

5.5.4 链接图层

图片编辑有时需要同时对多个图层进行操作，这时可以把这些图层设置为链接图层，然后再作为一个整体进行编辑。

在【图层】面板中选中相应图层后，用鼠标单击面板底部的【链接图层】按钮，在图层名称的后面就会出现【链接图层】图标，此时就表示这些图层处于链接状态，如图5-45所示。当对这些图层进行同样的变换操作时，只需选择其中一个图层就可以了。

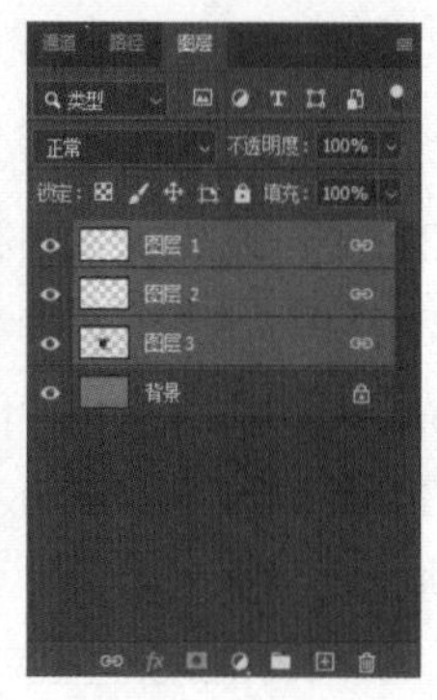

图5-45 链接图层

拓展知识

链接的图层可以进行所有操作吗?

链接的图层仅能进行变换操作，而不能进行绘图、滤镜、混合模式等操作。

5.5.5 栅格化图层

对于一些包含矢量数据的图层，如文字图层、形状图层以及矢量图层等，不能使用绘画工具。但是如果把这些图层栅格化，转换为普通图层，就可以使用绘画工具了。

在【图层】面板中用鼠标右键单击当前图层，在弹出的菜单中选择【栅格化图层】命令，把图层栅格化；或者执行【图层】→【栅格化】→【图层】命令，可栅格化图层，如图5-46所示。

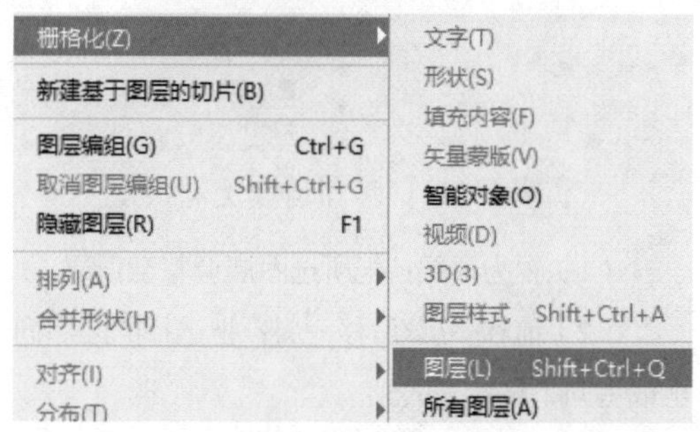

图5-46 栅格化图层的两种方法

5.6 图层的合并

5.6.1 合并多个图层或组

合并图层，首先要在【图层】面板中单击选中多个图层，然后执行【图层】→【合并图层】命令，或单击【图层】面板右上角的按钮，在弹出的菜单中选择【合并图层】选项，就可完成图层或组的合并，如图5-47、图5-48所示。

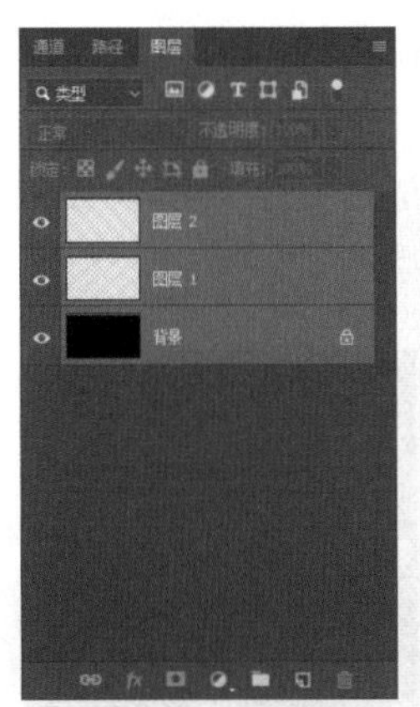

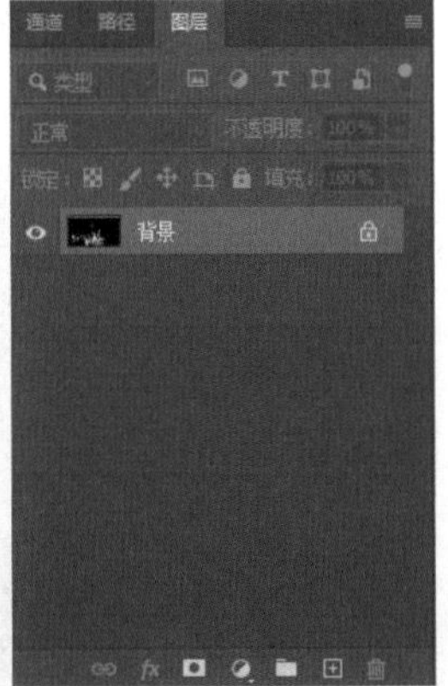

图5-47 合并图层

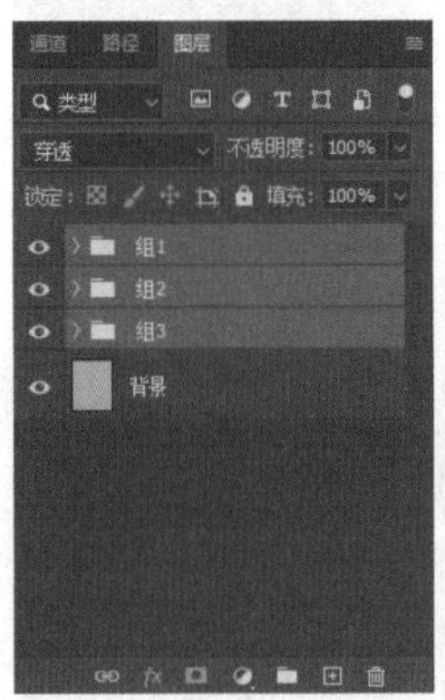

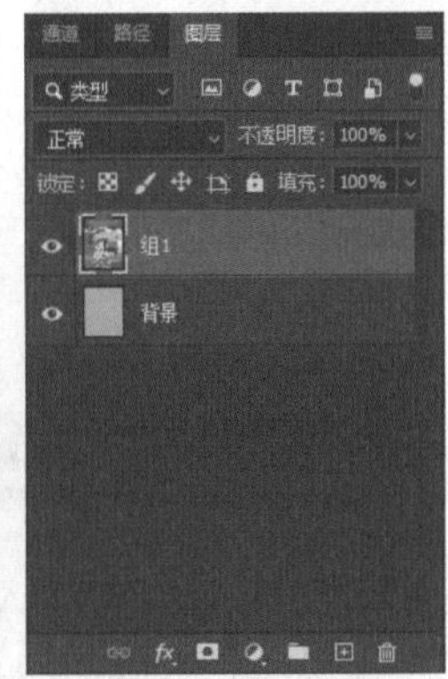

图5-48 合并组

5.6.2 向下合并图层

如果想把一个图层与它下面的图层合并，那么可以选择该图层，然后执行【图层】→【向下合并】命令，合并后的图层以下方图层的名称命名，如图5-49所示。

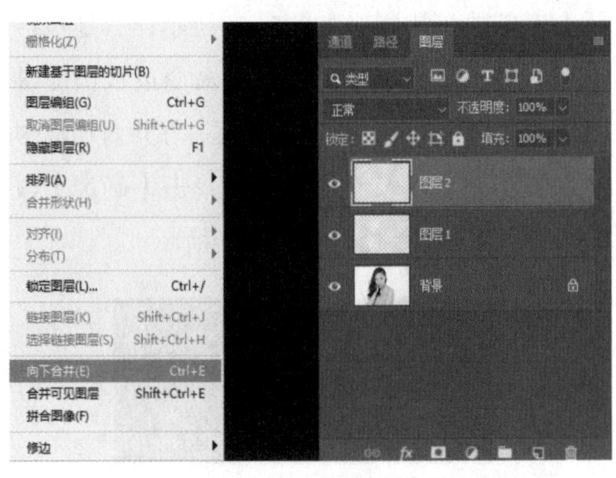

图5-49 向下合并图层

5.6.3 合并可见图层

执行【图层】→【合并可见图层】命令，可以将所有可见图层合并为一个图层，如图5-50所示。

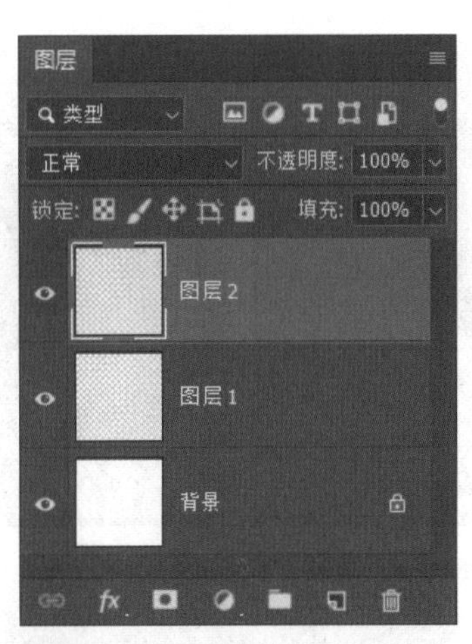

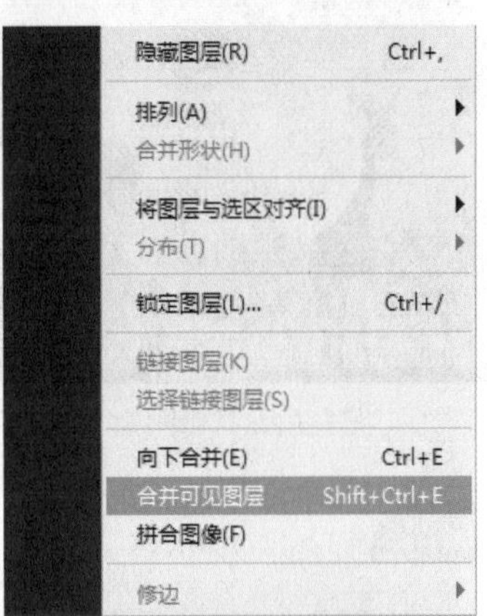

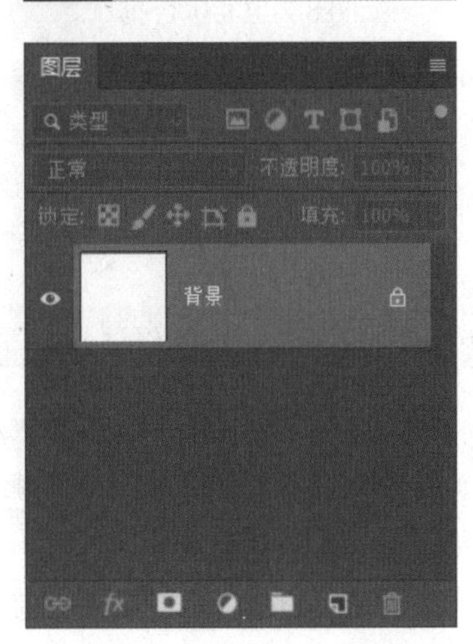

图5-50 合并可见图层

5.6.4 拼合图像

执行【图层】→【拼合图像】命令，Photoshop会将所有可见图层合并到【背景】图层中，如图5-51所示。

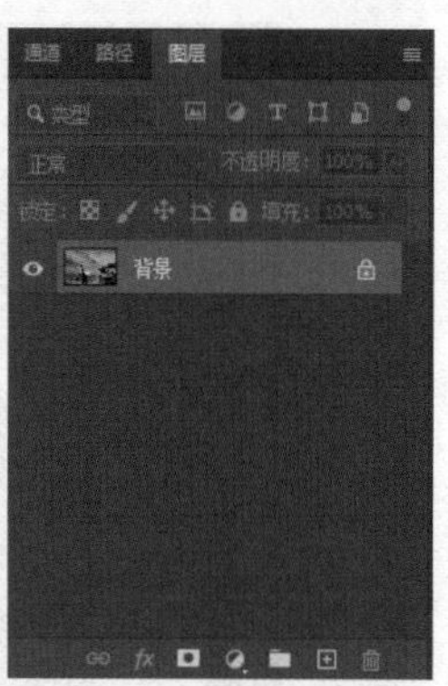

图5-51 拼合图像

拓展知识

隐藏图层也能拼合吗?

如果有隐藏的图层，执行【拼合图像】命令时会弹出一个提示对话框，询问是否删除隐藏的图层。

5.6.5 盖印图层

盖印图层就是把多个图层合并后生成一个新的图层，同时其他图层保持不变，方便继续编辑个别图层。

盖印图层的好处是，如果你觉得之前处理的效果不太满意，你可以删除盖印图层，之前做效果的图层依然在，能极大程度地方便我们处理图片，也可以节省时间。

盖印图层目前需要通过执行快捷键Ctrl+Alt+Shift+E完成，如图5-52所示。

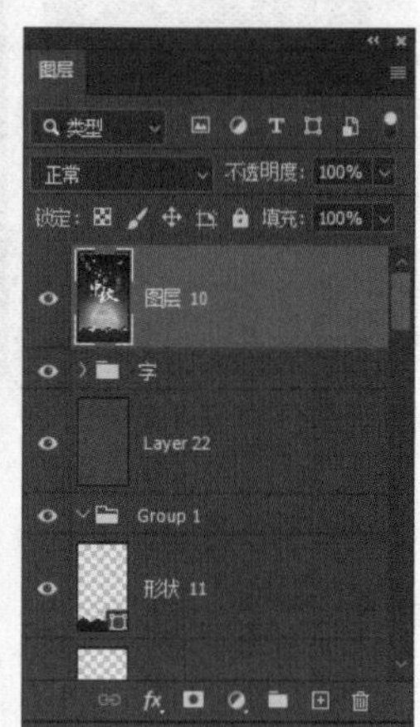

图5-52 盖印图层

5.7 图层的编组

随着图像编辑的深入，图层的数量会逐渐增加，使用图层组功能来组织和管理图层，可以使【图层】面板中的图层结构更加清晰，方便找到需要的图层。图层组类似于文件夹，可以将图层按需分类，放在不同的组内。

5.7.1 创建图层组

创建图层组有两种方法：一是单击【图层】面板中的【创建新组】按钮，在当前图层上方创建图层组，如图5-53所示；二是执行【图层】→【新建】→【组】命令或按快捷键Ctrl+G，弹出【新建组】对话框，在该对话框中输入图层组名称及其他选项，单击【确定】按钮，即可创建图层组，如图5-54所示。

图5-53 创建图层组

图5-54　【新建组】对话框

拓展知识

新建图层组还有其他方法吗?

按住Alt键并在【图层】面板上单击【创建新组】按钮，也可以打开【新建组】对话框。

要想把多个图层创建在一个图层组内，可先选中这些图层，然后按快捷键Ctrl+G，就可将其创建在一个图层组内。

5.7.2　将图层移入或移出图层组

如果想把图层放到指定图层组中，只需拖拽该图层至图层组的名称上或图层组内任何一个位置即可。反之，如果想将图层从图层组中移出，那么将图层组中的图层拖出组外即可。

5.7.3　取消图层组

如果要取消图层组，可先选择该图层组，然后执行【图层】→【取消图层编组】命令，或按快捷键Shift+Ctrl+G，即可取消图层组。如图5-55所示。

图层编组(G)　Ctrl+G
取消图层编组(U)　Shift+Ctrl+G
隐藏图层(R)　Ctrl+,

图5-55　【取消图层编组】命令

5.8　从图层或组生成图像资源

打开PSD文件后，执行【文件】→【生成】→【图像资源】命令（如图5-56），可自动把名称后加有适当的文件格式扩展名（jpg、png或gif）的图层或图层组导出为图像资源。图像资源生成功能针对当前文档启用，如要禁用当前文档的图像资源生成功能，请重新执行【文件】→【生成】→【图像资源】命令。

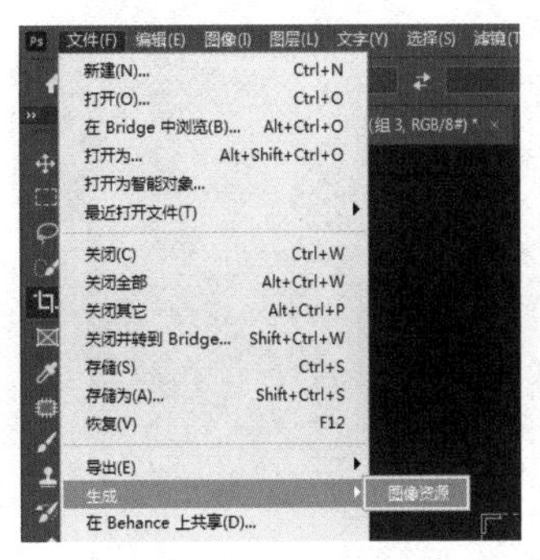

图5-56　【图像资源】命令

5.9　使用【图层复合】面板

【图层复合】是【图层】面板状态的快照，它记录了当前文件中图层的可见性、位置以及外观（包括图层的不透明度、混合模式及图层样式等），通过图层复合可以快速地在文档中切换不同版面的显示。【图层复合】面板用来创建、编辑、显示和删除图层复合。执行【窗口】→【图层复合】命令（如图5-57），可见【图层复合】面板（如图5-58）。

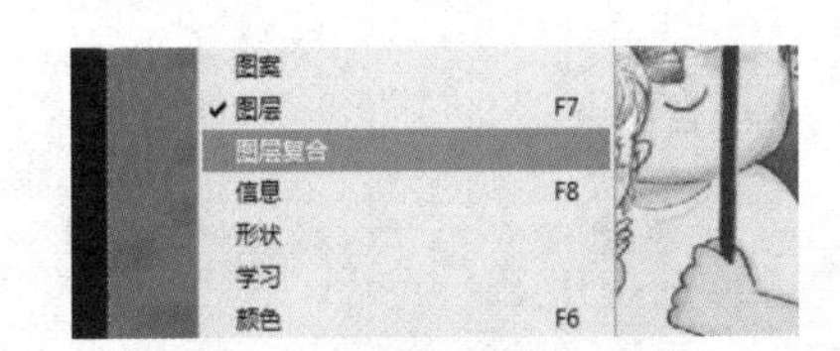

图5-57　【图层复合】命令

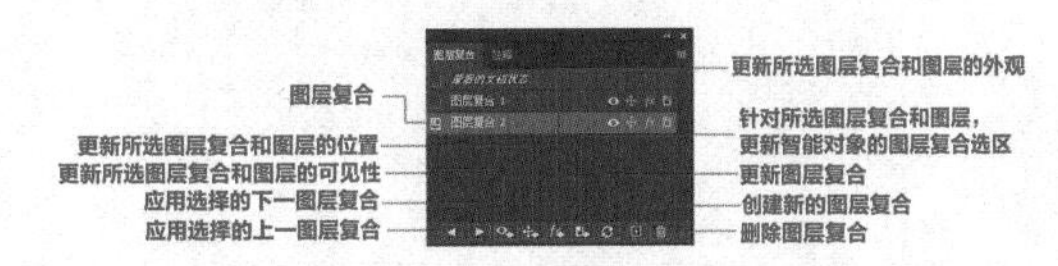

图5-58　【图层复合】面板

一般情况下，设计师在向客户展示设计方案时，每一个方案都需要制作一个单独的文件。使用【图层复合】面板，就可将页面版式的变化图稿创建为多个图层复合，向客户展示。

PSD

PS

第6章

自由变换

——看我72变

自由变换指对对象的变换调整，主要包括调整位置、大小、角度，进行翻转，甚至打造各种造型变化，是使用Photoshop必须要掌握的操作技能。本章将对自由变换的各种操作、内容识别缩放、操控变形以及相关知识进行详细讲解。

6.1 变换基本操作

实现自由变换，有两种方式：一是执行【编辑】→【自由变换】命令；二是按快捷键Ctrl+T，如图6-1所示。

图6-1　【自由变换】命令

打开素材图片，对素材执行【自由变换】命令，图层对象的四周会显示控件框，如图6-2所示，这个控件框包含对象最大的矩形范围。

图6-2　控件框

如图6-2所示，控件框有8个控制点，用来调节并变换造型，在中心位置有一个参考点，为图像变换的轴心，比如，在旋转图像的时候，会以参考点为轴心转动。勾选选项栏中的【切换参考点】复选框，如图6-3所示，就可显示参考点，能够任意移动参考点位置，甚至可以将其放到控件框之外，按住Alt键单击任意位置即可放置，如图6-4所示。

图6-3　勾选【切换参考点】复选框

图6-4　参考点放到控件框之外

拓展知识

参考点与控制点可以重合吗？

可以把参考点放在控制点的位置上，与控制点重合。比如，目前选中的是上部中间的控制点，那么参考点就会自动被放至上部中间位置。如图6-5所示。

图6-5　参考点与控制点重合

6.2 移动

在自由变换模式下能够移动对象，此时的移动可以不用单击移动工具，当鼠标是小黑箭头状态时，就可以拖拽移动，也可用方向键进行微调。

除手动操作外，还可进行精准移动。在选项栏中输入相应的数值即可。如图6-6所示，X代表水平方向，Y代表垂直方向。

图6-6　精准移动工具

选项栏中的数值代表当前参考点的坐标，可修改坐标完成移动，比如，要在垂直方向向上移动50像素，就把Y坐标由425.00像素改为475.00像素。

选项栏中的X、Y值是针对画布大小的绝对坐标，输入数值的时候，要进行加减法运算，比较烦琐。可以单击旁边的小三角按钮△使坐标值归零，此时坐标就变为相对坐标，这样想移动多少，就输入多少，如图6-7所示。

图6-7　坐标值归零

完成移动之后，单击选项栏中的勾号按钮☑提交变换操作，或直接按Enter键。如果不想提交，就单击取消按钮⊘或者按Esc键。

拓展知识

再次操作

对图层执行了一次变换操作后，还可再次执行，执行【编辑】→【变换】→【再次】命令，或使用快捷键Shift+Ctrl+T，均可快捷地多次执行同样参数的变换操作。

另外，还可使用快捷键Ctrl+Shift+Alt+T进行再次变换并复制的操作。

6.3 缩放

进入自由变换的状态之后，当鼠标靠近任意一个控制点或者控制杆的时候，光标会变成双向箭头（↔、↕、⤡），直接拖拽就可以进行等比例缩放了。拖拽时按住Shift键，可解除比例锁定。同样，可在选项栏中设定比例值，精准控制缩放比例，100%为原始比例，W为宽度比例，H为高度比例，可分别进行修改，也可单击中间的链接图标🔗，进行等比例修改。

若只将W设定为负值，会实现水平翻转的镜像效果。同理，将H设为负值，就是垂直翻转。也可以通过右键菜单直接实现翻转，如图6-8所示。

图6-8　右键菜单

拓展知识

【插值】选项

放大、缩小图像是一种插值计算，也就是选项栏中的【插值】选项。可以尝试使用不同的插值选项，查看变换后的效果。通常来说，【两次立方（较平滑）】选项比较适合放大图像，【两次立方（较锐利）】选项比较适合缩小图像，但这都不是固定的。

修改对象是像素图形时，要尽量避免放大的操作，尽量使用足够大的图像素材，或矢量图形。而缩小同样有风险。图像变小，看上去没什么问题，若想再次放大，则会出现问题。因为图像缩小后，像素信息丢失了很多，再放大时图片就不清晰了。

一般可以把图层对象转换为智能对象后再进行缩放操作。

6.4 旋转

当光标靠近控制点变成↷时，拖拽鼠标就可以进行旋转操作。也可以在图像上单击鼠标右键，在弹出的菜单中选择【旋转】选项，光标会保持旋转模式状态。另外，也可以快捷地在菜单中选择旋转180° 或90° ，如图6-9所示。

图6-9　右键菜单选择【顺时针旋转90度】选项

（1）可以通过设置旋转角度数值 0.00 度，精准控制旋转角度。

（2）在旋转的时候，可按住Shift键锁定角度，以固定角度进行旋转。

（3）可以改变参考点的位置，以任意轴心旋转。

拓展知识

参考点

有些时候，先调整参考点，再进行移动、缩放、旋转，然后提交变换操作，最后使用【再次变换并复制】的快捷键Ctrl+Shift+Alt+T，多次执行此变换操作，将会形成图6-10所示的效果。另外，重复旋转固定角度并复制，能够做出一些比较有创意的图案，如图6-11所示。

图6-10　先调整参考点再变换的效果

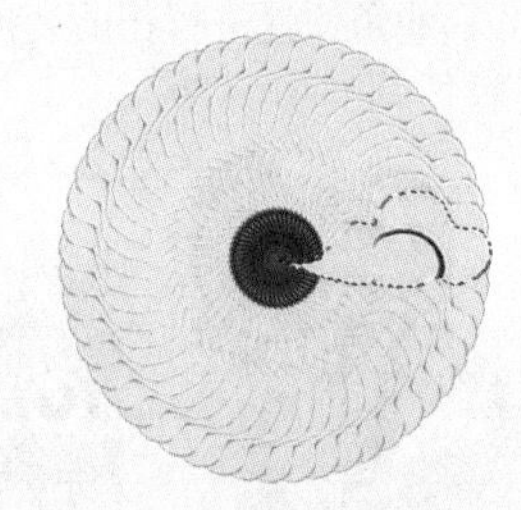

图6-11　重复旋转固定角度并复制

6.5 斜切

在鼠标右键菜单中选择【斜切】模式后，光标靠近控件框的时候会变成⇆/⇅形状，拖动鼠标就可倾斜图像，如图6-12和图6-13所示。另外，设置选项栏中的【水平斜切角度】和【垂直斜切角度】H: 0.00 度 V: 0.00 度 能够精准控制倾斜角度。

图6-12　选择【斜切】

图6-13　倾斜图像

6.6 扭曲

在鼠标右键菜单中选择【扭曲】模式后，就可用鼠标选择任意控制点并拖拽，产生变换，如图6-14所示。或在自由变换模式下，按住Ctrl键并拖拽控制点，也可快速进行扭曲变换操作。

图6-14　扭曲变换

拓展知识

Shift键

某些Photoshop版本，在扭曲变换时需要结合Shift键解除水平或者垂直方向的锁定，而某些Photoshop版本的Shift键为启用锁定，请按软件版本情况来适当操作。

6.7 透视

与【扭曲】类似，【透视】也可以通过拖拽任意控制点进行操作，变换的规则遵循透视原理，如图6-15所示。

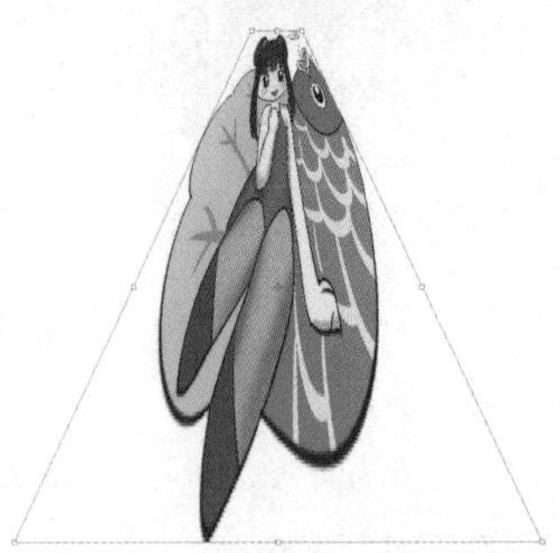

图6-15　【透视】操作

6.8 变形

【变形】是一种较为复杂的网格化变换模式。如图6-16所示，在鼠标右键菜单中选择【变形】模式之后，可在选项栏中选择【拆分】形式 拆分：，单击对象，手动拆分出参考网格；也可在【网格】选项 网格：自定中直接选择等比划分网格，比如选择【3×3】，网格划分效果如图6-17所示。

图6-16　选择【变形】模式

图6-17　网格划分效果

此时，图像就如同一块泥一样，可以被捏成各种形状，拖拽控制点、控杆或者单元格，都会产生曲度变化，如图6-18所示。

图6-18　随意变形

有时，手动操作不容易控制，在选项栏的【变形】下拉菜单中可以选择多种变形预设，如图6-19所示。

图6-19　【变形】下拉菜单

如图6-20所示，选项栏中针对当前预设还可深入地进行参数调节，可改变变形方向、弯曲度、倾斜扭曲度，使变形更加细致丰富。

图6-20　选项栏中的变形参数

实例6-1　产品倒影制作

产品倒影制作的最终完成效果如图6-21所示。

图6-21　倒影制作完成效果

步骤01　打开图片素材，如图6-22所示，可将画布放大，然后按快捷键Ctrl+J复制一个产品图层，如图6-23所示。

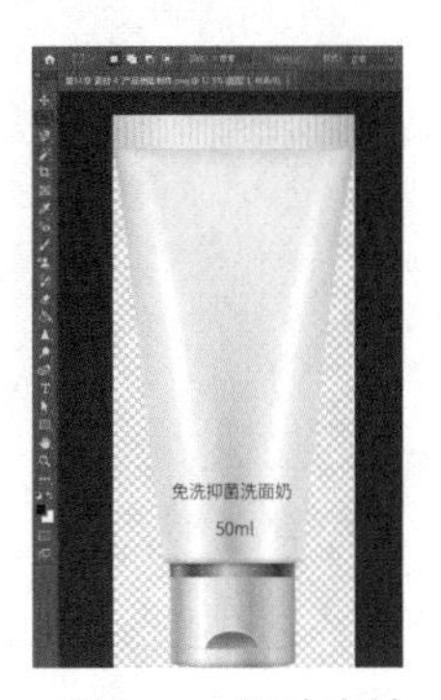

图6-22　图片素材

图6-23　复制图层

步骤02 按快捷键Ctrl+T进行自由变换，然后在鼠标右键菜单中选择【垂直翻转】命令，如图6-24所示。将翻转的图层放到原素材下方，对齐图像位置，如图6-25所示。

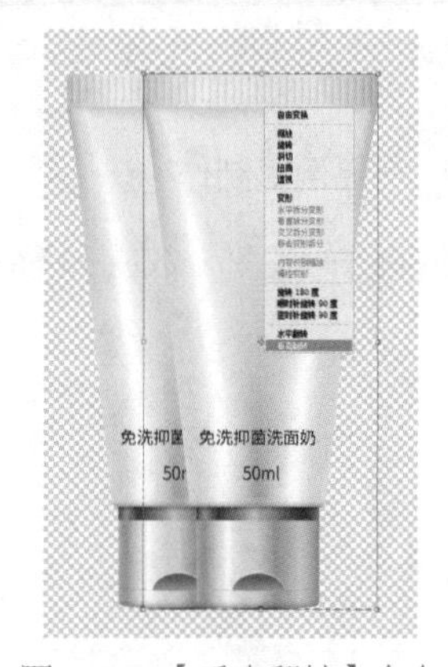

图6-24　【垂直翻转】命令

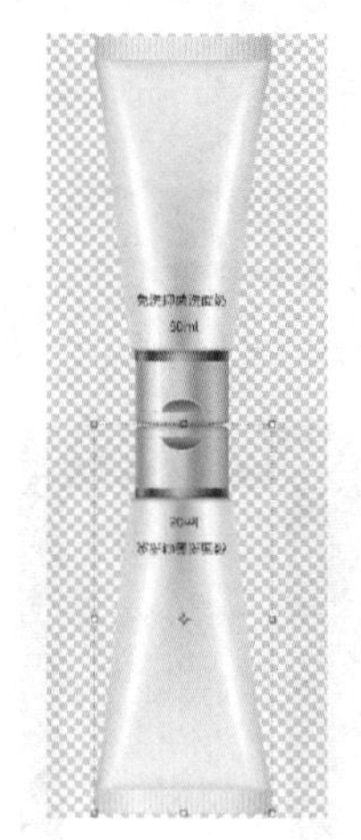

图6-25　对齐图像

步骤03 再次进行自由变换，在右键菜单中选择【变形】选项，在【自由变换】选项栏中选择【拱形】变形效果，并将【弯曲】度设为-10°，如图6-26所示。由于倒影在整体空间中的透视关系是一致的，所以要使洗面奶包装的扭曲方向一致，如图6-27所示。

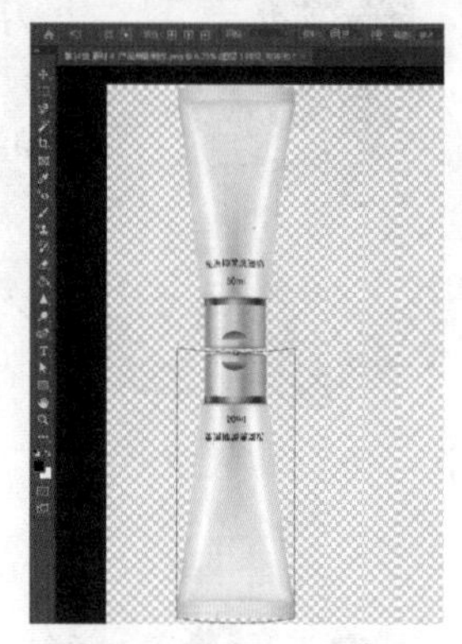

图6-26　【拱形】变形

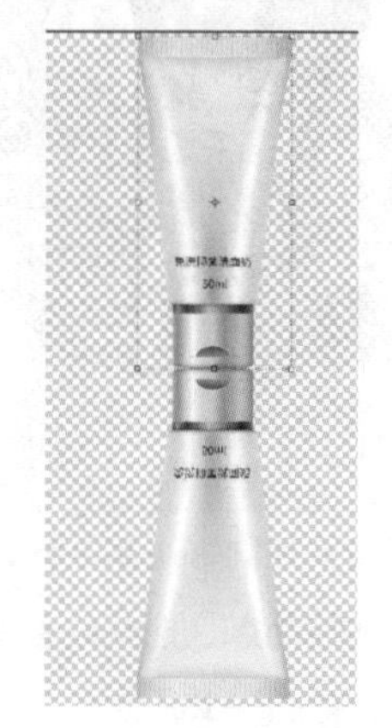

图6-27　扭曲方向一致

步骤04 在【图层】面板中把倒影图层的不透明度设为50%，并在图层下方加上白色背景，如图6-28所示。

图6-28　加白色背景

步骤05 制作倒影的渐隐效果。使用【矩形选择工具】在倒影的下半部分绘制一个矩形框，然后在鼠标右键菜单中选择【羽化】选项，设定【羽化】值为500，如图6-29所示。羽化后的选区边界呈现柔和的过渡效果，按Delete键删除下面的部分，倒影制作完成。最终效果如图6-30所示。

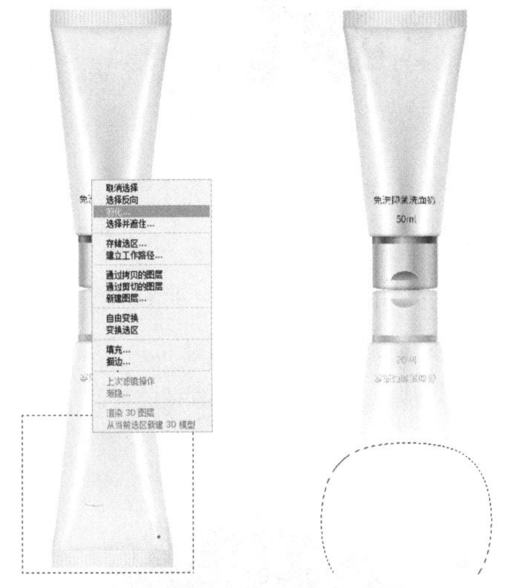

图6-29　羽化

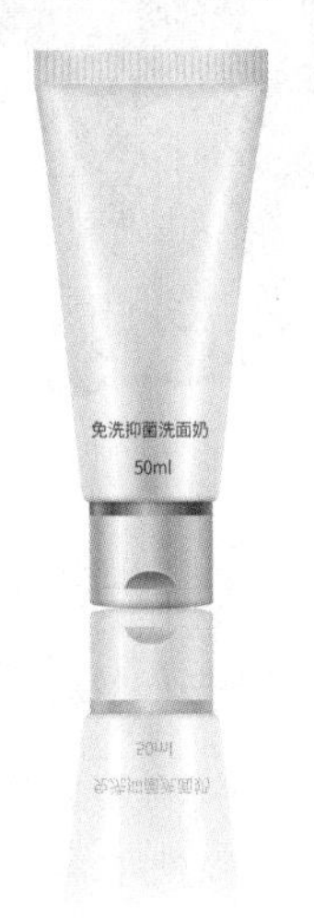

图6-30 最终效果

6.9 内容识别缩放

使用【内容识别缩放】功能可以在保持主体不变形的情况下缩放背景。

打开图片，如图6-31所示，如果想将盘子的背景做缩小处理，先按Ctrl+J复制图层，之后执行【编辑】→【内容识别缩放】命令，按住Shift键配合鼠标左键水平拖动。

图6-31　图片素材

此命令的使用方法与自由变换完全相同，但效果略有区别。缩放的时候，如图6-32所示，盘子几乎不会有变化，只有背景在变形。

图6-32　背景变形

6.10 操控变形

使用【操控变形】功能可把图像转换为关联式三角网面结构，从而实现高度自由的变形。

打开图片素材，先使用【魔棒工具】将白色背景去掉，在执行操控变形时，对象尽量不要带有背景，如图6-33所示。

图6-33　不带背景的图片

执行【编辑】→【操控变形】命令，图像上面布满了三角网格，如图6-34所示。在选项栏中取消勾选【显示网格】复选框，可以取消网格的显示；选项栏中的【密度】选项可控制网格的密度，如图6-35所示。

图6-34　执行【编辑】→【操控变形】命令

图6-35　【操控变形】选项栏

当光标变成了图钉形状，在图像上单击就可打上图钉，然后将此作为变形的关键点，如图6-36所示，在大象主要的关节点打上图钉。

图6-36　打上图钉

将光标移至图钉上，单击并拖动，图像就会跟着一起变形，如图6-37所示。

图6-37　图像变形

在选项栏中可控制变形的【模式】，可以使变形更加具有刚性或者更加柔和；还可控制【图钉深度】，比如，可以设置不同深度让大象的腿放在身前或者身后。变形调整完成之后，单击提交按钮，或者直接按Enter键完成操作，效果如图6-38所示。

图6-38　最终效果

拓展知识

怎样保留变形数据?

可先把对象转换为【智能对象】，再进行操控变形。这样能够保留变形数据，便于多次调整操作。

6.11 透视变形

透视变形工具可以对图像现有的透视关系进行变形，具体操作步骤如下：

（1）打开素材图片，如图6-39所示。

图6-39　素材图片

（2）执行【编辑】→【透视变形】命令，然后在画面中单击或拖住鼠标，绘制透视变形网格，如图6-40所示。

图6-40　透视变形网格

（3）根据透视关系拖动控制点，调整透视变形网格，如图6-41所示。

图6-41　调整透视变形网格

（4）在另一侧按住鼠标左键绘制透视变形网格，当两个透视变形网格交叉时会出现高亮显示，如图6-42所示。

图6-42　出现高亮显示

（5）单击选项栏中【变形】按钮，再单击【自动拉平接近水平的线段】按钮，如图6-43中红框所示，画面中的透视就会发生变化，如图6-44所示。

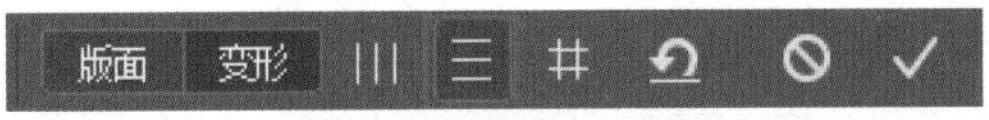

图6-43　【自动拉平接近水平的线段】按钮

图6-44　透视发生变化

（6）按提交按钮，完成操作，效果如图6-45所示，在学习第13章裁剪工具相关内容后，可以将图6-45中红框外面的画面裁剪。

图6-45　最终效果

PSD PS

第7章

色彩理论

——五颜六色的世界

色彩和生活一样，丰富多彩、五彩斑斓，色彩对人类的吸引力是无限的。要掌握和运用好色彩，我们必须先理解色彩的基本概念和要素。本章将对色彩以及相关知识进行详细讲解。

7.1 色彩和光的基本概念

1 色彩的产生

我们的日常生活中充满各种各样的色彩。其实，这些颜色都来自光，没有光就没有色彩。当阳光普照万物时，一部分光线被物体吸收转换成为热能，而没有被吸收并从物体上反射回来的光线进入了我们的眼睛，带来了光明和色彩，从而显现了外部世界。物体的色彩好像附着于物体表面，一旦光线减弱或消失，色彩也会消失。所以，“光”是我们认识外部世界的第一视觉要素，没有光线就没有色彩。

在生活中主要有两种光：一种是光源光，如太阳、灯泡、显示屏等，发光体的光线直接进入我们眼中；还有一种是反射光，即光线射到物体表面时物体反射出来的光，如月亮、不发光物体等，如图7-1所示。

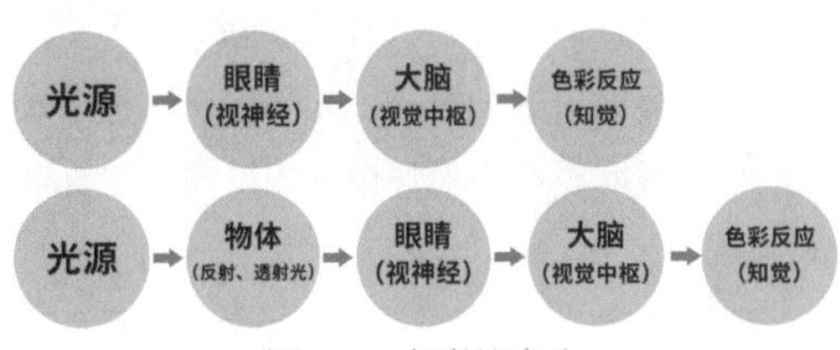

图7-1　色彩的产生

2 光的本质

光是一种电磁波，在自然界里，有很多种形式的电磁波，如无线电、手机信号、红外线、紫外线等。但是我们人眼是看不到这些的。人眼可以识别的电磁波，就是可见光，如太阳光、灯光等。普通人可以识别的电磁波波长范围是400～780纳米，也就是可见光，高于780纳米的是红外线，更长的则是微波、无线电波、长波等。波长低于400纳米的是紫外线，更低的是伽马射线、宇宙线，如图7-2所示。

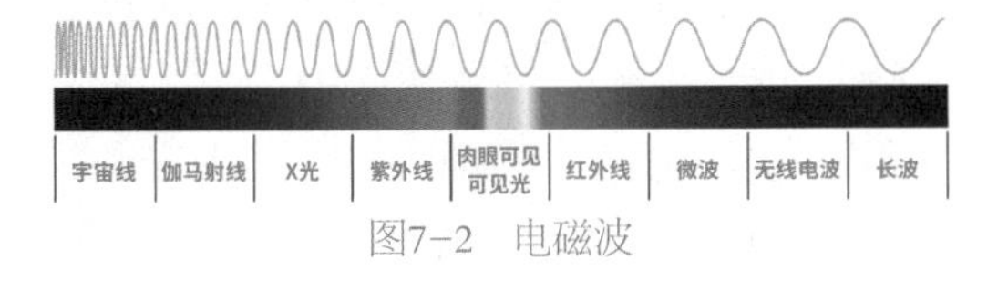

图7-2　电磁波

3 单色光和复合光

也许是雨后彩虹这一自然现象激发了英国科学家牛顿（1643—1727年）发现色彩之谜的兴趣，牛顿发现了可视光谱。他在暗室中将一束太阳光通过三棱镜投射出来，结果看到了从红到紫的光带，如图7-3所示；他又将其通过三棱镜合在一起，结果又复原成接近太阳光的白色光线。人们对色彩的科学研究，就是从这个发现开始的。

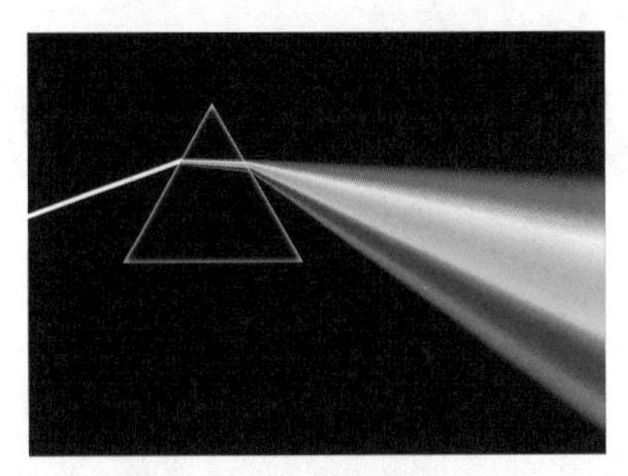

图7-3　三棱镜投射光

单色光，就是单一频率（或波长）的光，绝对意义的单色光需要在实验室精密的仪器中获得。我们通常见到的单色光，基本上属于近似频率范围的光线，比如红到紫的七色光。

复合光，就是多种单色光混合产生的光，太阳光就是最常见的复合光，屏幕上RGB色彩模式混合的多彩颜色也是复合光。

7.2 色彩的三要素

丰富多样的颜色可以分成两个大类：无彩色系和有彩色系。有彩色系的颜色具有三个基本特性：色相、饱和度、明度。在色彩学上也称为色彩的三要素或色彩的三属性。

1 色相

色相，指色彩的相貌，是一种颜色区别于另一种颜色最显著的特征。我们常说的红色、黄色、橙色、绿色、蓝色，就是对色相的描述。如图7-4所示。

图7-4　色相

② 饱和度

饱和度，也称为纯度，指色彩的纯净程度，它表示颜色中所含有色成分的比例。有色成分比例越高，纯度越高，色彩表现越鲜明；有色成分比例越低，纯度越低，色彩表现越暗淡，也就是我们常说的“脏”。当有色成分比例为0时，就是无色彩。如图7-5所示。

图7-5　饱和度

③ 明度

明度是指色彩的明暗程度。同一种色彩，当掺入白色时，明度提高；当掺入黑色时，明度降低。在无彩色系中，白色明度最高，黑色明度最低，黑白之间则为灰色，靠近白色的部分称为明灰色，靠近黑色的部分称为暗灰色。如图7-6所示。

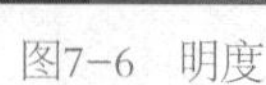

图7-6　明度

7.3 色彩模式

Photoshop常见的颜色模式有RGB、CMYK及Lab，还有为特别颜色输出的模式，如位图、灰度、索引颜色和双色调。

不同的颜色模式所定义的颜色范围不同。其通道数目和文件大小也不同，所以它们的应用方法也各不相同。

（1）RGB模式：RGB就是Red、Green、Blue的英文缩写，即红、绿、蓝。RGB模式是一种基于发光体的色彩加色模式，比如太阳、灯、显示器等。RGB模式是Photoshop中最为常用的一种颜色模式。

RGB模式由红、绿、蓝3种原色组合而成，每一种原色都可以表现出256种不同浓度的色调，3种原色混合起来就可以生成约1670万种颜色，也就是常说的真彩色，如图7-7所示为RGB颜色模式的图像。

图7-7　RGB颜色模式的图像

（2）CMYK模式：CMYK是由青色（Cyan）、洋红（Magenta）和黄色（Yellow）3种颜色的英文首字母加黑色（Black）的英文尾字母组合而成的。CMYK模式是一种依靠物体反光的色彩减色模式，比如月亮和其他不会发光的物体等。CMYK模式是一种印刷的模式，需要打印的图片都使用这种模式。此外，在这种模式下，有很多滤镜都不能使用，编辑图像时有很多不便。

理论上将CMYK模式中的三原色，即青色、洋红色和黄色混合在一起可生成黑色。但实际上等量的C、M、Y三原色混合并不能产生完美的黑色，因此加入了黑色。如图7-8所示为CMYK颜色模式的图像。

图7-8　CMYK颜色模式的图像

（3）索引颜色模式：索引颜色模式是专业的网络图像颜色模式。在该颜色模式下，可生成最多包含256种颜色的8位图像文件，容易出现颜色失真。

拓展知识

1. 有哪些图像能使用索引颜色模式？

由于索引颜色模式有很多限制，所以只有灰度模式和RGB模式的图像才能转换为索引颜色模式。

2. 多图层图像使用索引颜色模式需要注意什么？

如果为多图层图像，转换为索引颜色模式时，所有可见图层将被拼合，所有隐藏图层将被舍弃。

（4）双色调模式：双色调模式不是一种单独的颜色模式，它包括单色调、双色调、三色调和四色调4种不同的颜色模式。将图像转换为双色调模式前需要将图像转换为灰度模式。

（5）Lab模式：Lab模式中的数值描述了正常视力的人能够看到的所有颜色。在Lab模式中，L代表亮度分量；a代表由绿色到红色的光谱变化；b代表由蓝色到黄色的光谱变化，如图7-9所示为Lab模式的图像。

图7-9　Lab模式的图像

（6）位图模式：位图模式只有黑色和白色2种颜色。因此，在该模式下只能制作黑白两色的图像。将彩色图像转换成黑白图像时，必须先将其转换成灰度模式的图像，再转换成位图模式的图像。

（7）灰度模式：灰度模式能够表现出256种色调，利用256种色调可以表现出颜色过渡自然的黑白图像。

灰度模式的图像可以直接转换成黑白图像和RGB模式的彩色图像。同样，黑白图像和彩色图像也可以直接转换成灰度图像。

7.4 图像颜色模式的转换

在Photoshop中，可以在图像的各种颜色模式间自由转换。但是由于不同的颜色模式所包含的色彩范围不同，以及它们的特性存在差异，因而在转换时或多或少会造成一些数据的丢失。此外，颜色模式与输出信息息息相关。因此，在进行模式的转换时，应该考虑这些问题，尽量做到按照需求，谨慎处理图像颜色模式，避免产生不必要的损失，以获得高品质的图像。

在选择颜色模式时，通常要考虑以下几方面问题：

（1）图像输入和输出的方式：若用于印刷输出，则必须使用CMYK模式存储图像；若是在荧光屏上显示，则以RGB或索引颜色模式输出较多。输入方式通常使用RGB模式，因为该模式有较广的颜色范围和操作空间。

（2）编辑功能：在选择模式时，需要考虑在Photoshop中能够使用的功能。例如，CMYK模式的图像不能使用某些滤镜；位图模式不能使用自由旋转、图层功能等。因此，在编辑时可以选择RGB模式来操作，完成编辑后再转换为其他模式进行保存。

（3）颜色范围：不同模式下的颜色范围不同，所以编辑时可以选择颜色范围较广的RGB和Lab模式。

（4）文件占用的内存和磁盘空间：不同模式保存的文件大小是不一样的。索引颜色模式的文件大小大约是RGB模式文件的三分之一，而CMYK模式的文件又比RGB模式的文件大得多。为了提高工作效率，可以选择文件尺寸较小的模式。

1 RGB和CMYK模式的转换

要转换RGB和CMYK模式，只需执行【图像】→【模式】→【RGB颜色】命令或【图像】→【模式】→【CMYK颜色】命令即可，如

图7-10所示。当图像在RGB和CMYK模式间经过多次转换后，会造成很大的数据损失。因此，应该尽量减少转换次数或制作好备份后再进行转换；或者在RGB模式下执行【视图】→【校样设置】→【工作中的CMYK】命令，查看在CMYK模式下图像的真实效果。

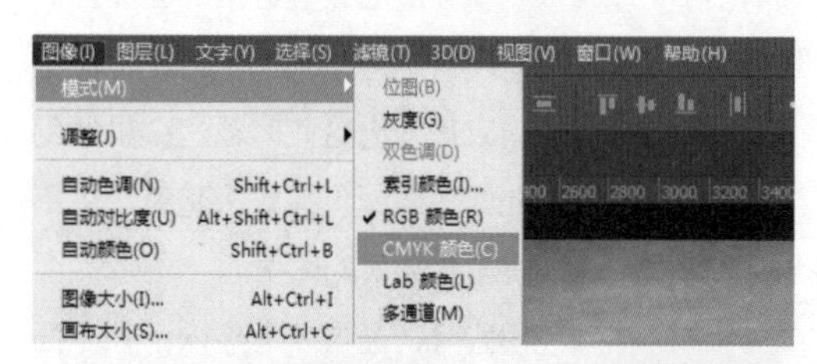

图7-10　转换RGB和CMYK模式

2 位图模式和灰度模式的转换

在Photoshop中，只有灰度模式的图像才能转换为位图模式，要将其他模式的图像转换为位图模式，必须先转换成灰度模式。

若要将位图模式的图像转换为灰度模式，请执行【图像】→【模式】→【灰度】命令，弹出【信息】对话框，如图7-11所示。在对话框中单击【扔掉】按钮，即可将位图模式转换为灰度模式。

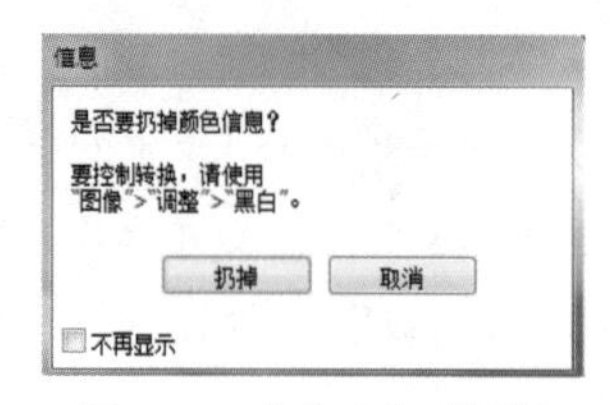

图7-11　【信息】对话框

位图模式的图像是只有黑白2种色调的图像，因此，转换成位图模式后的图像不具有256种色调，转换时会将中间色调的像素按指定的转换方式转换成黑白的像素。

在Photoshop中打开一张灰度模式的图像，执行【图像】→【模式】→【位图】命令，弹出【位图】对话框，如图7-12所示。

图7-12　【位图】对话框

（1）分辨率：用于设定图像的分辨率。【输入】选项显示原图的分辨率。【输出】选项可设定转换后图像的分辨率。

（2）方法：用来设定转换为位图模式的方式。有以下5种方式：

- 50%阈值：将灰度值大于128的像素变成白色，灰度值小于128的像素变成黑色，得到一个高对比度的黑白图像。
- 图案仿色：通过将灰度级组织到黑白网点的几何配置来转换图像。
- 扩散仿色：通过使用从图像左上角像素开始的误差扩散过程来转换图像。如果像素明度高于中灰色阶128，变为白色，反之变为黑色。由于原来的像素不是纯白或纯黑，就不可避免产生误差。这种误差传递给周围像素并在整个图像中扩散，从而形成类似胶片颗粒的纹理。
- 半调网屏：选择此选项转换时，会弹出【半调网屏】对话框。其中【频率】文本框用于设置每英寸或每厘米有多少条网屏线；【角度】文本框用于决定网屏的方向；【形状】下拉列表用于选取网屏形状，有6种形状可供选择，包括圆形、菱形、椭圆形、直线、方形和十字形。
- 自定图案：通过自定义半调网屏，模拟打印灰度图像的效果。这种方式允许将挂网纹理应用于图像，比如木质颗粒。

7.5 色域和溢色

色域是指颜色系统可以显示或打印的颜色范围。RGB模式的色域要远远超过CMYK模式，所以当RGB图像转换为CMYK模式后，图像的颜色信息会损失一部分。这也是在屏幕上设置好的颜色与打印出来的颜色有差别的原因。

由于RGB模式的色域要比CMYK模式的色域广，所以导致在显示器上看到的颜色有可能打印不出来。那些不能被打印出来的颜色被称为“溢色”。

在实际工作中，Photoshop设计的图片多用于印刷，由于RGB模式的色域要比CMYK模式的色域广，为保证在转换成CMYK模式时不会出现溢色，Photoshop为用户提供【色域警告】命令，用于检查RGB模式的图像是否出现溢色。

执行【文件】→【打开】命令，打开素材图像，效果如图7-13所示。

图7-13　打开图像

执行【视图】→【色域警告】命令，画面中出现的灰色便是溢色区域，如图7-14所示。再次执行该命令即可关闭色域警告。

图7-14　溢色警告

拓展知识

溢色警告

使用【拾色器】或【颜色】面板设置颜色的时候，如果选择的颜色出现溢色，Photoshop CC将自动给出警告。可以选择颜色块中与当前颜色最为接近的可以打印的颜色来替代溢色。

7.6 选择颜色

在绘制一幅精美的作品时，首先需要掌握基本的工具使用方法和颜色的选择方法。Photoshop提供了各种绘图工具，使用时不可避免地要对颜色进行选择设置。

7.6.1　前景色和背景色

前景色和背景色在Photoshop中有多种定义方法。在默认情况下，前景色和背景色分别为黑色和白色。如图7-15所示。前景色决定了使用绘画工具绘制图像及使用文字工具创建文字时的颜色；背景色则决定了背景图像区域为透明时所显示的颜色，以及新增画布的颜色。

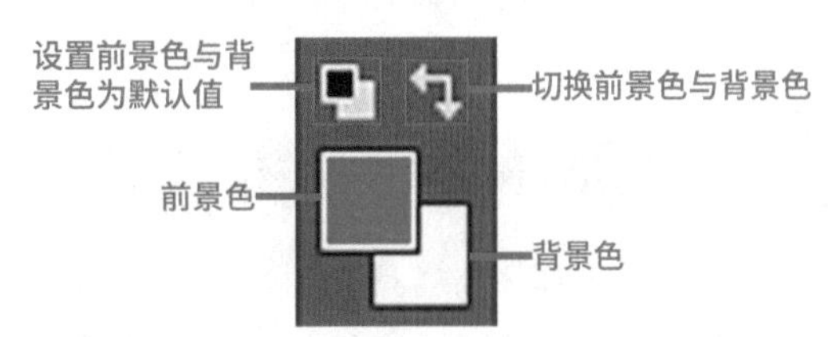

图7-15　工具箱中的前景色与背景色

（1）设置前景色与背景色为默认值：单击该按钮，或按D键，可以将前景色和背景色恢复为默认的黑色前景色和白色背景色。

（2）前景色/背景色：单击相应的色块，可在弹出的【拾色器】对话框中设置需要的前景色或背景色。

（3）切换前景色与背景色：单击该按钮，或按X键，可以交换当前前景色与背景色。

7.6.2 【信息】面板

【信息】面板可以显示光标当前位置的颜色值、文档状态、当前工具的使用提示等信息。若执行了操作，如进行了变换或者创建了选区、调整了颜色等，【信息】面板中也会显示与当前操作有关的各种信息。

执行【窗口】→【信息】命令，打开【信息】面板，默认情况下，【信息】面板中显示如图7-16所示的信息。

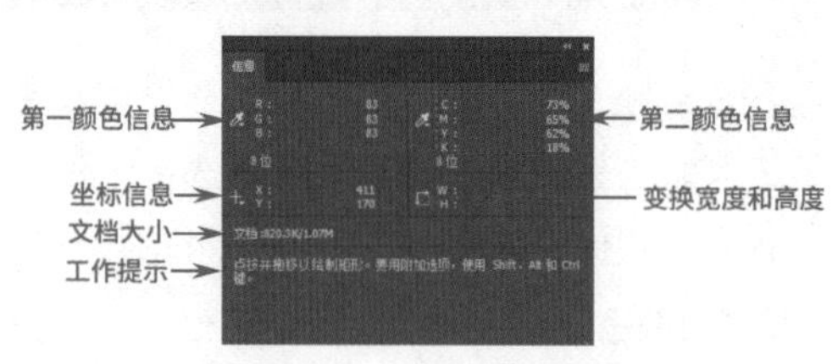

图7-16　【信息】面板

拓展知识

如何修改【信息】面板的显示内容？

用户可以单击【信息】面板右上方的 ≡ 按钮，在弹出的菜单中选择【面板选项】选项，弹出【信息面板选项】对话框，在此修改【信息】面板中的显示内容。

7.6.3 使用【颜色取样器工具】

使用【颜色取样器工具】可以在图像上放置取样点，每一个取样点的颜色值都会显示在【信息】面板中。通过设置取样点，可以在调整图像的过程中观察颜色值的变化情况。如图7-17所示。

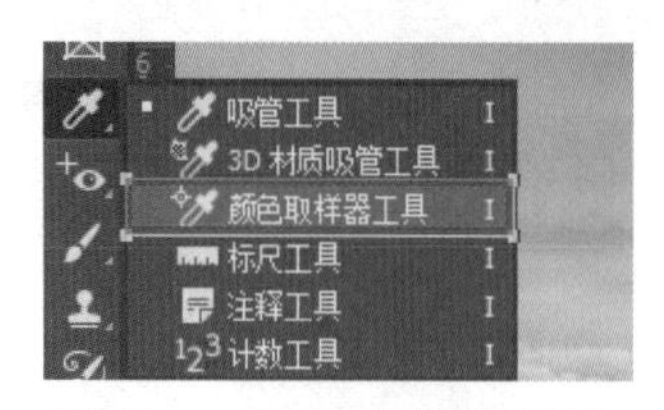

图7-17　【颜色取样器工具】

7.6.4 使用【拾色器】对话框

【拾色器】对话框是定义颜色的对话框，可以单击需要的颜色进行设置，也可以使用颜色值准确地设置颜色。在工具箱中单击【前景色】或【背景色】图标，弹出【拾色器】对话框，如图7-18所示。

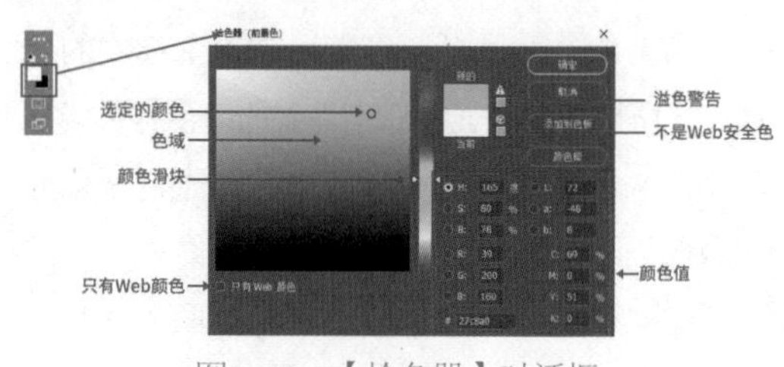

图7-18　【拾色器】对话框

（1）色域/选定的颜色：在此处单击鼠标，为前景色或背景色选取颜色。

（2）颜色滑块：单击并拖动滑块，可以调整颜色范围。

（3）颜色值：可在文本框中直接输入数值来精确设置颜色。

（4）不是Web安全色：出现该图标，表示当前颜色在网页中显示会有色差。单击图标下面的小色块，可将颜色替换为最接近的Web安全颜色。

（5）溢色警告：如果当前选择的颜色是不可打印的颜色，则会出现该警告标志。

（6）添加到色板：单击该按钮，可以将当前所设置颜色添加到【色板】面板中。

（7）颜色库：单击该按钮，可以切换到【颜色库】对话框中。

（8）只有Web颜色：勾选该复选框，此时可选取的颜色都是Web安全颜色。

7.6.5 使用【吸管工具】选取颜色

【吸管工具】可以吸取指定位置图像的像素颜色。当需要一种颜色时，如果要求不是太高，可以用【吸管工具】完成，如图7-19所示。在使用【吸管工具】时，可以在选项栏中设定其参数，以便更准确地选取颜色。

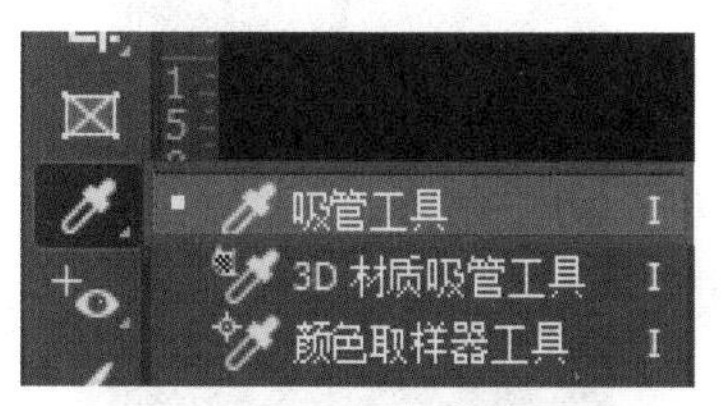

图7-19　【吸管工具】

7.6.6 使用【颜色】面板

使用【颜色】面板选择颜色，和在【拾色器】对话框中选色一样轻松，并且可以切换不同的颜色模式进行选色。执行【窗口】→【颜色】命令，即可打开【颜色】面板。在默认情况下，【颜色】面板提供的是RGB颜色模式的滑块，如果想使用其他模式的滑块进行选色，可单击面板右上角的☰进行设置，如图7-20所示。

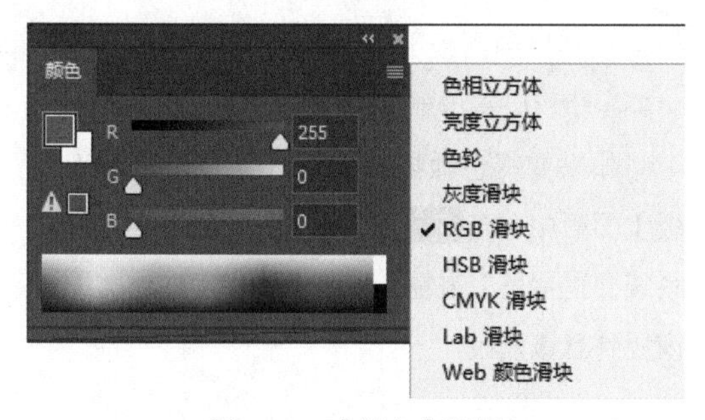

图7-20　【颜色】面板

使用不同模式的滑块选色时，其选色方法也不同，具体讲解如下：

（1）灰度滑块：选中此选项，面板中只显示一个【K】滑块，可以选择从0%到100%的颜色。

（2）RGB滑块：选中此选项，面板中显示【R】【G】【B】3个滑块，如图7-21所示，三者的范围都在0～255之间。拖动这3个滑块即可通过改变R、G、B的不同色调来选色。

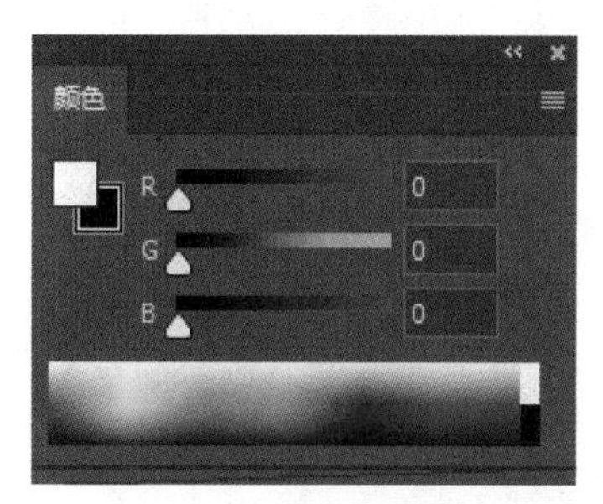

图7-21　RGB滑块

（3）HSB滑块：选中此选项，面板中显示【H】【S】【B】滑块，如图7-22所示。通过拖动这3个滑块可以分别设定H、S、B的值。这个模式很常用，因为可以很方便地控制色相、饱和度、亮度3个属性具体数值。

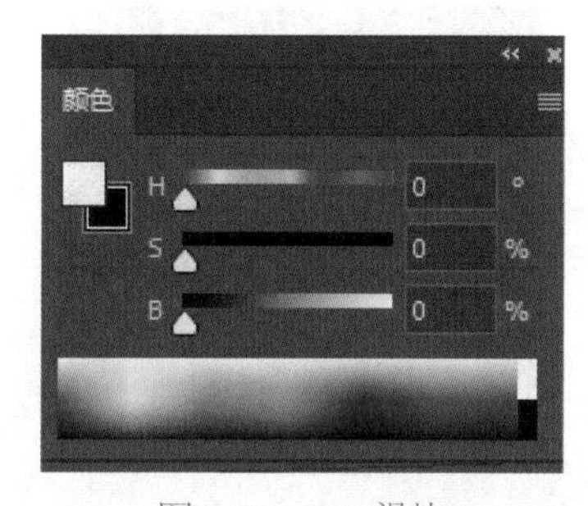

图7-22　HSB滑块

（4）CMYK滑块：选中此选项，面板中显示【C】【M】【Y】【K】4个滑块，如图7-23所示。使用方法与RGB滑块相同。

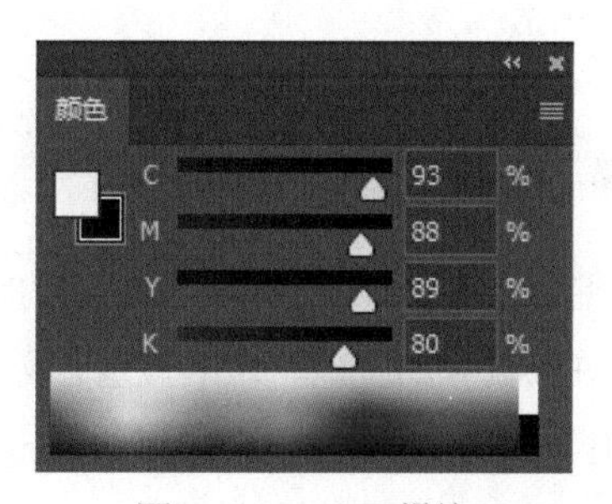

图7-23　CMYK滑块

（5）Lab滑块：选中此选项，面板中显示【L】【a】【b】滑块，如图7-24所示。【L】滑块用于调整亮度，【a】滑块用于调整由绿到红的色谱变化，【b】滑块用来调整由蓝到黄的色谱变化。

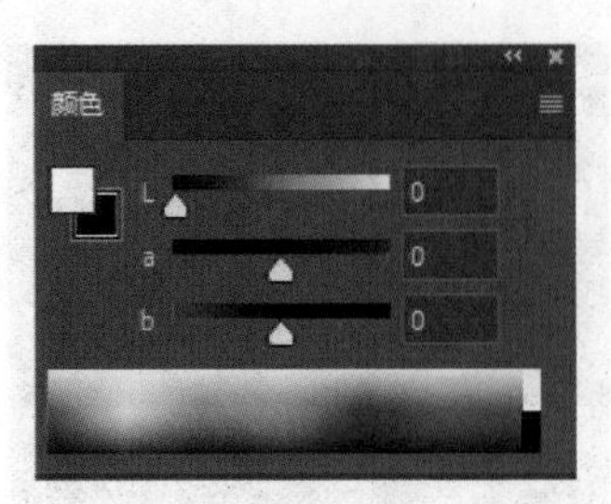

图7-24 Lab滑块

（6）Web颜色滑块：选中此选项，面板中显示【R】【G】【B】滑块，如图7-25所示。与RGB滑块不同的是，这3个滑块主要用来选择Web上使用的颜色。每个滑块分为6个颜色段，所以总共能调配出216种颜色，即6×6×6=216。

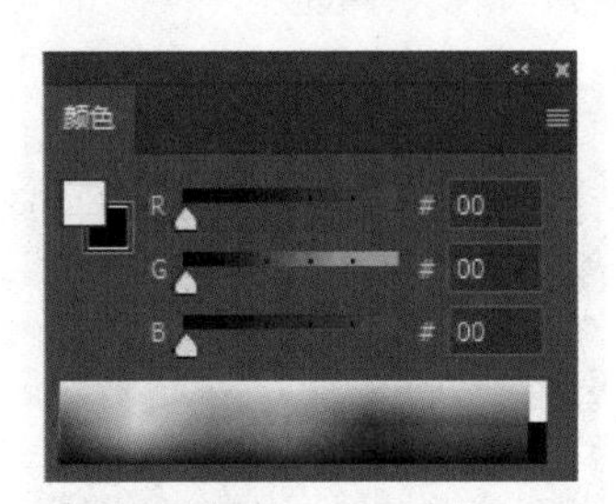

图7-25 Web颜色滑块

【颜色】面板底部有一根颜色条，用来显示某种颜色模式的色谱，默认设置为RGB模式的色谱。使用颜色条也能选择颜色，将光标移至颜色条内时会变成吸管形状，单击即可选定颜色。

7.6.7 使用【色板】面板

【色板】面板可存储用户经常使用的颜色，也可以在面板中添加和删除预设颜色，或者为不同的项目显示不同的颜色库。

执行【窗口】→【色板】命令，可打开【色板】面板，如图7-26所示。移动光标至面板的色板方格中，此时光标指针变成吸管形状，单击即可选定当前指定的颜色。还可以在【色板】面板中加入一些常用的颜色或将一些不常用的颜色删除，以及保存和安装颜色板。

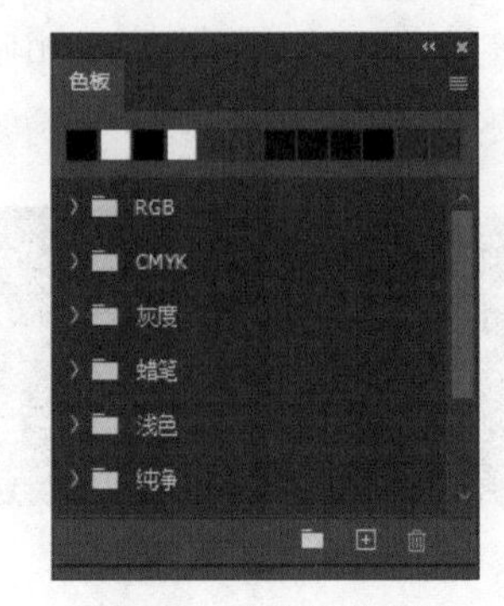

图7-26 【色板】面板

如果要在面板中添加色板，请单击【色板】面板下方的按钮，在弹出的【色板名称】对话框中输入色板的名称即可，如图7-27所示。

图7-27 【色板名称】对话框

如果要在面板中删除色板，选中要删除的色板，将其拖到面板下方的按钮上即可。除此之外，也可以直接单击按钮删除。

如果要将色板恢复到默认状态，可在【色板】面板中单击，选择【复位色板】命令，系统会提示是否恢复，单击【确定】按钮，即可恢复到默认色板。

7.7 填充颜色

对图像或选区进行填充，可以通过执行命令完成颜色填充，也可以通过工具进行填充，这些方法使用起来都比较方便快捷。

7.7.1 使用【填充】命令填充

执行【编辑】→【填充】命令，可以打开【填充】对话框，如图7-28所示。在【内容】选项中可以选择使用不同的方式填充图像，如图7-29所示。

图7-28 【填充】对话框

前景色
背景色
颜色...
内容识别
图案
历史记录
黑色
50% 灰色
白色

图7-29 填充方式

实例7-1 为图像添加边框

步骤01 执行【文件】→【打开】命令，打开素材图像，如图7-30所示。选择【矩形选框工具】，在画布中拖动光标，绘制矩形选区。按快捷键Shift+Ctrl+I反选选区，效果如图7-31所示。

图7-30 打开图像

图7-31 选区效果

步骤02 执行【编辑】→【填充】命令，弹出【填充】对话框，在该对话框中可以进行相关的设置，如图7-32所示。单击【确定】按钮，即可将黑色填充到选区内，按快捷键Ctrl+D可取消选区。效果如图7-33所示。

图7-32 【填充】对话框

图7-33 填充效果

拓展知识

快捷键

按快捷键Shift+F5可以快速打开【填充】对话框。除了执行【编辑】→【填充】命令，还可以通过按快捷键Alt+Delete完成填充前景色的操作；此外，按快捷键Ctrl+Delete可以完成填充背景色的操作。若在选中【背景】图层时创建选区，并按Delete或Backspace键，可以快速打开【填充】对话框。

7.7.2 使用【内容识别】填充

【内容识别】填充的原理是使用选区附近的相似图像内容填充选区。为了获得更好的填充效果，可以将创建的选区略微扩展到要复制的区域中。

【内容识别】填充会随机合成相似的图像内容。如果不喜欢原来的效果，可以执行【编辑】→【还原】命令，再应用其他的【内容识别】填充模式。

实例7-2 使用【内容识别】填充

步骤01 执行【文件】→【打开】命令，打开素材图像，如图7-34所示。使用【套索工具】沿人物轮廓创建如图7-35所示的选区。

图7-34 打开图像

图7-35 选区效果

步骤02 执行【编辑】→【填充】命令，在弹出的【填充】对话框中选择使用【内容识别】填充，如图7-36所示。单击【确定】按钮，执行【选择】→【取消选择】命令，可以看到如图7-37所示的填充效果。

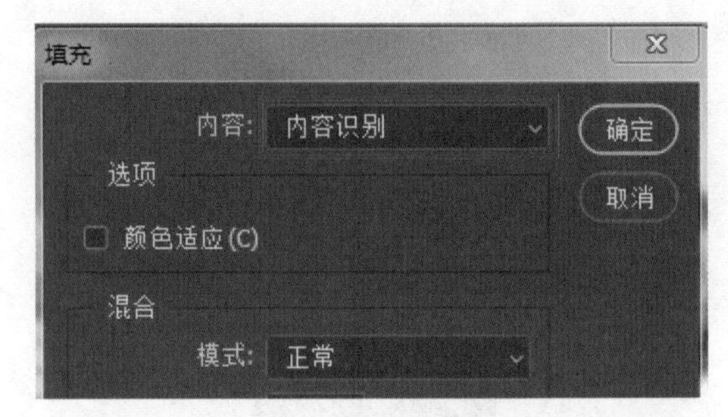

图7-36 选择填充内容

图7-37 【内容识别】填充效果

拓展知识

【脚本图案】方式

自Photoshop CS6开始，针对图案填充功能增加了【脚本图案】方式，使用脚本图案可以使图案按照砖形、十字线织物、随机、裸线和对称填充。

7.7.3 使用【历史记录】填充

在【填充】面板中可以选择使用【历史记录】填充。使用【历史记录】填充的效果是将所选区域恢复为源状态或【历史记录】面板中设置的快照。

实例7-3 使用【历史记录】填充

步骤01 执行【文件】→【打开】命令，打开素材图像，如图7-38所示。打开【历史记录】面板，单击面板底部的【创建新快照】按钮，新建快照，如图7-39所示。

图7-38　打开图像

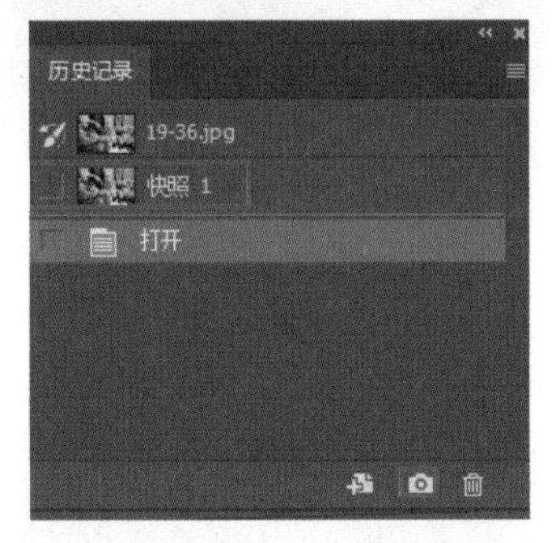

图7-39　新建快照

步骤02 执行【图像】→【调整】→【色相/饱和度】命令，在弹出的【色相/饱和度】对话框中设置各项参数，如图7-40所示。单击【确定】按钮，图像效果如图7-41所示。

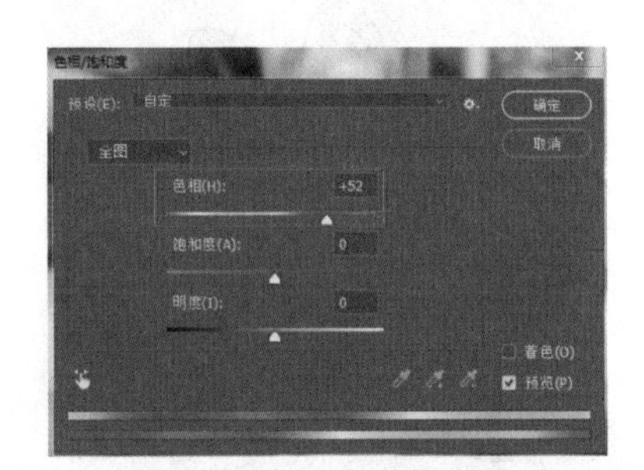

图7-40　修改色相参数

图7-41　调色结果

步骤03 使用多种选择工具，创建如图7-42所示选区。执行【编辑】→【填充】命令，在【填充】对话框中选择【历史记录】填充，单击【确定】按钮，如图7-43所示，取消选区，图像效果如图7-44所示。

图7-42　创建选区

图7-43　选择【历史记录】

图7-44　【历史记录】填充效果

7.7.4　使用【油漆桶工具】填充

使用【油漆桶工具】可以在选区、路径和图层内的区域填充指定的颜色和图案。在图像有选区的情况下，使用【油漆桶工具】填充的区域为所选区域。如果在图像中没有创建选区，使用此工具则会填充与光标单击处像素相似的或相邻的区域。【油漆桶工具】选项栏如图7-45所示。

图7-45 【油漆桶工具】选项栏

（1）设置填充区域的源：单击该按钮可以在弹出的下拉列表中选择填充内容，包括【前景】和【图案】。

（2）模式/不透明度：用来设置填充内容的混合模式和不透明度。

（3）容差：用来定义必须填充的像素颜色的相似程度。低容差会填充容差值范围内与单击点像素非常相似的像素，高容差则填充更大范围内的像素。

实例7-4 使用【油漆桶工具】填充颜色

步骤01 执行【文件】→【新建】命令，新建一个空白文档，如图7-46所示。设置【前景色】为RGB（196，211，255），使用【油漆桶工具】为画布填充相应的颜色，如图7-47所示。

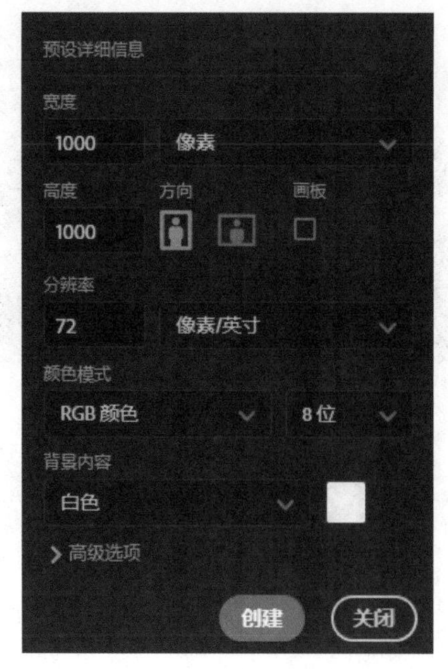

图7-46 新建空白文档

图7-47 设置【前景色】及为画布填充颜色

步骤02 打开一张素材图片，将其拖入新建的文档中，适当调整位置，如图7-48所示。

图7-48 拖入素材图像

7.7.5 使用【渐变工具】填充

使用【渐变工具】可以创建多种颜色间的逐渐混合效果，实质上就是在图像中或图像的某一区域中填入一种具有多种颜色过渡的混合色。这个混合色可以是从前景色到背景色的过渡，也可以是前景色与透明背景间的过渡，或者是其他颜色间的相互过渡。【渐变工具】选项栏如图7-49所示。

图7-49　【渐变工具】选项栏

（1）渐变下拉列表 ：在此下拉列表中显示渐变色的预览效果。单击可打开【渐变】面板，在其中可以选择一种渐变色进行填充。将光标移至渐变条上，会提示该渐变的名称。

（2）渐变类型 ：有5种渐变类型可供选择，分别为【线性渐变】【径向渐变】【角度渐变】【对称渐变】与【菱形渐变】。不同渐变类型的不同效果如图7-50所示。用户可选择需要的渐变类型，以得到不同的渐变效果。

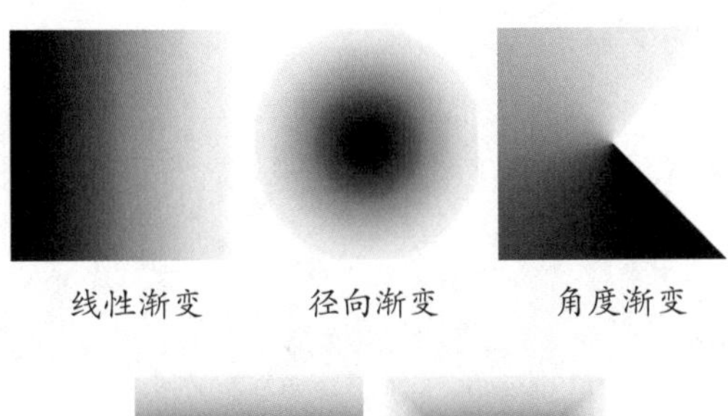

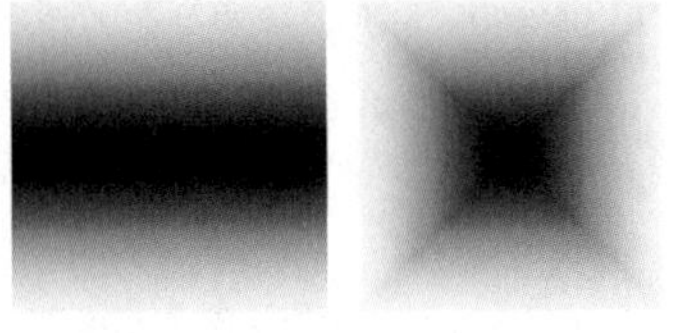

图7-50　不同渐变类型的效果

（3）反向：勾选此复选框，填充后的渐变颜色刚好与用户设置的渐变颜色相反。

（4）仿色：勾选此复选框，可以用递色法来表现中间色调，使渐变效果更加平衡。

（5）透明区域：勾选此复选框，将打开透明蒙版功能，使渐变填充可以应用透明设置。

使用【渐变工具】填充渐变效果的操作很简单，但是要得到较好的渐变效果，则与用户所选择的渐变工具和渐变颜色样式有直接的关系。所以，自己定义一个渐变颜色将是创建渐变效果的关键。

单击【渐变预览条】，可以弹出【渐变编辑器】对话框，如图7-51所示。

（1）更多选项：单击该按钮，可在弹出菜单中对渐变色的缩览图进行设置，或者完成载入预设渐变色、复位渐变色等操作。

（2）载入：可以载入外部编辑好的渐变颜色。

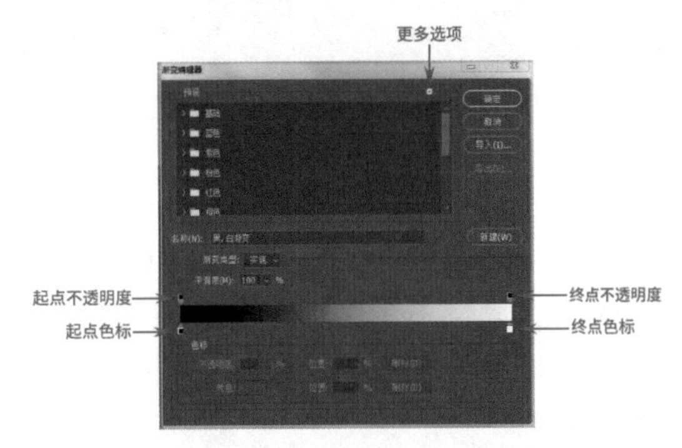

图7-51　【渐变编辑器】对话框

（3）存储：可以存储编辑好的渐变颜色。

（4）名称：在此输入渐变色的名称。

（5）新建：单击该按钮，可将当前渐变色加到上面的渐变选取器中。

（6）起点色标/终点色标：单击可选中色标，拖动可移动位置，在渐变条下方单击可添加色标。单击下方的【颜色】色块，可在弹出的【拾色器】中选取色标颜色。

（7）起点不透明度/终点不透明度：单击可选中不透明度色标，拖动可移动位置，在渐变条上方单击可添加不透明度色标。选中不透明度色标后，可在下方设置色标的不透明度。

拓展知识

删除色标

若要删除一个颜色色标或不透明度色标，请将其选中，直接拖出对话框，或者单击对话框右下方的【删除】按钮。

7.8 了解网页安全色

如何解决网页上的配色安全问题?

要解决这个问题，可以在设计网页时使用网页安全色设置页面。【网页安全色】是在不同硬件环境、不同操作系统、不同浏览器中都能够正常显示的色彩集合。在设计网页时尽量使用网页安全色，这样才能避免出现严重的偏色问题。

网页安全色是当红色（Red）、绿色（Green）、蓝色（Blue）的颜色数字信号值（DAC Count）为0、51、102、153、204、255时构成的颜色组合，共有216种颜色（其中彩色为210种，非彩色为6种）。

7.9 印刷中色彩的选择

在平面设计中，由于用途不同，选择的色彩模式也不同。一般情况下平面设计主要用于印刷品，在设计制作CMYK印刷品时，只靠显示器屏幕的颜色和直觉做决定是绝对行不通的，一定要翻阅【色表】，再选择颜色。

虽然时下都使用计算机设计制作图像，但是在制作成印刷品之前，只凭借屏幕所显示的图像，并没有办法正确地预见印刷出来的成品颜色。除了专用的CMYK色表，还有一种称为【专色】的色票，在预先调好颜色油墨时，可将其作为样本确认颜色。

PSD PS

第8章

画笔工具

——想画什么画什么

画笔工具是Photoshop CC的重要功能之一，应用非常广泛。它以前景色为“颜料”，在画布上进行绘制。使用它可以绘制出比较柔和的线条，就像用毛笔画出线条。本章将对画笔工具相关知识进行讲解。

8.1 画笔工具

画笔工具不仅可以随意绘制图形，还可以修改蒙版和通道（蒙版的详细讲解见第17章，通道的详细讲解见第20章），如图8-1所示是用画笔绘制的小动物。【画笔工具】选项栏如图8-2所示。

图8-1　画笔绘制的作品

图8-2　【画笔工具】选项栏

（1）工具预设：单击【画笔】右侧的按钮，弹出【工具预设】面板，工具预设是选定该工具的现成版本，单击【工具预设】面板右上角的【工具预设菜单】按钮，可以打开【工具预设】下拉菜单。通过该菜单上的命令，可执行新建工具预设和复位工具预设等操作。如图8-3所示。

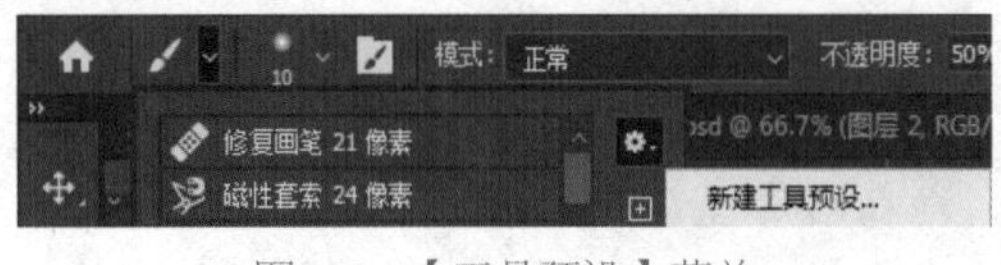

图8-3　【工具预设】菜单

（2）画笔预设选取器：单击【笔触大小】后面的按钮，可打开【画笔预设选取器】，在其中可以选择画笔笔尖，设置画笔的大小和硬度，如图8-4所示。

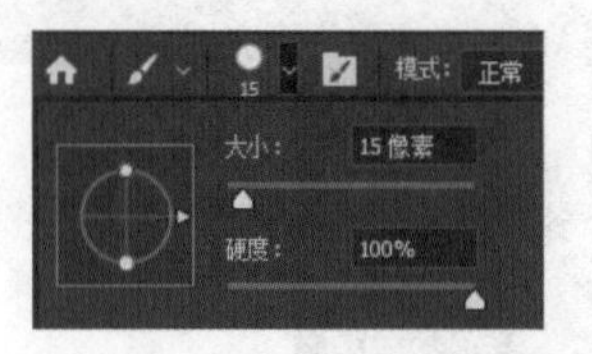

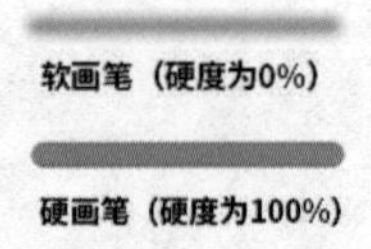

图8-4　画笔预设选取器

拓展知识

角度和圆度设置

角度和圆度设置是Photoshop CC的新增功能，用来设置画笔笔触的角度和圆度。拖动圆环上的白色小圆圈可调整画笔笔触的圆度，拖动圆环上的白色小三角可调整画笔笔触的角度。如图8-5所示。

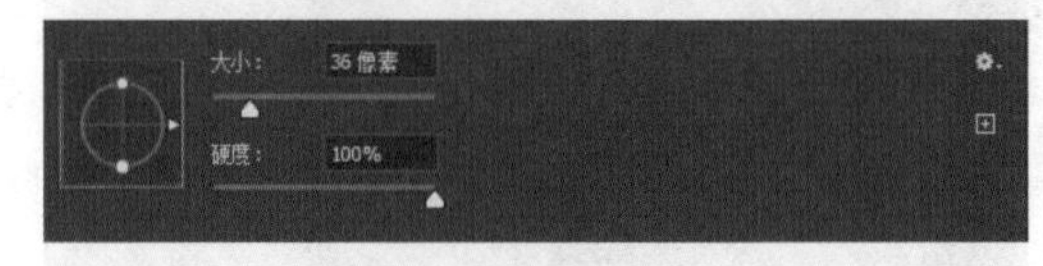

图8-5　角度和圆度设置

（3）【切换画笔面板】按钮：单击该按钮，可以打开【画笔】面板，如图8-6所示，在【画笔】面板中可以对画笔进行多种样式的设置。

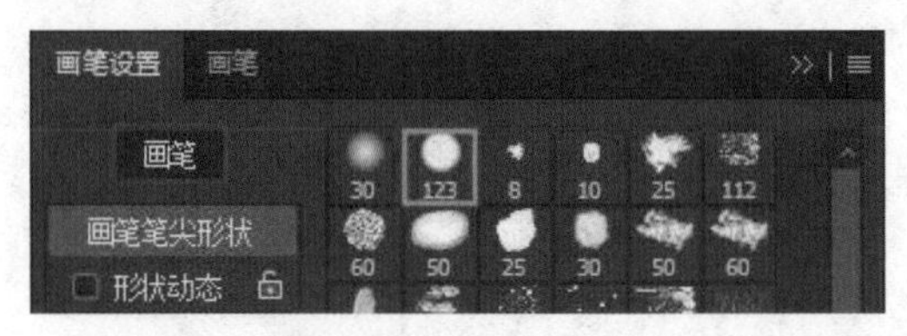

图8-6　【画笔】面板

（4）模式：此选项用来设置画笔的绘画模式。在下拉列表中可以选择画笔笔迹颜色与下面像素的混合模式，如图8-7所示。

图8-7　【模式】下拉列表

（5）不透明度：设置画笔的不透明度。数值越小，图片越透明。图8-8、图8-9所示分别是不透明度为30%和80%时的效果。

图8-8　不透明度30%

图8-9　不透明度80%

（6）流量：用来设置当将光标移动到某个区域上方时应用颜色的速率。流量值分别为100%和50%时的绘制效果如图8-10、图8-11所示。

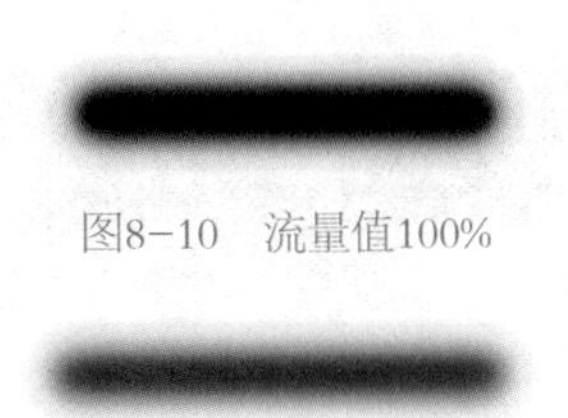

图8-10　流量值100%

图8-11　流量值50%

（7）平滑：用于设置所绘制的线条的流畅程度，数值越高，线条越平滑。

（8）【启动喷枪模式】按钮：单击该按钮，可启用喷枪功能，模拟传统的喷枪技术，按照鼠标键的按下时间确定画笔的填充数量。

拓展知识

未启用喷枪功能与启用喷枪功能填色的区别

未启用喷枪功能时，使用鼠标单击一次便填充一次。当启用喷枪功能后，按住鼠标左键不放，则可以持续填充。

（9）【绘画板压力控制不透明度】按钮和【绘画板压力控制大小】按钮：只有连接绘画板后这两个按钮才会起作用。当该按钮按下后，在选项栏中的参数设置将不会影响绘画的质量。

拓展知识

画笔光标不见了怎么办？

在使用【画笔工具】绘画时，有时候会发现画笔光标不见了，转而变成了无论怎么调整大小都没有变化的“十字星”，这是因为不小心按下了键盘上的Caps Lock大写锁定键。只需要再按一下键盘上的Caps Lock大写锁定键，就可恢复为可以调整大小的带有图形的画笔光标。

实例8-1　在照片上涂鸦设计

步骤01　执行【文件】→【打开】命令，打开一张图片素材，如图8-12所示。

图8-12　打开图片素材

步骤02　单击【图层】面板底部的【创建新图层】按钮，新建一个图层，如图8-13所示。

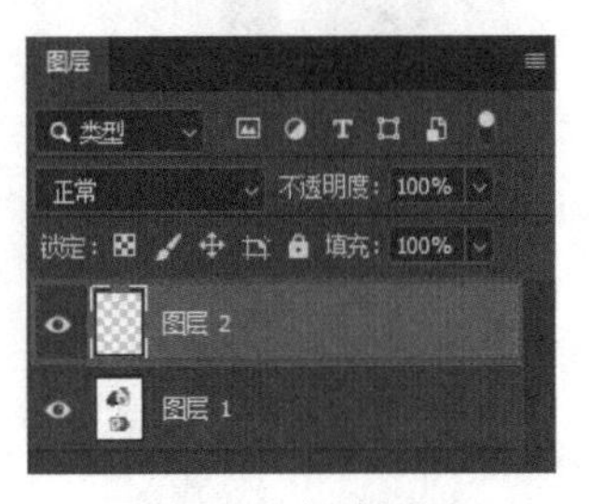

图8-13　新建图层

步骤03 单击【画笔工具】按钮，接着设置前景色为黑色，在工具栏中设置合适的画笔参数，设置完成后在画面中为水果画出眉毛、眼睛和嘴巴，如图8-14所示，

图8-14 画眉毛、眼睛和嘴巴

步骤04 接着为水果画出胳膊和腿，如图8-15所示。

图8-15 画胳膊和腿

步骤05 再新建一个图层，然后依上述方式给下面的水果逐步画上有趣的图形，如图8-16所示为最终效果。

图8-16 最终效果

8.2 铅笔工具

铅笔工具位于画笔工具组中。此工具可以创建硬边的画线。用鼠标左键长按或者用鼠标右键单击工具箱中的【画笔工具】，在弹出的子命令窗口中，选中【铅笔工具】按钮，会出现相应的选项栏，如图8-17所示。铅笔工具的使用方法与画笔工具非常相似，首先打开【画笔预设】，选择笔尖样式，并设置画笔大小、不透明度、模式等，然后按住鼠标左键拖拽绘制即可。

图8-17 【铅笔工具】选项栏

铅笔工具选项栏与画笔工具选项栏相比增加了【自动抹除】复选框。【自动抹除】复选框勾选后，在窗口中拖动鼠标，可把该区域涂抹成前景色，如果再次在刚刚抹除的区域上进行覆盖性涂抹，该区域将会被涂抹成背景色，如图8-18所示。

图8-18 勾选【自动抹除】复选框的效果

拓展知识

【画笔工具】与【铅笔工具】的区别

使用【画笔工具】既能绘制柔边效果的线条，又能绘制硬边效果的线条；【铅笔工具】则只能绘制硬边效果的线条。

在实际应用中，铅笔工具常常被用来绘制像素图。这种图像色彩鲜艳、个性鲜明，体积也很小。

实例8-2　像素画

想要绘制像素画非常简单，使用【铅笔工具】就可以实现。

步骤01 新建一个长、宽均为30像素的文档，然后放大，如图8-19所示。

图8-19　新建文档

步骤02 设置一个合适的前景色，新建一个图层。选择【铅笔工具】，设置【大小】为1像素。然后在画面中按住Shift键，同时拖动鼠标绘制一段直线，如图8-20所示。

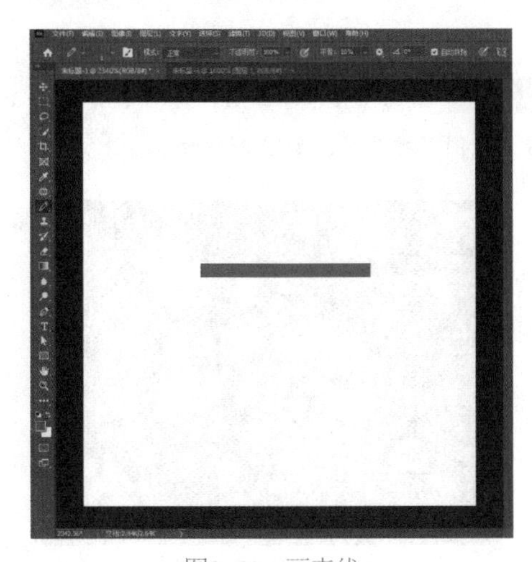

图8-20　画直线

步骤03 继续进行绘制，在绘制时要考虑所绘制图形的位置，此时绘制出的内容均为一个一个小方块，如图8-21和图8-22所示。接着可以在绘制出的图形上进行装饰，最终效果如图8-23所示。

图8-21　绘制小方块（1）

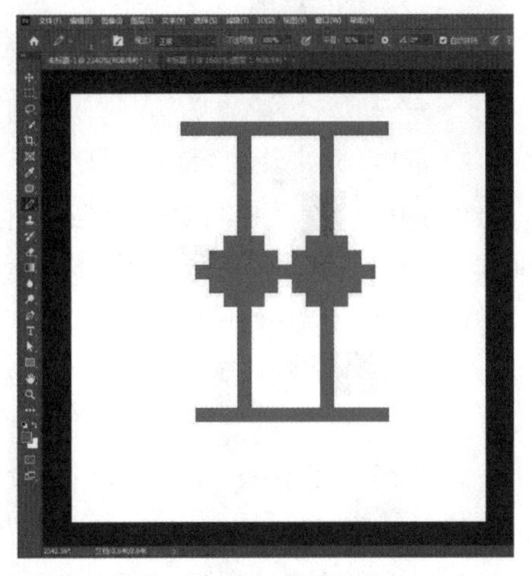

图8-22　绘制小方块（2）

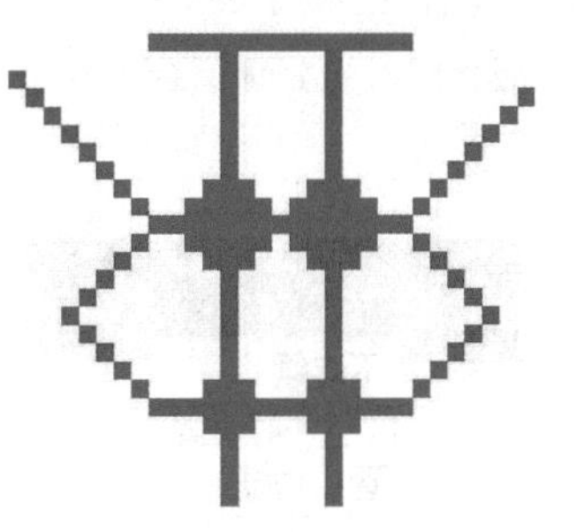

图8-23　最终效果

8.3 颜色替换工具

用鼠标左键长按或者用鼠标右键单击工具箱中的【画笔工具】，在弹出的子命令窗口中，选中【颜色替换工具】按钮，在选项栏中会出现相应的选项，如图8-24所示。【颜色替换工具】的作用是用前景色替换图像中的颜色。

图8-24 【颜色替换工具】选项栏

（1）模式：用来设置替换的颜色属性，如图8-25所示，下拉菜单包括【色相】【饱和度】【颜色】和【明度】。默认情况下为【颜色】。

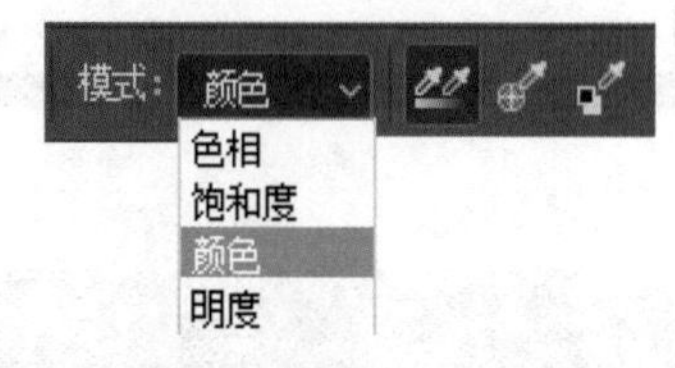

图8-25 【模式】下拉菜单

（2）取样：用来设置颜色取样的方式。单击【连续】按钮，拖动鼠标时可连续对颜色取样；单击【一次】按钮，可替换包含第一次单击的颜色区域中的目标颜色；单击【背景色板】按钮，只替换包含当前背景色的区域。

（3）限制：如图8-26所示，有3个选项，【不连续】表示替换出现在光标下任何位置的样本颜色；【连续】表示替换与光标下的颜色邻近的颜色；【查找边缘】表示替换包含样本颜色的连接区域，同时更好地保留形状边缘的锐化程度。

图8-26 【限制】下拉菜单

（4）容差：用来设置工具的容差。该工具可替换单击点像素容差范围内的颜色，数值越大，可替换的颜色范围越广。

（5）消除锯齿：勾选此复选框，可以为校正区域定义平滑的边缘，从而消除锯齿。

拓展知识

使用【颜色替换工具】的注意事项

【颜色替换工具】在替换图像局部颜色方面十分实用，在替换颜色时应注意，光标不要碰到图像目标范围以外的部分，否则其他部分也会被替换颜色。

实例8-3 为图像替换颜色

步骤01 执行【文件】→【打开】命令，打开素材图片，如图8-27所示。

图8-27 打开素材图片

步骤02 复制【背景】图层，得到【图层1】，避免原图层被改动，如图8-28所示。

图8-28 得到【图层1】

步骤03 单击【颜色替换工具】按钮，设置前景色为蓝色，调整RGB数值（0，110，255），然后在图像中伞的部分进行涂抹，最终效果如图8-29所示。

图8-29　伞变成了蓝色

8.4 混合器画笔工具

【画笔】工具箱中还有一个【混合器画笔工具】，其选项栏图8-30所示。使用【混合器画笔工具】可以在一个混色器画笔笔尖上定义多个颜色，以逼真的混色进行绘画。或使用干的混色器画笔混合照片颜色，可以将它转化为一幅美丽的图画。

图8-30　【混合器画笔工具】选项栏

（1）当前画笔载入：在下拉列表中选择相应的选项能够对载入的画笔进行相应的设置，如图8-31所示。

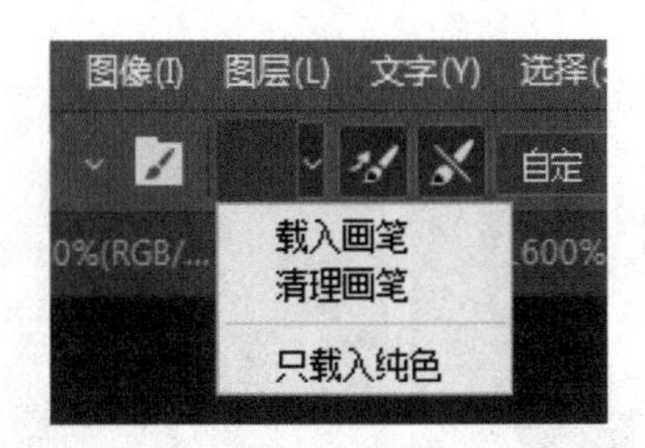

图8-31　当前画笔载入设置

（2）每次描边后载入画笔 ：是指每次混合完毕后，都会自动载入刚刚用过的画笔。

（3）每次描边后清理画笔 ：就是指每次描边后都可以保证画笔不会改变，也不会因为以后的操作而变成其他画笔样式。

（4）自定下拉列表：设置画笔的属性，在下拉列表中提供了多个预设的混合画笔设置。不同的预设，效果不同，如图8-32所示。

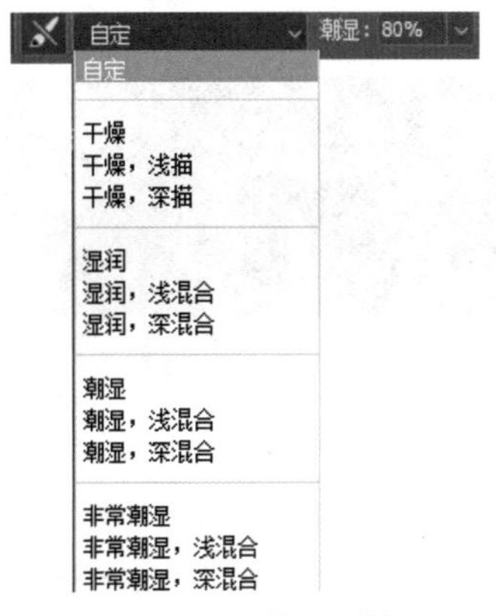

图8-32　画笔的属性

（5）潮湿：用来设置颜料的干湿程度；数值越大，颜料水分越多，越容易混合；数值越小，水分越少，越不容易混合；当为0的时候，不融合。

（6）载入：用来设置画笔上的颜料的量。

（7）混合：用来设置颜料融合程度的高低，潮湿数值大于0，才能起作用。

8.5 预设画笔工具

如图8-33所示，单击工具箱中的【画笔工具】按钮，在选项栏中单击【画笔】选项栏中的 按钮，可以打开【画笔预设选取器】。

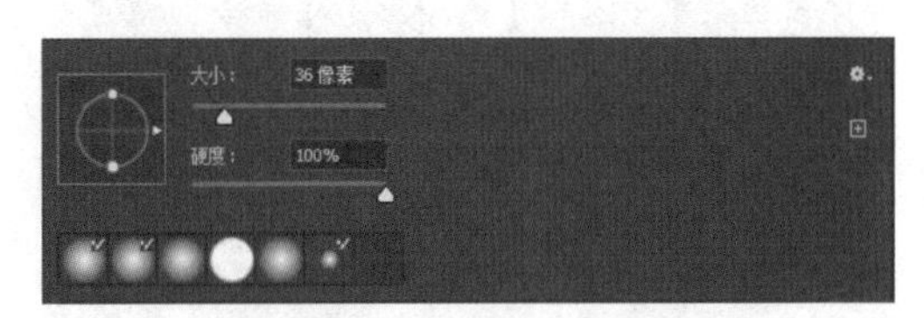

图8-33　打开【画笔预设选取器】

在【画笔预设选取器】中可以看到很多不同形状的画笔，单击任意画笔即可使用该画笔形状。Photoshop提供了多种类型的画笔，为了方便选取画笔，可以单击【画笔预设选取器】面板右上方的菜单按钮，在弹出的下拉菜单中改变【画笔预设选取器】的显示方式，该菜单还提供了其他相应的选项供用户选择，如图8-34所示。

图8-34 【画笔预设选取器】菜单

（1）大小：设置画笔的笔触大小，可以拖动滑块调整，也可以在文本框中输入数值。

（2）硬度：设置画笔的硬度大小，可以拖动滑块调整，也可以在文本框中输入数值。

（3）从此画笔创建新的预设：单击该按钮，弹出【新建画笔】对话框，在该对话框中为画笔命名后，单击【确定】按钮，可以将当前画笔保存为一个预设的画笔。如图8-35所示。

图8-35 【新建画笔】对话框

拓展知识

预设画笔怎么删除?

选择要删除的画笔，单击鼠标右键，在弹出的菜单中选择【删除画笔】命令，就可将画笔删除。

8.6 自定义画笔笔触

自定义特殊画笔时，需要注意，定义画笔是根据素材的明暗来定义的。如果素材是白色的，将不能完成【定义画笔预设】命令；如果素材是灰色的，【定义画笔预设】命令定义的笔刷就是半透明的；如果素材是黑色的，【定义画笔预设】命令定义的笔刷就是不透明的。另外，【定义画笔预设】命令不能定义画笔的颜色，只能定义画笔的形状，因为通过画笔工具绘画时，颜色都是由前景色决定的。

如图8-36所示，打开一张素材图片。

图8-36 打开图片

执行【编辑】→【定义画笔预设】命令，在弹出的【画笔名称】对话框中输入新的预设画笔的名称，然后单击确定按钮，创建的新画笔就会被添加在【画笔预设选取器】中。新建【图层2】，并填充为白色，如图8-37所示。选择【画笔工具】，在【画笔预设选取器】中选择新创建的画笔，然后设置前景色为红色，绘制效果如图8-38所示。

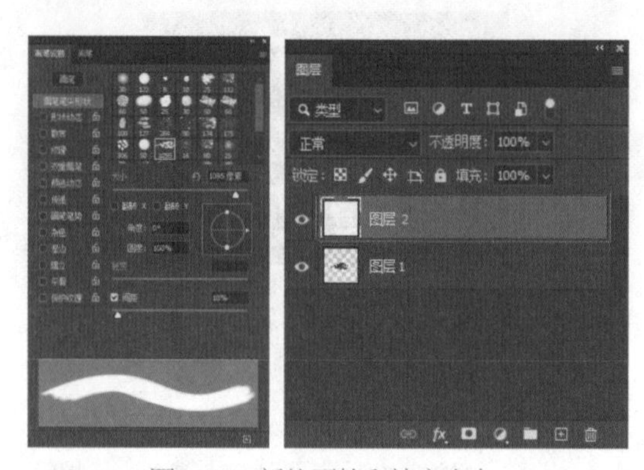

图8-37 新的画笔和填充白色

图8-38　绘制效果

8.7 画笔控制面板及相关设置

8.7.1 【画笔设置】面板简介

在Photoshop中，【画笔设置】面板具有重要的作用，不仅能够设置绘画工具的具体绘画效果，还能够设置修饰工具的笔尖种类、大小和硬度等，使用【画笔设置】面板可以设置出用户需要的各种画笔。

执行【窗口】→【画笔设置】命令，或按快捷键F5，或单击【画笔工具】选项栏中的【切换画笔面板】按钮，都可以打开【画笔设置】面板，如图8-39所示。

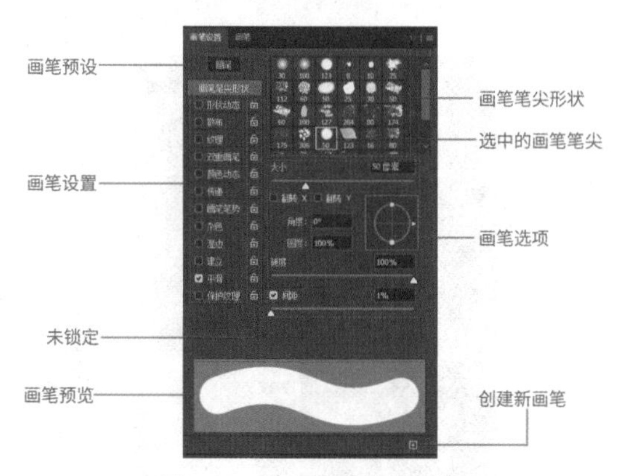

图8-39　【画笔设置】面板

（1）画笔预设：单击该按钮可以打开【画笔】面板，如图8-40所示。【画笔】面板中的画笔预设与【画笔设置】面板中的画笔笔尖保持一致，当通过【画笔】面板单击替换当前画笔预设时，【画笔设置】面板中的画笔笔尖形状也会发生相应的变化。

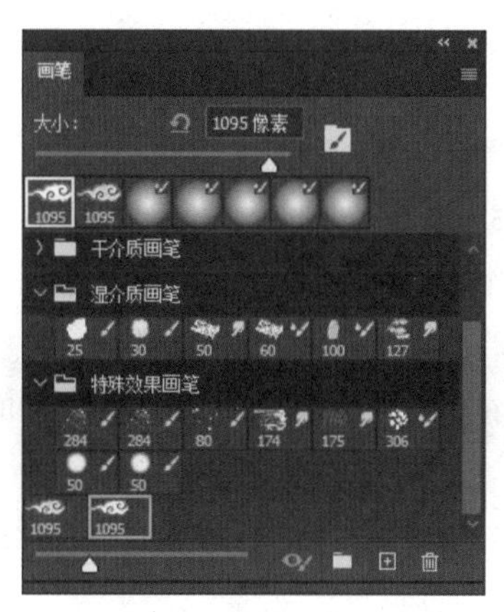

图8-40　【画笔】面板

（2）画笔设置：单击【画笔设置】中的选项，面板中会显示该选项的详细内容，通过设置可以改变画笔的大小及形状。

- 形态动态：控制画笔大小、角度、圆度方面的动态变化。
- 散布：控制笔触两侧画笔形状的发散分布。
- 纹理：可以设置图案纹理作为画笔的笔刷。
- 双重画笔：可以设置两种笔刷结合的画笔。
- 颜色动态：可以设置颜色的动态变化。
- 传递：可以设置不透明度和流量的动态变化。
- 画笔笔势：设置调整画笔的笔势角度。
- 杂色/湿边：给笔刷添加杂色或湿边的效果。
- 建立：启用喷枪样式的建立效果。
- 平滑：用鼠标绘制的平滑处理。
- 保护纹理：选择其他画笔预设时，保留原来的图案。

键盘上的左右方向键可以快速调整笔刷的角度。

可以同时勾选这些选项，在操作中同时起作用。

（3）未锁定：显示未锁定图标🔓时，代表当前画笔的笔尖形状属性为未锁定状态，单击该图标可将其锁定。

（4）选中的画笔笔尖：当前选择的画笔笔尖，四周会显示蓝色边框。

（5）画笔笔尖形状：显示预设画笔笔尖，选择一个笔尖后，可在【画笔预览】选项中预览该笔尖的形状。

（6）画笔选项：用来调整画笔的具体参数。

（7）画笔预览：可预览当前设置的画笔效果。

（8）创建新画笔：若对某个预设的画笔进行了调整，单击该按钮，可通过弹出的【画笔名称】对话框将其保存为一个新的预设画笔。

8.7.2 设置画笔基本参数

在【画笔设置】面板中，可以看到面板中默认的【画笔笔尖形状】参数选项，在这里可以设置画笔的直径、硬度、间距选项及角度和圆度等参数。

（1）大小：设置画笔直径大小。可直接在文本框中输入数值，也可以拖动滑块进行调整，数值范围为1～5000像素。

（2）翻转X/翻转Y：用来设置画笔笔尖在X轴或Y轴上的方向。

（3）角度：设置画笔的旋转角度。可在该文本框中直接输入垂直居中-180～180之间的数值，也可用鼠标拖动右侧框中的箭头进行调整。

（4）圆度：设置画笔长轴与短轴的比例。可以在该文本框中输入0～100之间的数值，也可以用鼠标拖动右侧框中的箭头进行调整。当数值小于100时，可以将画笔压扁。

（5）硬度：设置画笔的硬度。数值越小，画笔的边缘越柔和。

（6）间距：设置画笔笔迹之间的距离。数值越大，画笔笔迹之间的间距就越大。

8.8 特殊笔刷笔尖形态

8.8.1 硬笔刷笔尖

打开【画笔设置】面板，在该面板中选择任意一个硬毛刷笔尖，在【画笔设置】面板的下方将显示其各项参数，如图8-41所示。

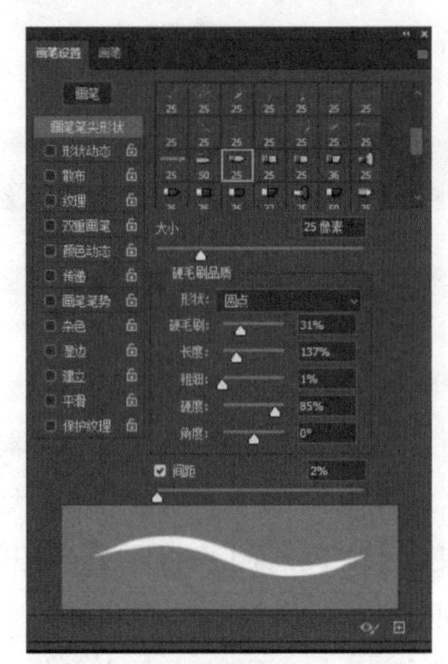

图8-41 【画笔设置】面板

（1）形状：用来设置硬毛刷的笔尖形状。在该下拉列表中有10种笔尖形状可供选择，如图8-42所示。

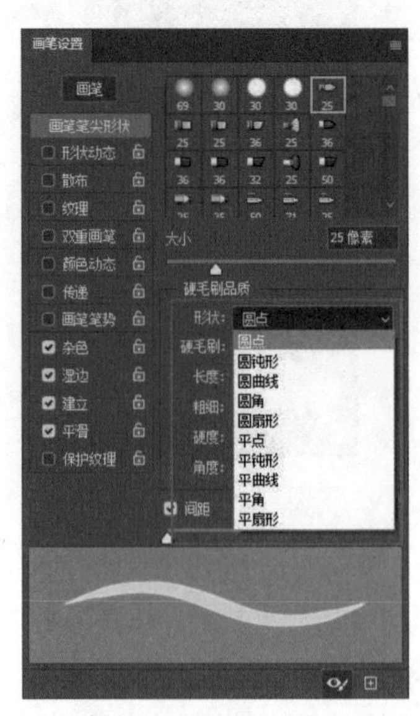

图8-42 【形状】下拉列表

（2）硬毛刷：设置硬毛刷浓度。数值越大，浓度越高，绘制的线条也就越粗。

（3）长度：设置硬毛刷长度。

（4）粗细：设置硬毛刷粗细。

（5）硬度：设置硬毛刷硬度，控制毛刷灵活度。硬度值较小，画笔的形状容易变形，如图8-43、图8-44所示。

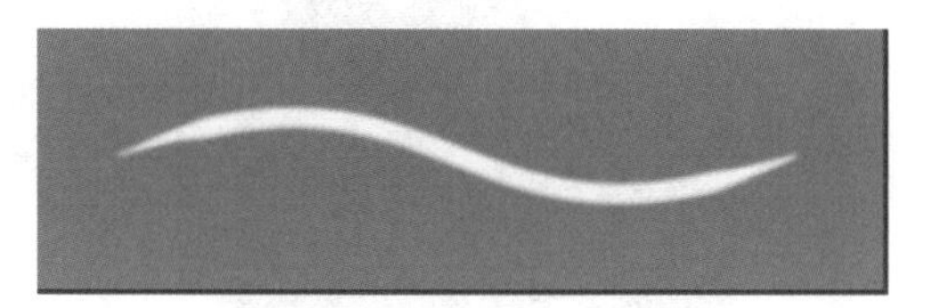

图8-43　硬度为100%

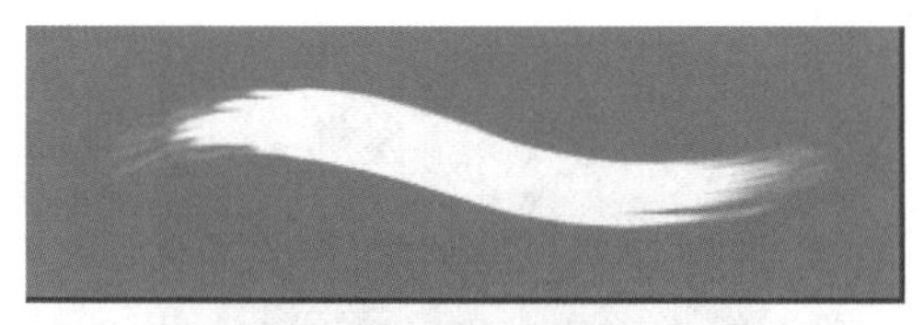

图8-44　硬度为1%

（6）角度：设置画笔尖角度。

8.8.2　侵蚀笔尖和喷枪笔尖

打开【画笔设置】面板，在该面板中选择任意一个侵蚀笔尖或喷枪笔尖，在面板的下方将显示相应的属性参数，如图8-45、图8-46所示。

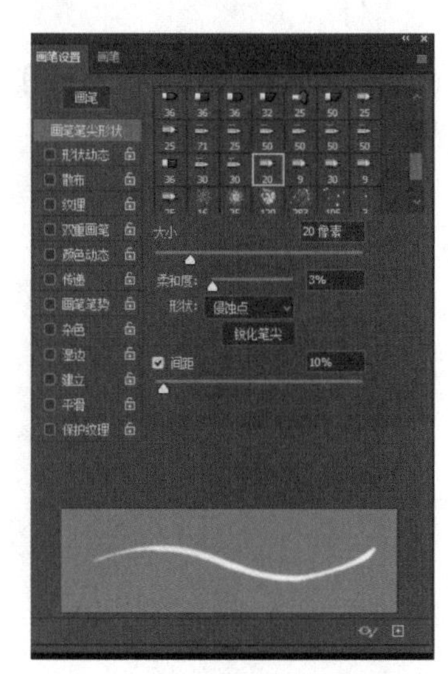

图8-45　【侵蚀笔尖】属性

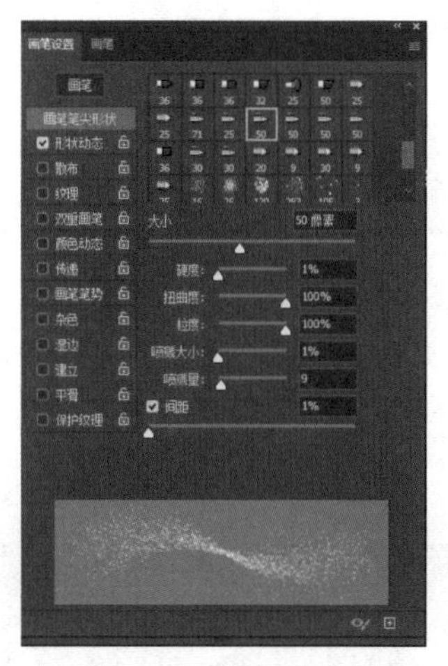

图8-46　【喷枪笔尖】属性

❶【侵蚀笔尖】相关设置

（1）柔和度：设置侵蚀笔尖的柔和度。数值越大，笔尖越柔和。

（2）形状：设置侵蚀笔尖的形状。如图8-47所示，在下拉列表中有6种形状可供选择。

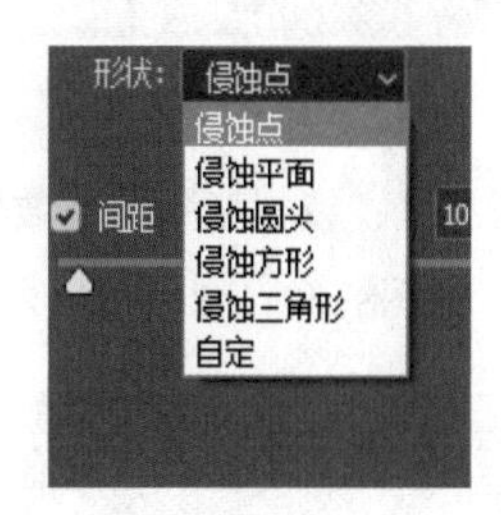

图8-47　【形状】下拉列表

（3）锐化笔尖：锐化侵蚀笔尖。

❷【喷枪笔尖】相关设置

（1）硬度：设置喷枪笔尖的硬度。数值越小，笔尖越柔和。

（2）扭曲度：设置喷枪的扭曲度。

（3）粒度：设置喷枪笔尖的粒度，数值越大，喷枪粒子越多，如图8-48、图8-49所示。

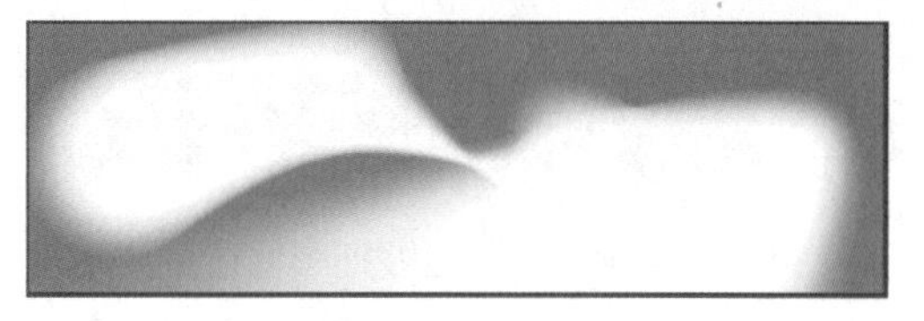

图8-48　粒度为0%

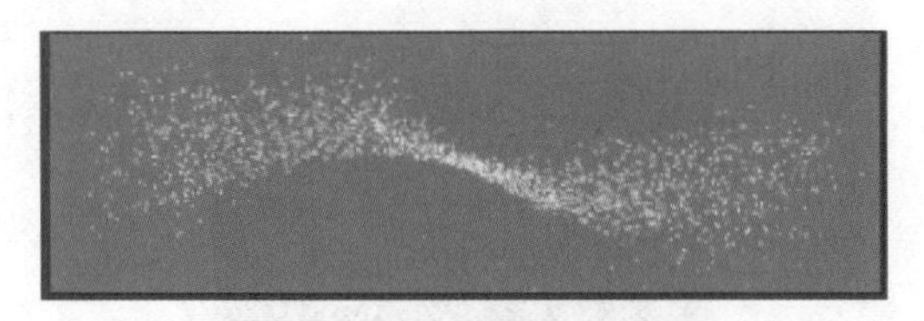

图8-49 粒度为100%

（4）喷溅大小：设置喷枪喷溅大小。数值越大，喷枪粒子越大，如图8-50、图8-51所示。

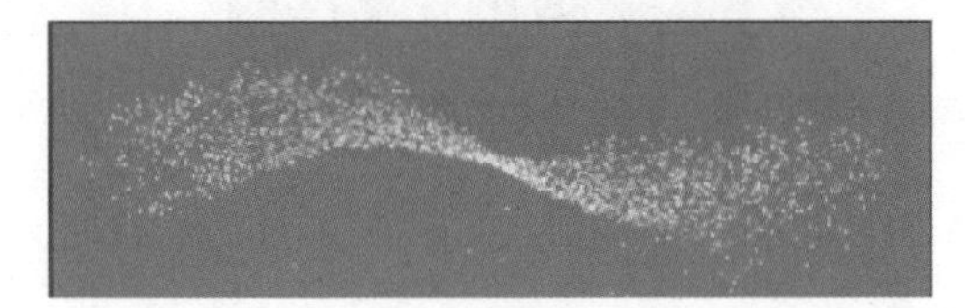

图8-50 喷溅大小为1%

图8-51 喷溅大小为100%

（5）喷溅量：设置喷溅量。数值越大，喷枪粒子越多，如图8-52、图8-53所示。

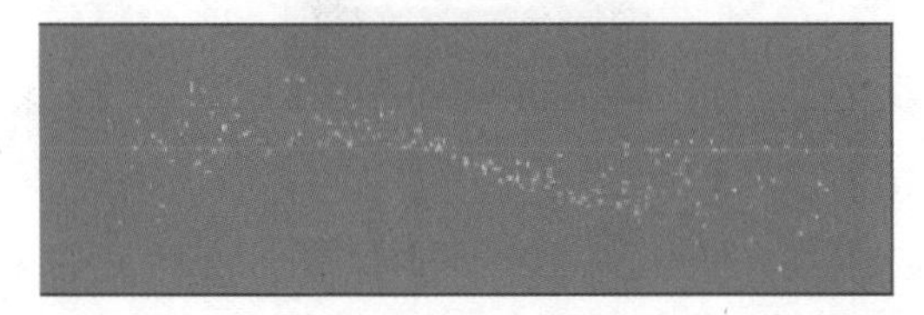

图8-52 喷溅量为1

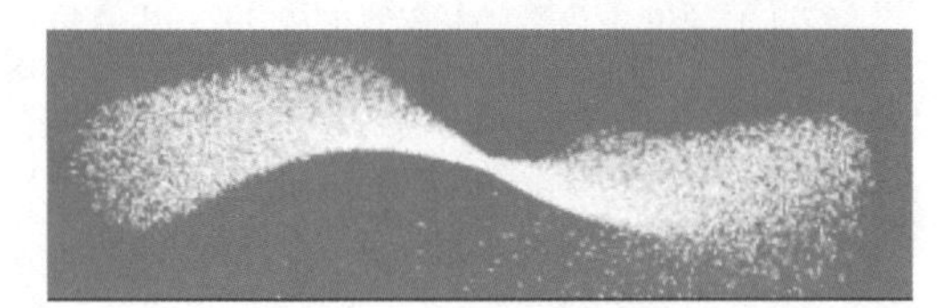

图8-53 喷溅量为200

8.9 历史记录画笔工具

历史记录画笔工具能够把图像还原到编辑过程中某一步骤的状态，或者将部分图像恢复原样，是非常少用的工具。该工具需要配合【历史记录】面板使用。

打开图像，如图8-54所示。按快捷键Ctrl+J复制图层，得到【图层1】，如图8-55所示。

图8-54 打开图像

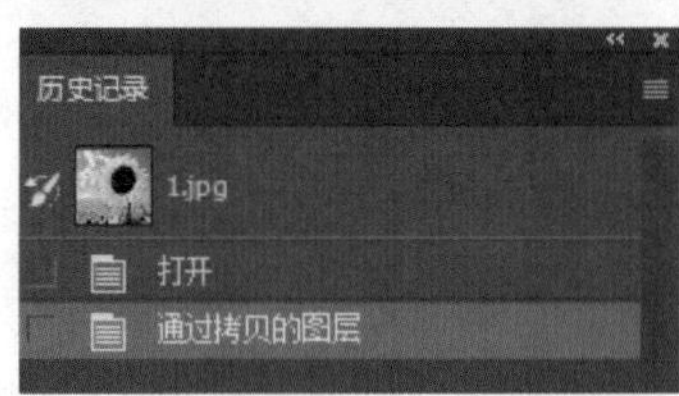

图8-55 【图层】面板与【历史记录】面板

执行【图像】→【调整】→【黑白】命令，弹出【黑白】对话框，如图8-56所示，然后单击【确定】按钮，图像效果如图8-57所示。

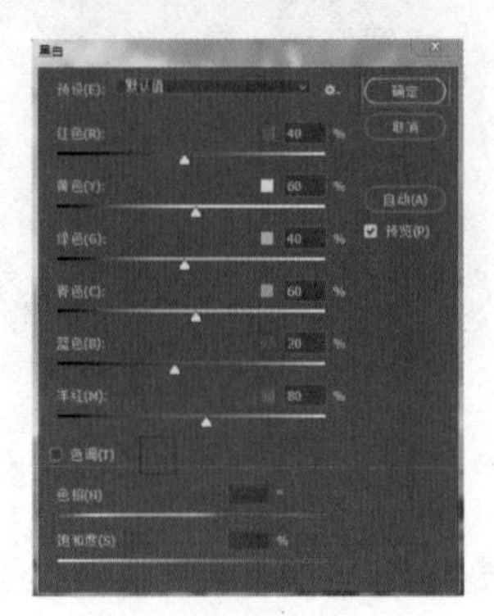

图8-56【黑白】对话框

图8-57　图像效果

在工具箱中选择【历史记录画笔工具】，并适当设置画笔的尺寸和不透明度，涂抹向日葵花瓣、花蕊以及蓝天等部分，将其恢复原状，效果如图8-58、图8-59所示。

图8-58　最终效果

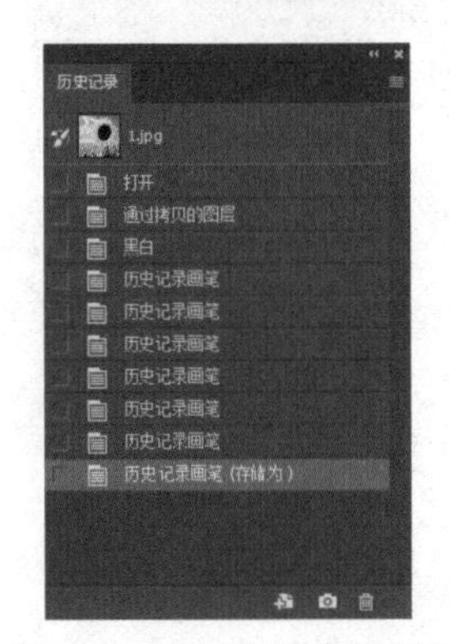

图8-59　【历史记录】面板

8.10　历史记录艺术画笔工具

历史记录艺术画笔工具使用指定的历史记录或快照中的源数据，以风格化描边进行绘画，是非常少用的工具。通过使用不同的绘画样式、大小和容差选项，可以用不同的色彩和艺术风格模拟绘画的纹理。

用鼠标左键长按或者用鼠标右键单击工具箱中的【历史记录画笔工具】，在弹出的子命令窗口中，选中【历史记录艺术画笔工具】按钮，其选项栏如图8-60所示。其中【模式】【不透明度】等都与画笔工具相同。

图8-60　【历史记录艺术画笔工具】选项栏

（1）样式：可在下拉列表中设置绘画描边的形状，包括绷紧短、绷紧中、绷紧长、松散中等、松散长、轻涂、绷紧卷曲、绷紧卷曲长、松散卷曲、松散卷曲长。

（2）区域：设置绘画描边所覆盖的区域。数值越大，覆盖的区域越大，描边的数量也越多。

（3）容差：限定可应用绘画描边的区域。低容差可用于在图像中绘制无数条描边，高容差会将绘画描边限定在与源状态或快照中颜色明显不同的区域中。

PSD
PS

第 9 章

修复工具

——将你变得美美哒

修复工具组在人像、产品图像等修复瑕疵的过程中经常被使用。本章主要对Photoshop修复工具组以及相关知识进行讲解。

9.1 污点修复画笔工具

由于受到多方面因素（摄影师的摄影水平、模特形象、产品本身的材质、周边环境、布光方式等）的影响，拍摄出来的图片会出现一些瑕疵，如人物面部的斑点、皱纹以及凌乱发丝或者画面中细小的杂物等，这时可以使用污点修复画笔工具。

污点修复画笔工具的作用是消除图像中的小面积瑕疵，因为它可以自动从所修饰区域的周围进行取样，所以不需要设置取样点。如图9-1所示为该工具的选项栏。

图9-1　【污点修复画笔工具】选项栏

（1）模式：设置修复图像时使用的混合模式，一般用【正常】模式即可。

（2）类型：设置修复的方法。【内容识别】可以使用选区周围的像素进行修复；【创建纹理】可以使用选区中的所有像素创建一个用于修复该区域的纹理；【近似匹配】可以使用选区周围的像素来查找要用作选定区域修补的图像区域。

如图9-2所示，打开图片素材。然后选择【污点修复画笔工具】。并在选项栏中设置合适的笔尖大小，设置【模式】为【正常】，【类型】为【内容识别】，然后在需要去除的位置单击一下或进行涂抹，如图9-3所示。可以得到如图9-4所示效果。

图9-2　图片素材

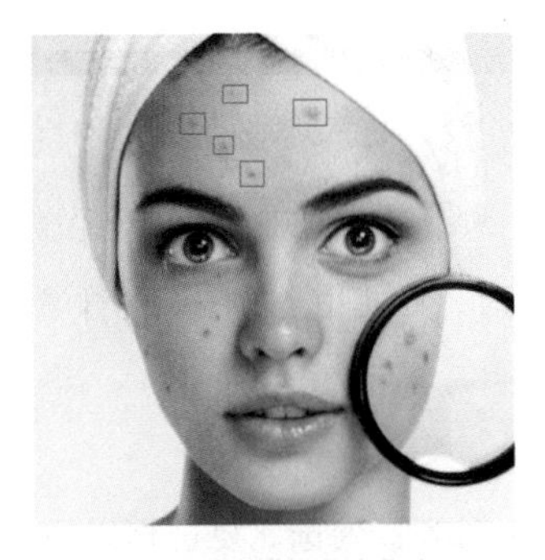

图9-3　涂抹缺陷部位

图9-4　修复的效果

继续修复其他部分，完成效果如图9-5所示。

图9-5　最终效果

9.2 修复画笔工具

在拍摄照片时，难免会有一些小的缺陷，如照片中会有多余物体或其他人入镜，通过修复画笔工具可以进行修复。修复画笔工具可使用图像中的像素作为样本进行绘制，以修复画面中的瑕疵。如图9-6所示是该工具的选项栏。

图9-6 【修复画笔工具】选项栏

（1）源：设置用来修复像素的源。选【取样】选项时，可使用当前图像的像素来修复图像；选【图案】选项时，可使用某个图案作为取样点。

（2）对齐：勾选此复选框以后，可连续对像素进行取样，即使释放鼠标也不会丢失当前的取样点；取消勾选以后，则会在每次停止并重新开始绘制时使用初始取样点中的样本像素。

（3）样本：用来设置从指定的图层中进行数据取样。选择【当前和下方图层】时，可从当前图层以及下方的可见图层中取样；选择【当前图层】时，仅可从当前图层中进行取样；选择【所有图层】时，可以从所有可见图层中取样。

打开素材图片，如图9-7所示，用鼠标左键长按或者用鼠标右键单击工具箱中的【污点修复画笔工具】，在弹出的子命令窗口中选中【修复画笔工具】，接着设置合适的笔尖大小，在选项栏中设置【源】为【取样】，在没有瑕疵的位置按住Alt键单击取样。然后在如图9-8所示的红框位置单击或者进行涂抹，然后释放鼠标，人脸的瑕疵就能去除，画面效果如图9-9所示。

图9-7 素材图片

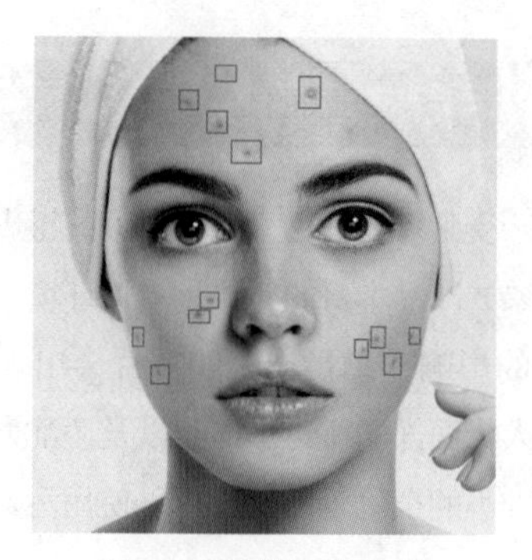

图9-8 涂抹缺陷部位

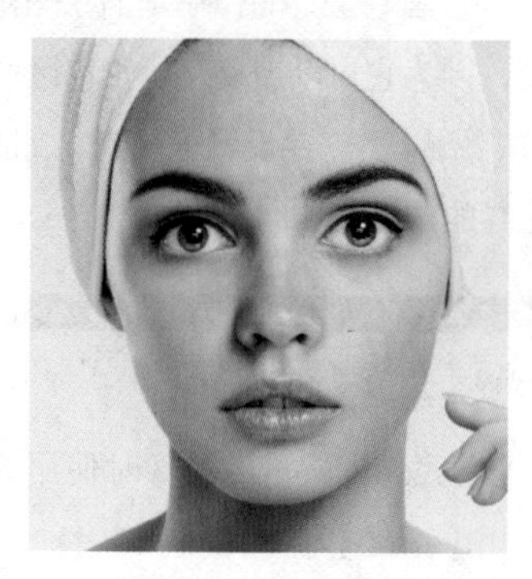

图9-9 画面效果

9.3 修补工具

修补工具是以画面中理想的内容作为样本，修复所选图像区域中不理想的部分。与修复画笔工具一样，修补工具会将样本像素的纹理、光照和阴影与源像素进行匹配，从而使修复之后的像素不留痕迹地融入图像的其他部分。【修补工具】的选项栏如图9-10所示。

图9-10 【修补工具】选项栏

（1）选区创建方式：用来设置选区范围，与创建选区的用法一致。

（2）修补：用来设置修补的方式，包括【正常】和【内容识别】两种方式。

（3）源：选中【源】按钮时，拖动选区，释放鼠标左键就会用当前选区中的图像修补原来选中的内容。

（4）目标：选中【目标】按钮时，则会把选中的图像复制到目标区域，与【源】效果相反。

（5）透明：勾选此复选框以后，可使修补区域与原图像产生透明叠加效果。

打开一张图片，用鼠标左键长按或者用鼠标右键单击工具箱中的【污点修复画笔工具】，在弹出的子命令窗口中，选中【修补工具】。修补工具的操作是基于选区的，因此在选项栏中有一些关于选区运算的操作按钮。选项栏参数保持默认。把光标移动到缺陷的位置，按住鼠标左键拖动，沿着缺陷边缘进行绘制，然后释放鼠标得到一个选区，如图9-11所示。把光标放置在选区内，向没有瑕疵的位置移动，如图9-12所示。

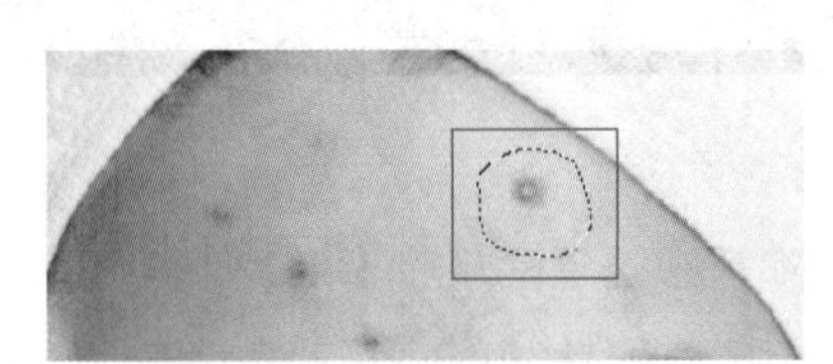

图9-11　绘制缺陷区域选区

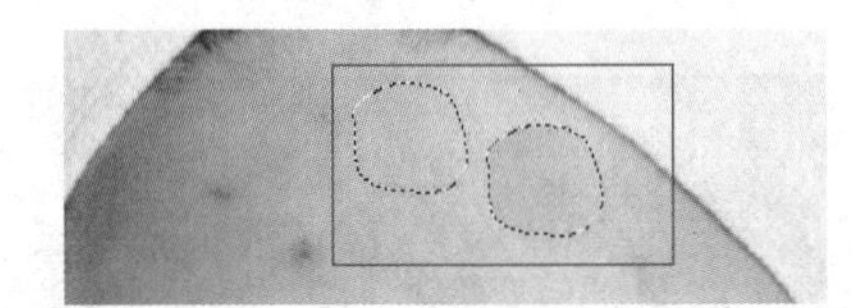

图9-12　拖动选区

当移动至目标位置后释放鼠标，稍等片刻就可看到修补效果，如图9-13所示。此时可以看到画面中的部分瑕疵已经修复了，这时可以重复上一步操作继续修复其他瑕疵，如图9-14所示为最终效果。

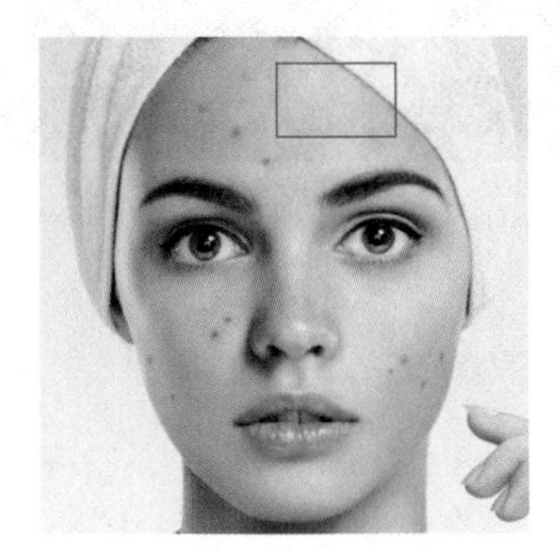

图9-13　第一次修补效果

图9-14　最终效果

拓展知识

如何取消选区的选择

使用【修补工具】修复图片时，有时选区可能不太理想，如果想取消选区的选择，则可使用快捷键Ctrl+D。

9.4 内容感知移动工具

需要改变画面中某一对象的位置时，可使用内容感知移动工具进行调节。使用内容感知移动工具移动选区中的对象时，被移动的对象将会自动与四周图像融合在一起，原来的位置则会进行智能填充。用鼠标左键长按或者用鼠标右键单击工具箱中的【污点修复画笔工具】，在弹出的子命令窗口中，选中【内容感知移动工具】，即可看到【内容感知移动工具】选项栏，如图9-15所示。

图9-15　【内容感知移动工具】选项栏

打开图像，选择【内容感知移动工具】，接着在选项栏中将【模式】设置为【移动】，然后使用该工具在需要移动的对象上方按住鼠标左键拖动绘制选区，如图9-16所示。接着将光标移动到选区内部，按住鼠标左键向目标位置拖动，释放鼠标即可移动该对象，且带有一个定界框，如图9-17所示。最后按Enter键确定移动，使用快捷键Ctrl+D取消选区的选择，移动效果如图9-18所示。

图9-16　绘制选区

图9-17　移动选区

图9-18　移动效果

如果在选项栏中将【模式】设置为【扩展】，则会把选区中的内容复制一份，并融入图片中，效果如图9-19所示。

图9-19　将【模式】设置为【扩展】

9.5 红眼工具

用暗光拍摄人物、动物时，其瞳孔会放大，从而让更多的光线通过。当闪光灯照射人眼、动物眼的时候，瞳孔会出现变红的现象，也就是“红眼”。使用红眼工具可以去除红色。用鼠标左键长按或者用鼠标右键单击工具箱中的【污点修复画笔工具】，在弹出的子命令窗口中，选中【红眼工具】，即可看到【红眼工具】选项栏，如图9-20所示。

瞳孔大小:	50%	变暗量:	50%

图9-20 【红眼工具】选项栏

（1）瞳孔大小：设置瞳孔的大小，即眼睛暗色中心的大小。

（2）变暗量：设置瞳孔的暗度。

打开一张带有“红眼”问题的图片，如图9-21所示，选择【红眼工具】，使用选项栏中的默认值即可，然后将光标移动到眼睛的上方单击，就可去除“红眼”，效果如图9-22所示。

图9-21 问题图片

图9-22 最终效果

拓展知识

“白色光点”是否可以用【红眼工具】去除？

【红眼工具】仅能用来去除“红眼”，而由于闪光灯闪烁而产生的白色光点是无法使用该工具去除的。

PSD PS

第10章

复制工具

——TA 将不再孤单

本章主要对Photoshop仿制图章工具组以及相关知识进行讲解。

10.1 仿制图章工具

仿制图章工具能够把图像的像素复制到同一图像的其他部分或者其他图像上面，也可在同一图像的不同图层间进行复制，对于复制图像或覆盖图像中的缺陷非常重要。

【仿制图章工具】选项栏如图10-1所示，在该选项栏中用户可以设置【样本】【对齐】等属性。

图10-1　【仿制图章工具】选项栏

（1）【切换仿制源面板】按钮：单击该按钮，可打开【仿制源】面板。如图10-2所示。

图10-2　【仿制源】面板

（2）对齐：勾选该复选框之后，会对像素进行连续取样，在仿制过程中，取样点会随仿制位置的移动而变化；若未勾选，则在仿制过程中始终以一个取样点为起始点。

（3）样本：若要从当前图层和其下方可见图层取样，选择【当前和下方图层】；若仅从当前图层取样，选择【当前图层】；若要从所有可见图层取样，选择【所有图层】。

拓展知识

可结合取样标记修复图像

使用【仿制图章工具】对图像取样后，在图像的其他位置涂抹，取样点会出现“十字线”标记，即为取样位置标记。“十字线”标记会随着涂抹位置的变化而变化，但是，该标记与鼠标涂抹位置的距离始终不变。观察“十字线”标记位置的图像，即可知道将要涂抹出什么样的图像内容。

实例10-1　用【仿制图章工具】复制人物

步骤01　打开一张图片素材，如图10-3所示，复制一个滑雪人物。

图10-3　图片素材

步骤02　单击【仿制图章工具】按钮，在选项栏中选择一种柔角的画笔笔触，设置其【大小】为合适大小，【硬度】为0%，【模式】为【正常】，【不透明度】为100%，如图10-4所示。然后按住Alt键并单击图片里面的人物，对其进行取样。

图10-4　设置参数并取样

步骤03 在图片左边按住鼠标左键并进行涂抹，效果如图10-5所示。

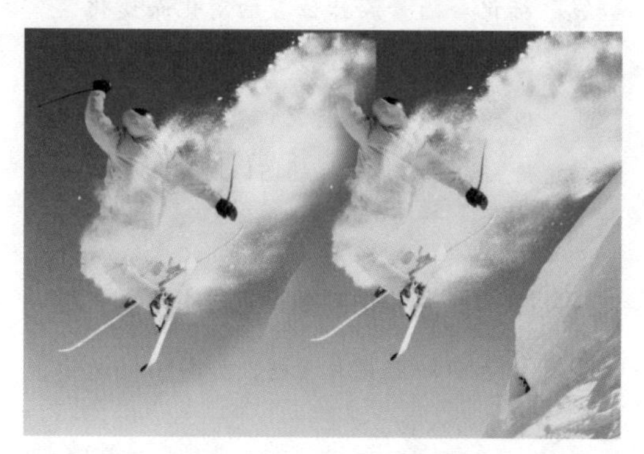

图10-5　出现了两个人物

10.2 图案图章工具

图案图章工具能够利用Photoshop提供的图案或者自定义的图案进行绘画。用鼠标左键长按或者用鼠标右键单击工具箱中的【仿制图章工具】，在弹出的子命令窗口中，选中【图案图章工具】，即可看到【图案图章工具】选项栏，如图10-6所示。在该选项栏中用户可以设置【图案】【对齐】【印象派效果】等属性。

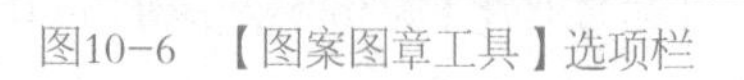

图10-6　【图案图章工具】选项栏

（1）图案：单击该按钮可以打开【图案拾色器】，如图10-7所示，可选择更多图案。

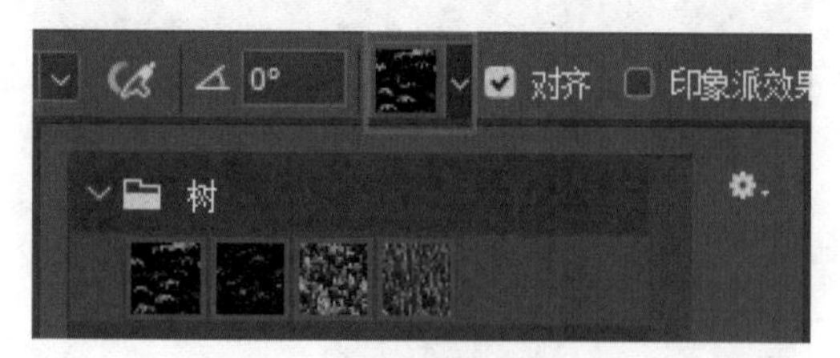

图10-7　【图案拾色器】

（2）印象派效果：如果未勾选，则绘制出的图案将清晰可见，如图10-8所示。如果勾选，可以为填充图案添加模糊效果，模拟出印象派效果，如图10-9所示。

图10-8　未勾选【印象派效果】

图10-9　勾选【印象派效果】

实例10-2 使用【图案图章工具】绘制图像

步骤01 新建一个长宽各为1920像素、分辨率为72像素/英寸、背景为白色的文档，如图10-10所示。

图10-10　新建文档

步骤02 选择【图案图章工具】并在选项栏中单击打开【图案拾色器】，选择【草】文件夹下的第一个图案，如图10-11所示。

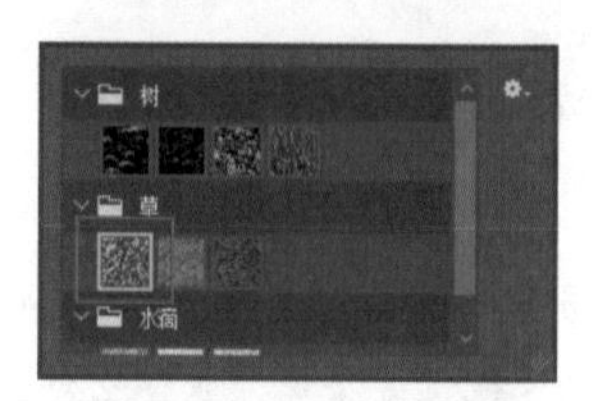

图10-11　选择图案

步骤03 将画笔放大到合适大小，将【不透明度】和【流量】都设为100%，如图10-12所示。

图10-12　选项栏设置

步骤04 用画笔在画布上面慢慢涂抹，直到涂满整个画面，如图10-13所示。

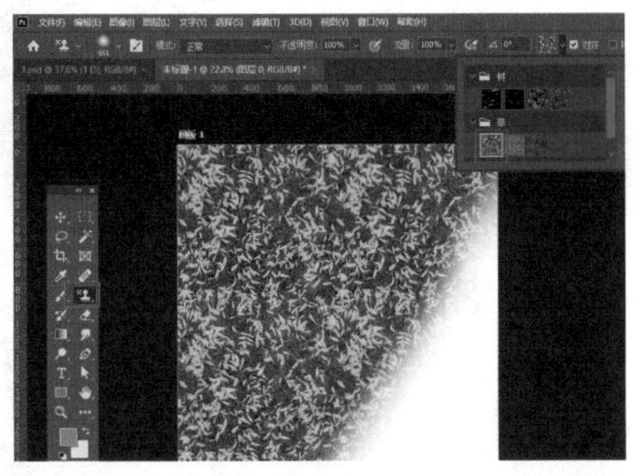

图10-13　涂抹画面

实例10-3 自定义图案并使用【图案图章工具】绘制图像

步骤01 打开一张素材图片，如图10-14所示。

图10-14　云纹素材

步骤02 执行【编辑】→【定义图案】，在弹出的【图案名称】对话框中，为图案命名，并单击【确定】，如图10-15所示。

图10-15　【图案名称】对话框

步骤03 执行【窗口】→【图案】，会发现【图案】面板多了一个红色云纹图案，如图10-16所示。

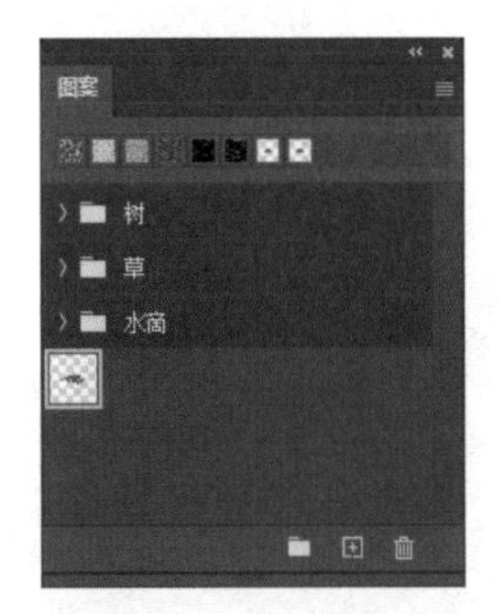

图10-16　【图案】面板

步骤04 新建一个长宽各为1920像素、分辨率为72像素/英寸、背景为白色的文档。

步骤05 选择【图案图章工具】并在选项栏中单击打开【图案拾色器】，选择自定义的云纹图案，如图10-17所示。

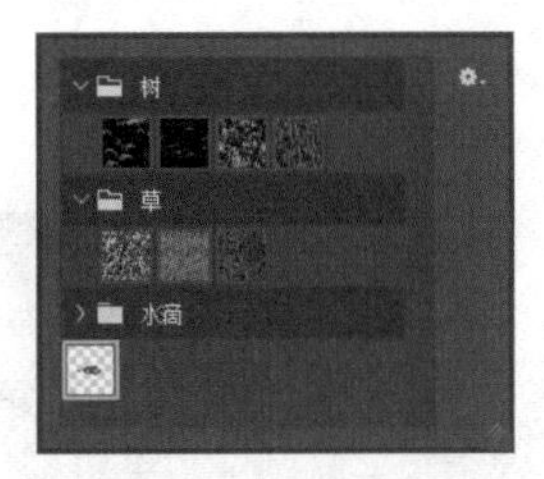

图10-17　选择图案

步骤06 将画笔调至合适大小，将【不透明度】和【流量】都设为100%，如图10-18所示。

图10-18　选项栏设置

步骤07 用画笔在文档上面慢慢涂抹，直到涂满整个画面，如图10-19所示。

图10-19　涂抹画面

PSD PS

第11章

修饰与润色图像工具

——工具里面的贤内助

本章主要对Photoshop修饰与润色图像工具以及相关知识进行讲解。

11.1 修饰工具

11.1.1 模糊工具

模糊工具可以通过涂抹使相应区域的像素变模糊，经常被用于修正扫描图像，因为扫描图像中很容易出现一些杂点和折痕等瑕疵，使用模糊工具可以使杂点或折痕等与周围像素融合在一起，使图片看上去更柔顺。

模糊工具的操作十分简单，只需要单击工具箱中的【模糊工具】按钮，然后在需要模糊的地方涂抹即可。【模糊工具】选项栏如图11−1所示。

图11−1　【模糊工具】选项栏

（1）强度：在选项栏中可以设定模糊强度，强度越大越模糊。

（2）对所有图层取样：勾选【对所有图层取样】复选框，可以对所有图层同时起作用。

如图11−2所示，打开素材图片，排列锦鲤图像，使用【模糊工具】对【图层2】进行绘制，对比效果如图11−3所示。

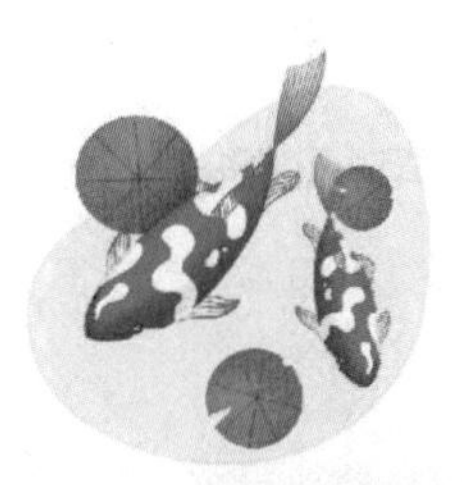

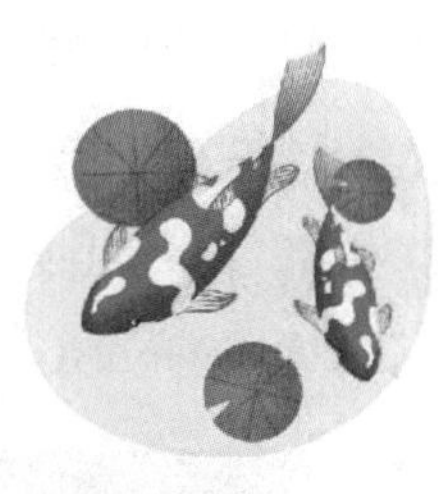

图11−2　打开素材图片

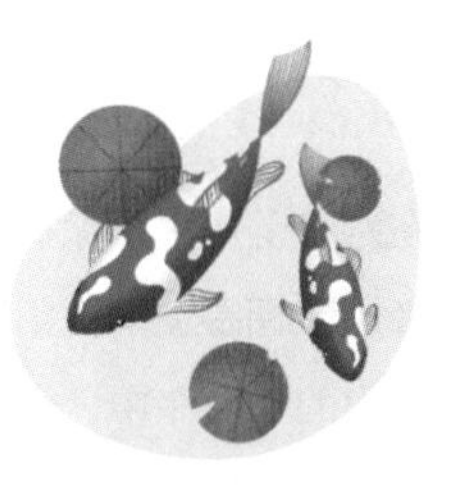

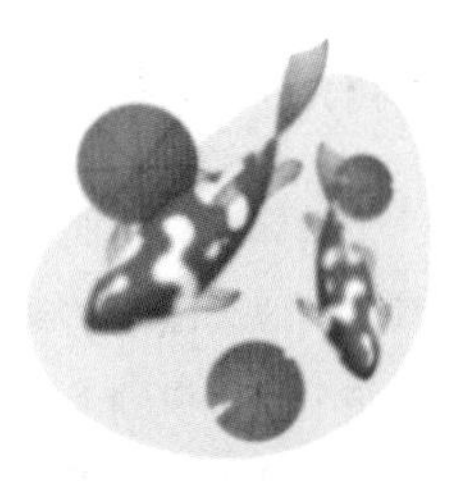

图11−3　对比效果（右边的锦鲤模糊了）

11.1.2 锐化工具

锐化工具与模糊工具的功能刚好相反，它可以增强图像中相邻像素之间的对比，提高图像的清晰度。用鼠标左键长按或者用鼠标右键单击工具箱中的【模糊工具】，在弹出的子命令中，选中【锐化工具】，其选项栏如图11−4所示。

图11−4　【锐化工具】选项栏

在工具栏中勾选【保护细节】复选框能够尽可能地防止锐化过度。

拓展知识

1. 【锐化工具】和【模糊工具】的关系

【锐化工具】和【模糊工具】不是相互可逆的，使用【模糊工具】将图像变模糊之后，【锐化工具】不能把模糊的图像变回原样。

2. 【锐化工具】和【模糊工具】如何转换？

使用【模糊工具】时，按住Alt键就可以临时切换成【锐化工具】的状态，松开Alt键则回到【模糊工具】状态，【锐化工具】临时转换为【模糊工具】也用此方法。

11.1.3 涂抹工具

涂抹工具与现实绘画中在画布上用手指涂抹颜色类似。鼠标左键长按或者用鼠标右键单击工具箱中的【模糊工具】，在弹出的子命令中，选中【涂抹工具】，其选项栏如图11-5所示。【涂抹工具】的操作十分简单，在图像中需要处理的地方涂抹即可。如图11-6所示，对【图层1】进行涂抹。

图11-5 【涂抹工具】选项栏

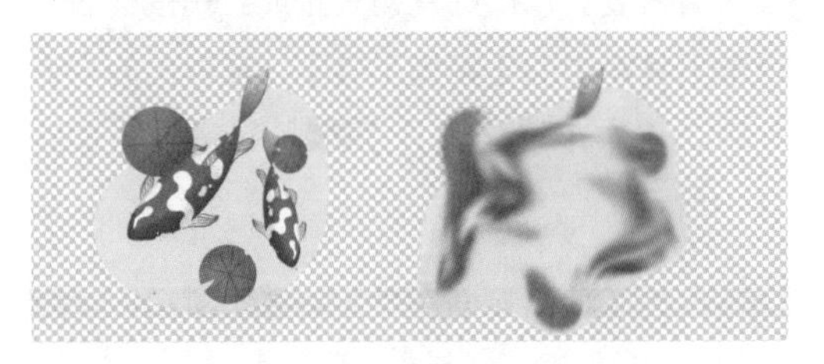

图11-6 【涂抹工具】涂抹效果

11.2 润色图像

【减淡工具】可以使相应区域颜色变浅，【加深工具】反之，【海绵工具】可以增减图像饱和度。

11.2.1 减淡工具

单击工具箱中【减淡工具】，其选项栏如图11-7所示。

图11-7 【减淡工具】选项栏

（1）范围：可以选择不同的色调进行修改，下拉列表中有【阴影】【中间调】【高光】3种选项。

（2）曝光度：为【减淡工具】指定曝光。数值越大，效果越明显。

（3）喷枪：单击可为画笔开启喷枪功能。

（4）保护色调：勾选此复选框，可以保护图像的色调不受影响。

11.2.2 加深工具

用鼠标左键长按或者用鼠标右键单击工具箱中的【减淡工具】，在弹出的子命令中，选中【加深工具】按钮，其选项栏如图11-8所示，其选项用法与【减淡工具】一致，效果与【减淡工具】相反。

图11-8 【加深工具】选项栏

11.2.3 海绵工具

用鼠标左键长按或者用鼠标右键单击工具箱中的【减淡工具】，在弹出的子命令中，选中【海绵工具】按钮，其选项栏如图11-9所示。

图11-9 【海绵工具】选项栏

（1）模式：可选择更改色彩的方式，在下拉列表中有【去色】和【加色】两个选项。

（2）自然饱和度：勾选此框，可以在增加饱和度时，防止颜色过渡饱和而出现溢色。

实例11-1 使用润色工具对图像进行润色

步骤01 打开素材图片，并复制图层得到【图层1】，保护原始图片，如图11-10所示。

图11-10 打开素材图片

步骤02 选择【海绵工具】，适当设置选项栏，对图片中的花朵进行涂抹，效果如图11-11所示。

图11-11　【海绵工具】涂抹效果

步骤03 选择【加深工具】，选项栏中设置【范围】为【阴影】，将【曝光度】调到15%，然后涂抹图片中的树干，加强对比，涂抹效果如图11-12所示。

图11-12　【加深工具】涂抹效果

步骤04 选择【减淡工具】，在选项栏中设置【范围】为【高光】，将【曝光度】调到10%，在图片局部进行涂抹，提亮局部，最终效果如图11-13所示。

图11-13　最终润色效果

PSD PS

第12章

擦除图像工具

——不满意的全都擦掉

本章主要对Photoshop的橡皮擦工具以及相关知识进行讲解。

12.1 橡皮擦工具

橡皮擦工具用于擦除图像颜色，它可以将光标经过的地方的像素擦除。【橡皮擦工具】的选项栏如图12-1所示。

图12-1 【橡皮擦工具】选项栏

打开一张图片，鼠标左键点击图层右边的小锁图标，将其解锁为普通图层，如图12-2所示。

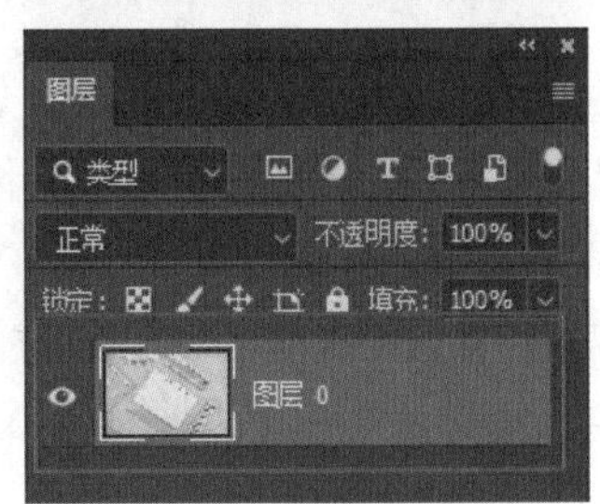

图12-2 解锁为普通图层

选择工具箱中的【橡皮擦工具】，将光标移至画布中，按住鼠标左键擦除即可，效果如图12-3所示。

图12-3 擦除效果图

（1）模式：选择【铅笔】可获得硬边擦除效果，选择【画笔】可获得柔边擦除效果，选择【块】则擦除的效果为块状。对比效果如图12-4所示。

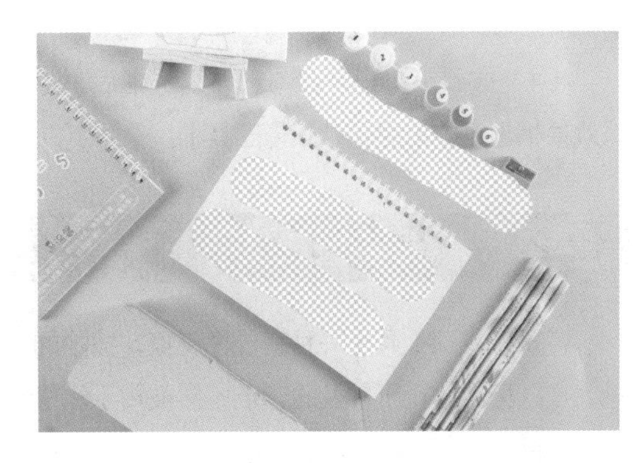

选择【铅笔】效果

选择【画笔】效果

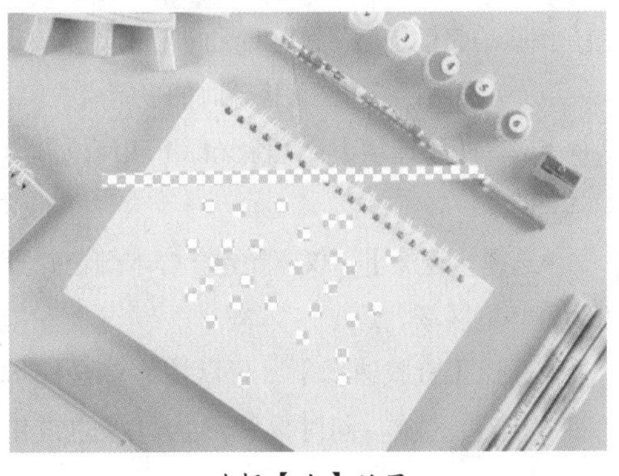

选择【块】效果

图12-4 不同模式的擦除效果

（2）不透明度：设置橡皮擦的擦除强度，数值是100%时，可一次性涂抹掉画面像素，和画笔的不透明度调节效果一致。

（3）流量：设置橡皮擦的涂抹速度，与画笔的流量效果调节一致。

（4）抹到历史记录：勾选该复选框后，涂抹效果相当于【历史记录画笔工具】。

12.2 背景橡皮擦工具

背景橡皮擦工具是一种智能橡皮擦，擦除的对象是鼠标中心点所触及的颜色，常被用于边缘分明的抠图。用鼠标左键长按或者用鼠标右键单击工具箱中的【橡皮擦工具】，在弹出的子命令中，选中【背景橡皮擦工具】，其选项栏如图12–5所示。

取样

图12–5 【背景橡皮擦工具】选项栏

（1）取样：设置取样方式。

●【取样：连续】按钮：选择此按钮，按住鼠标不放的情况下鼠标中心点所接触的颜色都会被擦除。

●【取样：一次】按钮：选择此按钮，按住鼠标不放的情况下只有第一次接触到的颜色才会被擦除。

●【取样：背景色板】按钮：选择此按钮，擦除的仅仅是与背景色匹配的区域颜色。

（2）限制：设置图像擦除时的限制模式。

●选择【不连续】：擦除光标下任何位置的样本颜色。

●选择【连续】：仅擦除包含样本颜色并且相互连接的区域。

●选择【查找边缘】：可以擦除包含样本颜色的连接区域，同时保留形状边缘的锐化程度。

（3）容差：设置鼠标擦除范围，数值越高，擦除的范围就越大。

（4）保护前景色：勾选此复选框后，可避免擦除颜色与前景色匹配的区域。

打开一张图片，选择【快速选择工具】将人物和婚纱一起选中，如图12–6所示。

图12–6 【快速选择工具】选中人物

执行快捷键Ctrl+J抠出人物，选择【背景橡皮擦工具】，然后在选项栏中选择【取样：背景色板】按钮，前景色吸取婚纱的白色，背景色吸取婚纱旁边的深蓝色，画笔设置为【柔角】画笔，并调整至合适的大小，如图12–7所示。

图12–7 选项栏和前景色、背景色设置

接下来隐藏背景图层，将光标移至主体与背景的边缘，小心地进行涂抹，就可擦除背景色，保留婚纱，如图12–8所示。

图12-8　擦除效果

需要注意的是，在处理人脸附近颜色的时候，需要吸取皮肤的颜色作为前景色，从而保护这一块颜色不被擦除，背景色不变，如图12-9所示。

图12-9　人像边缘有背景色

其他类似的问题，都按照同样的方法，改变前景色来保护这一块颜色不被擦除，然后擦除背景色，如图12-10所示。

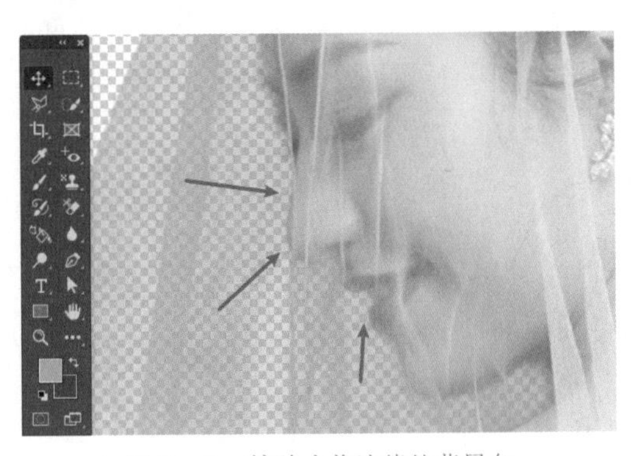

图12-10　擦除人像边缘的背景色

按照相同的方法，处理人物周围所有的背景色，最后在人物下面新建一个图层，填充为黑色，得到抠好的效果图，如图12-11所示。

图12-11　抠好的效果图

12.3 魔术橡皮擦工具

使用魔术橡皮擦工具可以擦除一定容差值内的相邻颜色。擦除部分不会以背景色代替擦除颜色，而是变成透明图层。它类似于魔棒工具，但区别在于它是对相近颜色的区域进行擦除，常被用于抠图。用鼠标左键长按或者用鼠标右键单击工具箱中的【橡皮擦工具】，在弹出的子命令中选中【魔术橡皮擦工具】按钮，如图12-12所示为【魔术橡皮擦工具】选项栏。

图12-12　【魔术橡皮擦工具】选项栏

（1）容差：设置擦除区域的颜色范围，数值越大，擦除的范围越大，反之，范围就越小。

（2）消除锯齿：勾选此复选框后，可使擦除边缘变得平滑。

（3）对所有图层取样：勾选此复选框后，对所有可见图层的组合数据采集擦除色样。

（4）不透明度：设置擦除的强度。

打开一张图片，在工具箱中选中【魔术橡

皮擦工具】，如图12-13所示。然后把光标移至画布中，单击白色，即可擦除白色，如图12-14所示。

图12-13 单击白色

图12-14 擦除白色

PSD PS

第13章

裁剪相关工具

——这裁缝手艺不错哟

裁剪工具是我们使用比较频繁的工具。本章主要对Photoshop裁剪工具以及相关知识进行讲解。

13.1 裁剪工具

裁剪工具可以重新裁剪当前画布尺寸，主要目的是调整图像的大小，获得更好的构图，删除不要的内容。打开一张素材图片，单击工具箱中的【裁剪工具】按钮，得到如图13-1所示【裁剪工具】相关参数。

图13-1 【裁剪工具】选项栏

（1）剪裁选项：在下拉列表中，可以选择多种裁剪长宽比。

- 比例：按照指定比例裁剪图像。
- 宽×高×分辨率：可输入图像的宽度、高度和分辨率，裁剪之后图像的尺寸由输入的数值决定。
- 原始比例：使用原图的长宽比。
- 新建裁剪预设：把设置的尺寸存储为裁剪预设。
- 删除裁剪预设：删除已有预设。

（2）约束比例：在这里可以分别设置裁剪图像的宽度、高度和分辨率。如果不输入任何数值，则按自由比例裁剪图像。

（3）清除：清除前面3个文本框中的数值。

（4）拉直：在图像上画一条直线来修改图像的垂直方向。

（5）设置裁剪工具的叠加选项：设置网格线的类型和叠加模式，以便获得更好的裁剪效果。

- 三等分：选择一张图片，使用【三等分】叠加选项之后，效果如图13-2所示。

图13-2 三等分

- 网格：选择一张图片，使用【网格】叠加选项之后，效果如图13-3所示。

图13-3 网格

- 对角：选择一张图片，使用【对角】叠加选项之后，效果如图13-4所示。

图13-4 对角

- 三角形：选择一张图片，使用【三角形】叠加选项之后，效果如图13-5所示。

图13-5 三角形

● 黄金比例 ：选择一张图片，使用【黄金比例】叠加选项之后，效果如图13-6所示。

图13-6　黄金比例

● 金色螺线 ：选择一张图片，使用【金色螺线】叠加选项之后，效果如图13-7所示。

图13-7　金色螺线

（6）设置其他裁剪选项 ：可以选择【使用经典模式】【显示裁剪区域】【自动居中预览】【启用裁剪屏蔽】和设置【不透明度】。

（7）删除裁剪的像素：勾选此复选框，裁剪后将会把裁剪掉的像素删除；取消勾选则多余的区域不会被删除，而是处于隐藏状态。

拓展知识

剪裁工具的快捷键

按住Shift+Alt组合键，按住鼠标左键拖动就可同比例缩放裁剪框，同时可以单独按住Shift、Alt键，尝试进行个性化操作。

13.2 透视裁剪工具

用透视裁剪工具裁剪图像，能够旋转或者扭曲裁剪定界框。裁剪之后，可对图像应用透视变换。用鼠标左键长按或者用鼠标右键单击工具箱中的【裁剪工具】，在弹出的子命令窗口中，选中【透视裁剪工具】，显示【透视裁剪工具】选项栏，如图13-8所示。

图13-8　【透视裁剪工具】选项栏

（1）宽度/高度 ：可以在文本框中输入宽度及高度的数值，裁剪后图形的尺寸由输入的数值决定，同裁剪区域的大小没有关系。

（2）分辨率：设置输入裁剪后图像的分辨率，裁剪后的图像将以此数值作为图形的分辨率。

（3）分辨率单位：设置分辨率单位，有像素/英寸与像素/厘米可供选择。

（4）前面的图像：单击此按钮，宽度、高度和分辨率文本框中就会显示当前图像的尺寸与分辨率。

（5）清除：单击此按钮将会清空其他几个文本框中的数值。

（6）显示网格：勾选此复选框将会显示裁剪区域内的网格。

打开一张图片，选择【透视裁剪工具】，然后沿着透视视角的墙壁创建裁剪框，可以用鼠标左键按住任意一个对角点拖动进行调整，如图13-9所示。

图13-9　出现裁剪框

然后双击鼠标或按Enter键进行裁剪，得到平面的图像，如图13-10所示。

图13-10　得到平面的图像

13.3 画布大小妙用

画布指的是整个文档的工作区域，也就是图像的显示区域。在处理图像时，可以根据需要来增加或者减少画布，还可以旋转画布。

1 画布大小

打开一张图片，执行【图像】→【画布大小】命令，打开【画布大小】对话框，如图13-11所示。

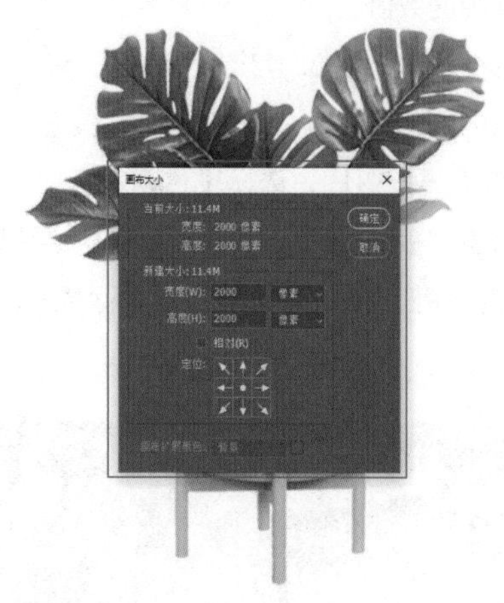

图13-11　【画布大小】对话框

（1）当前大小：当前图像宽度和高度的实际尺寸和文件的实际大小。

（2）新建大小：可以在【宽度】和【高度】文本框中输入画布的尺寸，并在其后的列表框中选择单位。若输入的数值大于原图像尺寸，画布变大；反之，则画布缩小。

（3）相对：勾选此复选框，【宽度】和【高度】选项中的数值将会代表实际增加或减少的区域的大小，而不再代表整个文档的大小。输入正值代表增加画布，输入负值则代表减小画布。

（4）定位：单击不同的方格，可指示当前图像在新画布上的位置。图13-12所示为设置两种不同的定位方向后增加画布的图像效果。

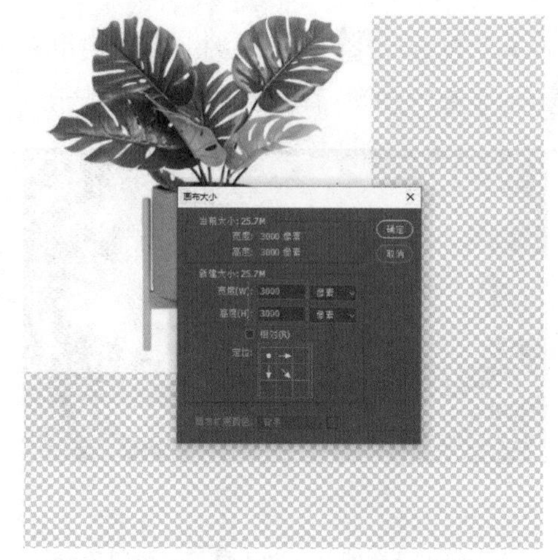

图13-12　设置两种不同的定位方向后增加画布的图像效果

（5）画布扩展颜色：在下拉列表中可选择填充新画布的颜色。若图像的背景是透明的，则【画布扩展颜色】选项将不可用，添加的画布也将是透明的。

拓展知识

【图像大小】与【画布大小】的区别

很多人难以理解【图像大小】与【画布大小】的区别，可以这样想：图像就是一张照片，画布就是相框，把图像放在画布上，就相当于把照片放进相框里，调节画布大小就是调节相框大小，这就很容易理解了。

② 显示画布外全部对象

在实际操作中，当把一个大尺寸图片拖至一个小尺寸图片的画布时，大图中的一些内容就会在小图画布的外面，显示不出来。执行【图像】→【显示全部】命令，软件通过检测图像中像素的位置，会自动扩大画布，显示全部内容，如图13-13和图13-14所示。

图13-13　未显示全部图像

图13-14　【显示全部】命令

③ 旋转画布

通过执行【图像】→【图像旋转】菜单中的命令，就可对画布进行旋转或翻转，如图13-15所示为执行【垂直翻转画布】命令的步骤，在执行【垂直翻转画布】后画布会翻转过来，如图13-16所示。

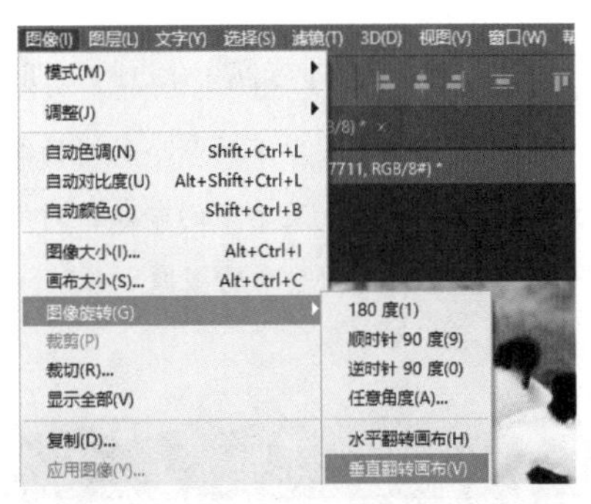

图13-15　【垂直翻转画布】执行步骤

图13-16　执行【垂直翻转画布】之后的效果

执行【图像】→【图像旋转】→【任意角度】命令，弹出【旋转画布】对话框，如图13-17所示。输入旋转角度可使画布按照指定的角度精确旋转，如图13-18所示。

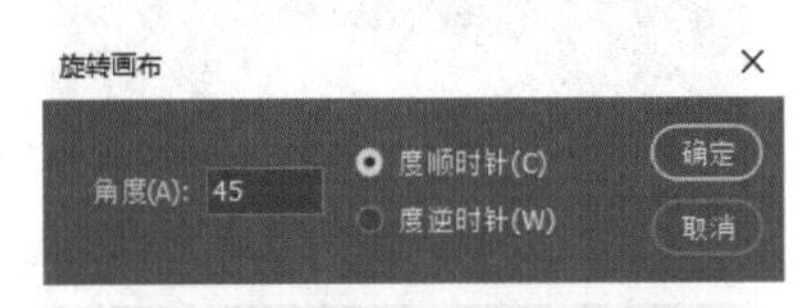

图13-17　【旋转画布】对话框

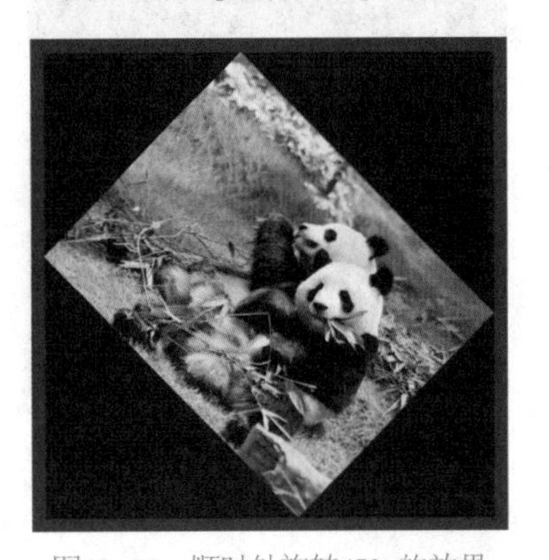

图13-18　顺时针旋转45°的效果

拓展知识

【图像旋转】和【变换】命令的区别

【图像旋转】菜单下的命令针对的是整个画布，而【变换】菜单下的命令针对的是单个对象，也就是图层中的图像。

13.4 切片相关工具

13.4.1 切片工具

打开素材图片，用鼠标左键长按或用鼠标右键单击工具箱中的【裁剪工具】，在弹出的子命令窗口中，选中【切片工具】，鼠标从左上角拖拽到右下角画出选区，和矩形选框工具操作相似，如图13-19所示。接下来软件自动识别图片边缘，把素材图片划分出切片区域，并生成对应的切片，如图13-20所示。

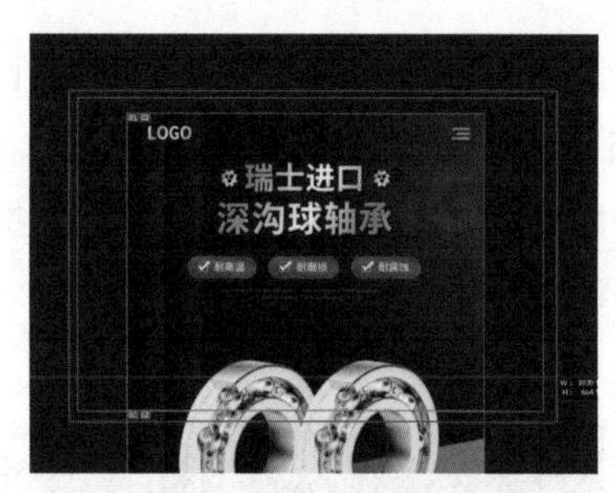

图13-19 画出选区

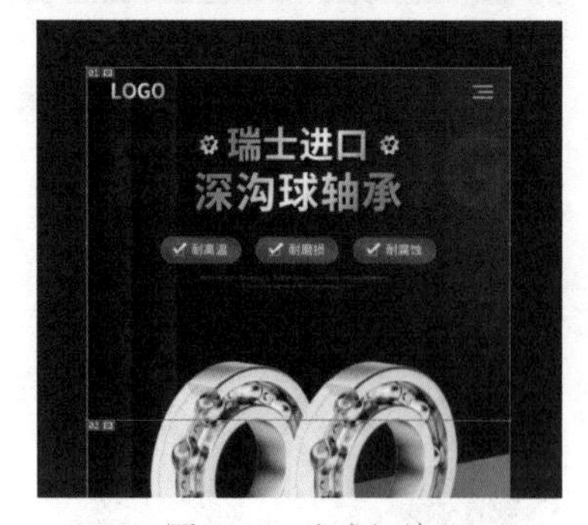

图13-20 生成切片

按照相同的方法，依次画出切片选区，如果不满意可以重新绘制切片选区，对之前绘制好的切片选区进行覆盖，如图13-21所示。

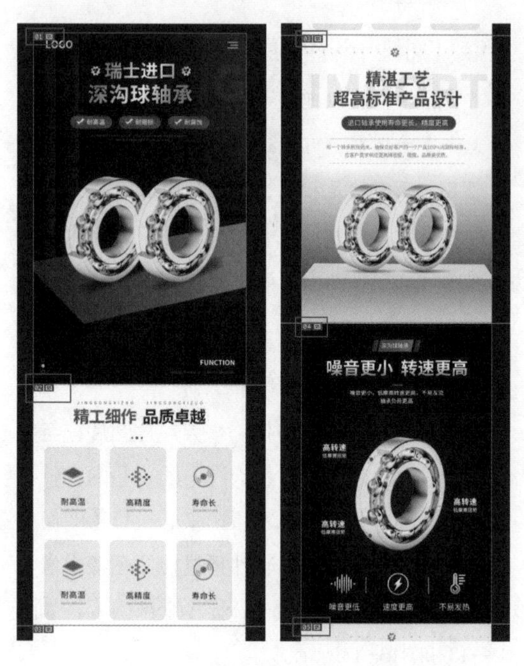

图13-21 依次画出切片选区

另外，设计师常用来划分切片的方法是使用【切片工具】选项栏中的【基于参考线的切片】功能。先在想切分的地方添加一个水平的参考线，如图13-22所示。

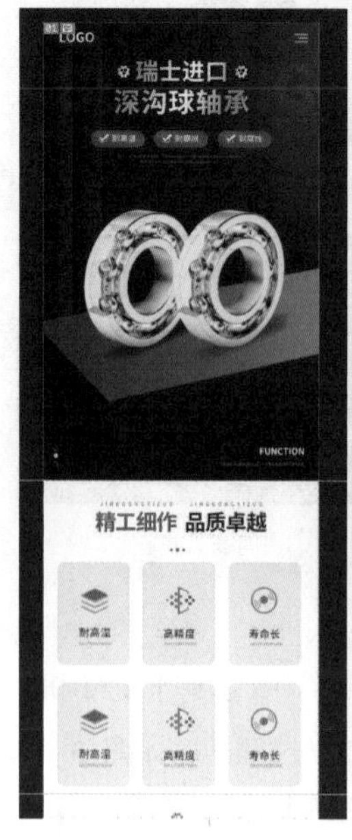

图13-22 添加参考线

接下来单击【基于参考线的切片】，软件就会依据参考线自动划分好切片选区，如图13-23所示。

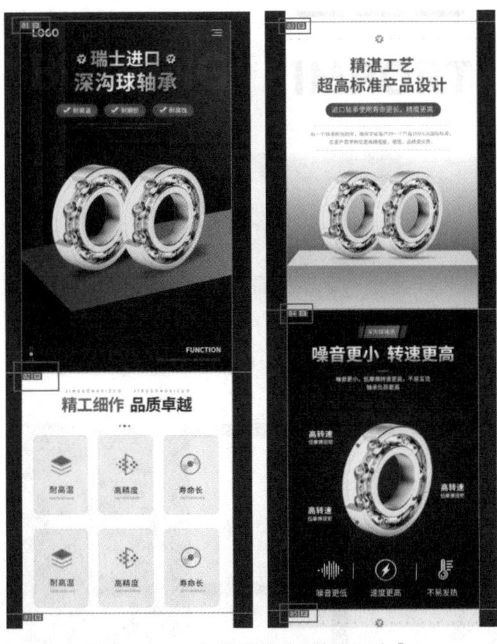

图13-23　【基于参考线的切片】

13.4.2　切片选择工具

当我们绘制好切片选区之后，如果对切片选区位置、大小等不满意，我们还可以使用【切片选择工具】，对其进行移动、调整大小、删除等相关操作，如图13-24所示。

图13-24　【切片选择工具】

当调节完之后，可以执行【文件】→【导出】→【存储为Web所用格式】命令，如图13-25所示。在弹出的【存储为Web所用格式】面板中选择JPEG格式、品质80或者100，单击存储，选择合适的文件夹，同时记住这个文件位置，方便查找，如图13-26所示。

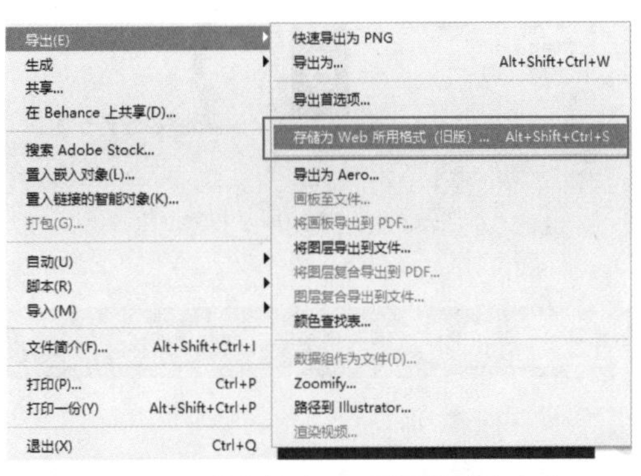

图13-25　【存储为Web所用格式】命令

图13-26　存储设置

这时，我们就得到一个名为“images”的文件夹，如图13-27所示。鼠标左键双击images文件，就可以看到已经被切开的图片，如图13-28所示。

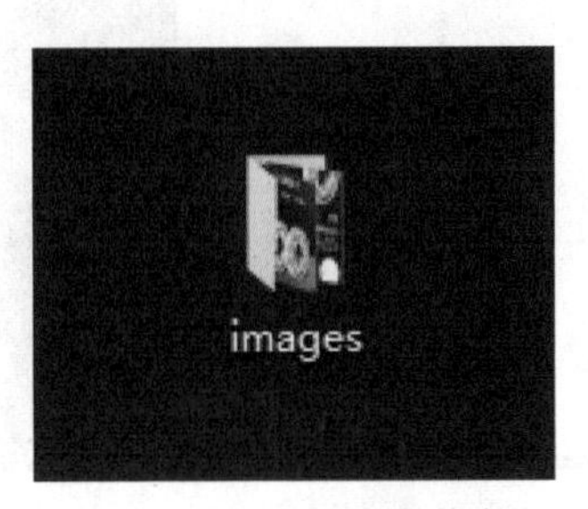

图13-27　“images”文件夹

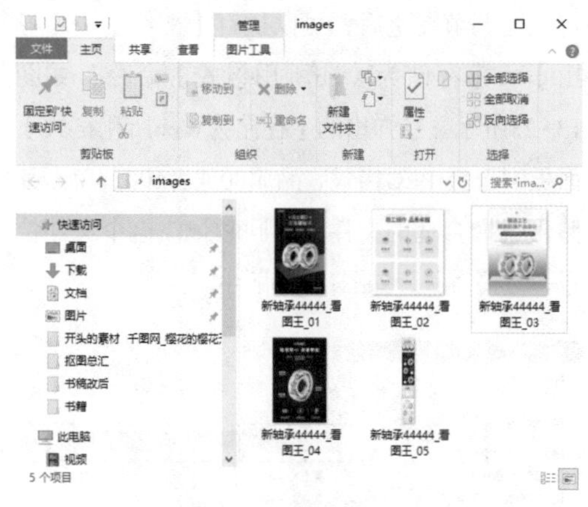

图13-28　已切片的图像

13.5 画板工具

① 画板

在新建文档的窗口中勾选【画板】复选框，新的文档即可建立在画板上，如图13-29所示。

图13-29　新的文档建立在画板上

【图层】面板中会多一个主层级【画板1】，如图13-30所示。

图13-30　新增主层级【画板1】

目前只有一个画板，所有的图层内容均显示在此画板。

注意一定要在选中画板的情况下，才能执行【图层】→【复制画板】命令，如图13-31所示。可以复制出很多个画板，如图13-32所示。

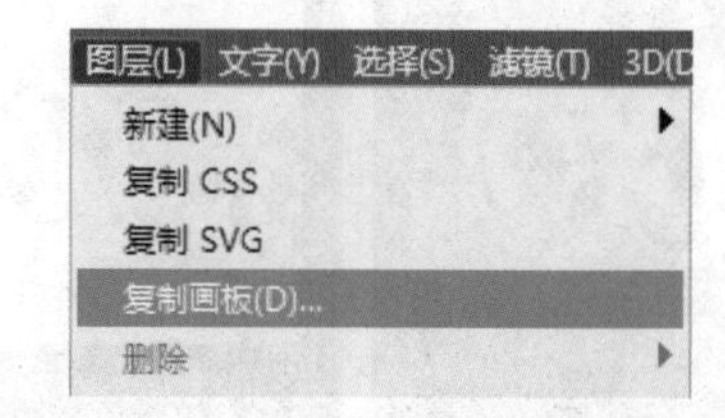

图13-31　【复制画板】命令

图13-32　复制多个画板

每个画板均可以独立操作，图层也可在多个画板间移动或者复制。多个画板适用于多页的设计项目，如海报、详情页以及主图演示等，多个页面存在于同一个PSD文档中，能够很方便地对比查看，也容易进行资源复制和调用，如图13-33所示。

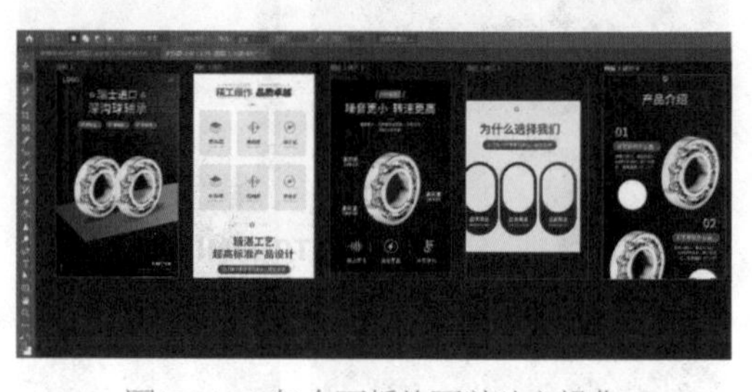

图13-33　每个画板均可以独立操作

对于多画板文件通常要先保存为PSD原始文件，若要把每个画板的内容分别存储为文件，则需要执行【文件】→【导出】→【画板至文件】命令，打开【画板至文件】对话框，如图13-34所示。

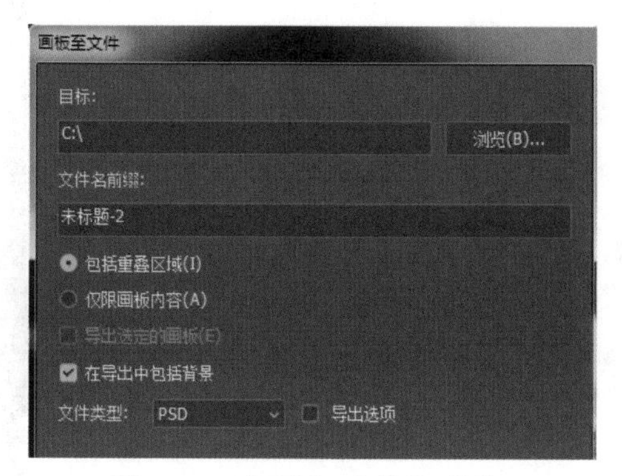

图13-34　【画板至文件】对话框

在设定好目标位置、文件名称、导出的区域以及文件类型后，单击【运行】按钮，即可得到每个画板的文件。

2 画板的操作工具

文档中有多个画板时，【裁剪工具】可变为画板的操作工具。

在【图层】面板上选中【画板1】，使用【裁剪工具】就可以改变该画板的大小，如图13-35所示。

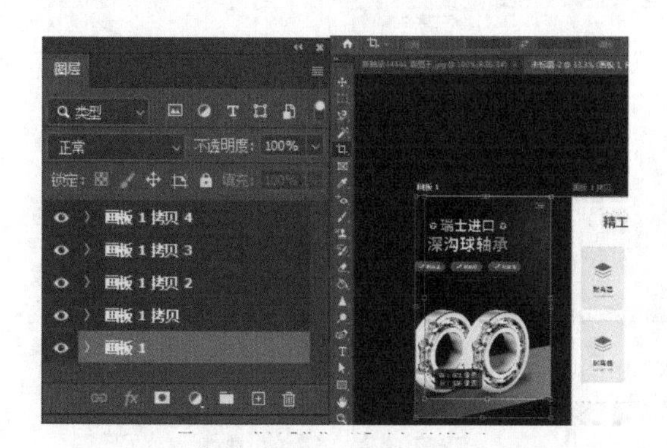

图13-35　使用【裁剪工具】改变画板的大小

鼠标左键按住不松手移动，可以移动画板在工作区的位置，如图13-36所示。

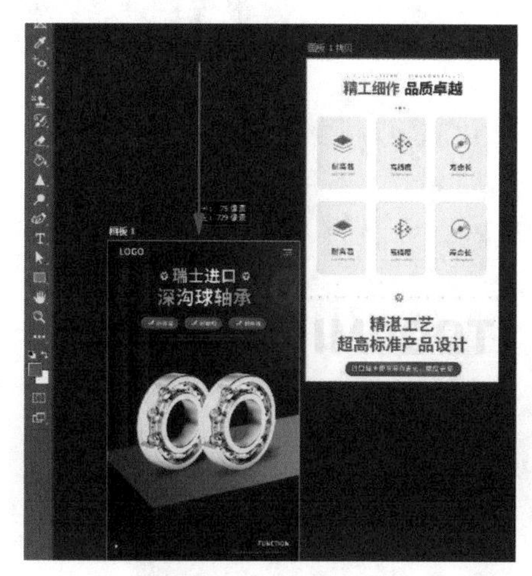

图13-36　移动画板

按住Alt键拖动画板，可以快速地复制该画板，如图13-37所示。

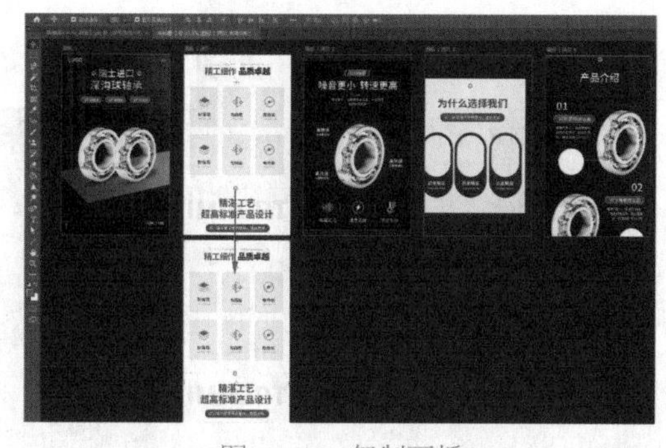

图13-37　复制画板

在工作区空闲的地方，用【裁剪工具】画框就可以快捷地新建画板，如图13-38所示。

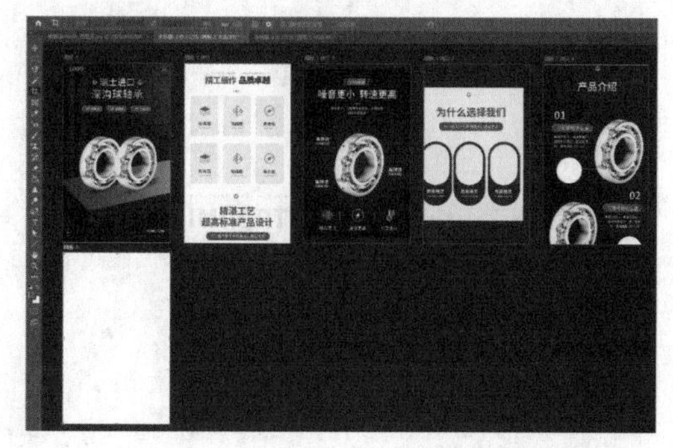

图13-38　用【裁剪工具】新建画板

PSD PS

第14章

钢笔工具

——一个有匠心的工具

钢笔工具是Photoshop中非常重要的工具，它的可控度非常高，我们能使用钢笔工具绘制出非常精细的图形和选区。本章主要对Photoshop的钢笔工具组以及相关知识进行讲解。

14.1 钢笔工具

14.1.1　钢笔工具基础认知

1 选择钢笔工具

单击工具箱的【钢笔工具】按钮，如图14-1所示，即可开始使用【钢笔工具】，快捷键是P键。

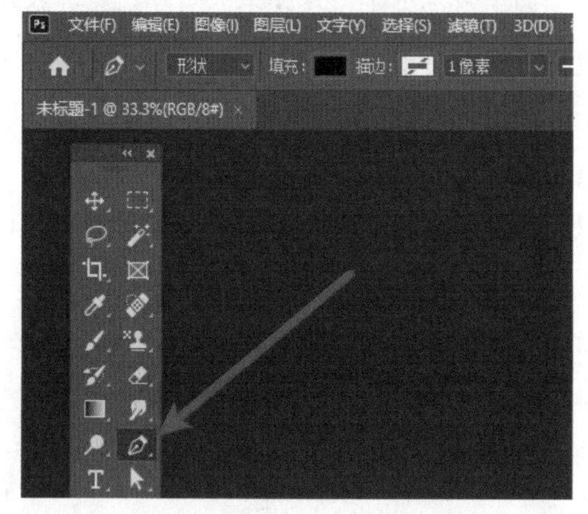

图14-1　【钢笔工具】按钮

选择【钢笔工具】后，选项栏上将有3种绘制模式可选，分别是【形状】【路径】和【像素】，如图14-2所示。

图14-2　【钢笔工具】选项栏

（1）形状：包括路径的概念，路径是形状的基础部分。形状为独立的实体图层，具备图层所有的属性。路径只存在于【路径】面板中。

（2）路径：无实体形态，通过路径可以创建选区等，但是不产生像素效果；而形状可以有矢量填充及矢量描边，表现为实际的像素效果。

（3）像素：此模式下绘制出的是位图图像，以前景色填充绘制区域，图14-2中钢笔工具下的此选项是灰色的，说明使用不了，在矩形工具（详细讲解见第15章）中可以使用。

接下来选择【路径】模式，先学习使用【钢笔工具】绘制矢量路径图形的方法。

2 锚点

（1）直线绘制锚点。两点成直线，先单击第一个点（即锚点），再单击第二个锚点，就出现了一条线段，如图14-3。可以按Esc键结束绘制。用鼠标右键单击该锚点，在弹出的菜单中选择【删除锚点】选项，即可重新绘制该点。如果不按Esc键结束绘制，也可以继续绘制，如图14-4所示。

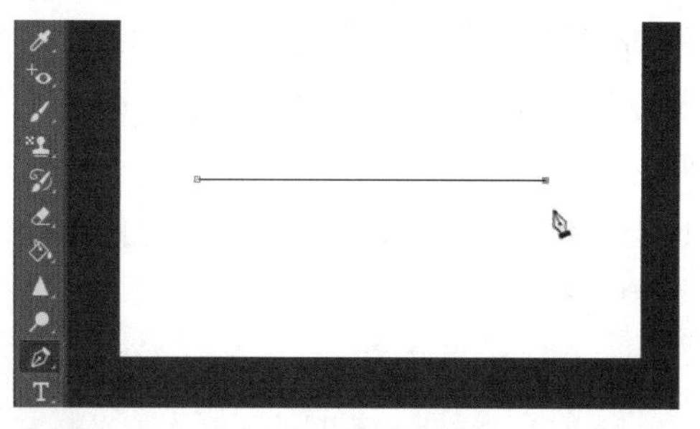

图14-3　绘制线段

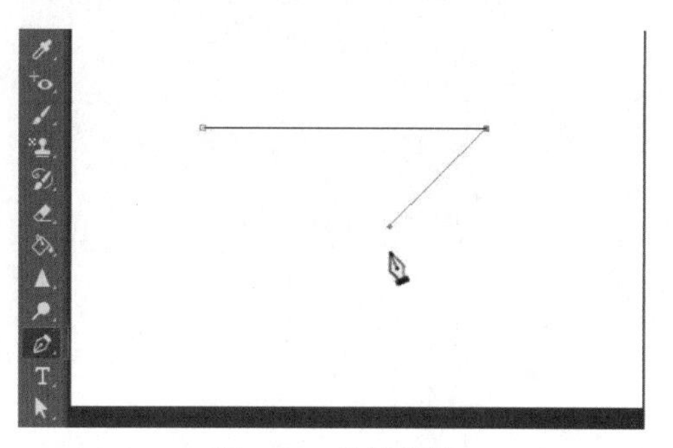

图14-4　继续绘制

直至绘制到最开始的第一个锚点，完成闭合，即成为一个多边形，如图14-5所示。

图14-5　完成闭合

拓展知识

怎样以固定角度绘制直线?

按住Shift键的同时使用【钢笔工具】绘制直线路径，可绘制出水平、垂直或45°角为增量的直线。

（2）曲线绘制锚点。曲线锚点的创建很简单，单击创建第一个点后，在创建第二个点时，单击之后不要松开鼠标，而是继续拖动，拖出曲线控制杆来。这就是全曲线锚点，控制杆负责控制力度和方向，运用贝塞尔曲线，如图14-6。两点之间生成的是一条曲线，如图14-7所示。也可以连续绘制，从而绘制出更多复杂的曲线，如图14-8所示。

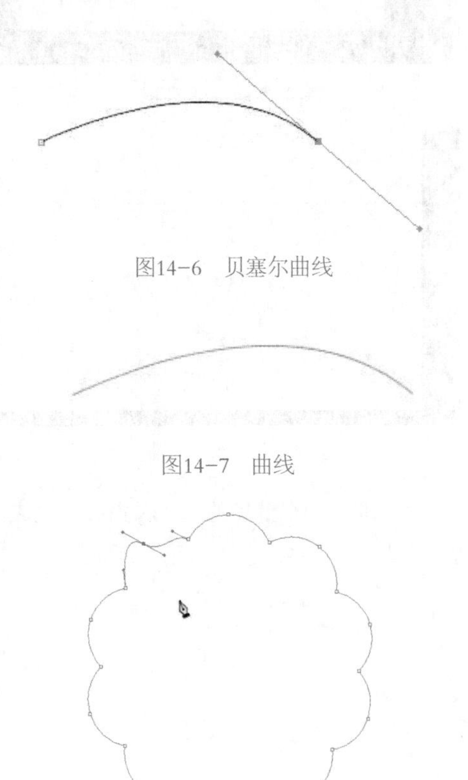

图14-6　贝塞尔曲线

图14-7　曲线

图14-8　复杂的曲线

有的绘制稍微有一些难度，首次绘制可以不用追求绝对的准确和完美，绘制大概形状即可，绘制完成之后还可以慢慢做精细调整，精雕细琢出精品。

14.1.2　添加和删除锚点工具

在用【钢笔工具】绘制路径或形状时，可在选项栏中勾选【自动添加/删除】复选框 自动添加/删除，在【钢笔工具】的状态下，鼠标左键单击路径边缘可以添加锚点，而单击已绘的锚点，可以删除该锚点。

如果路径处于选择状态，当光标靠近路径边缘时，其右下角会出现小加号，如图14-9所示，即为添加锚点状态。鼠标左键单击就可以添加锚点，添加锚点后，不会改变路径形状，只是在原来曲线的基础上增加了点，如图14-10所示。

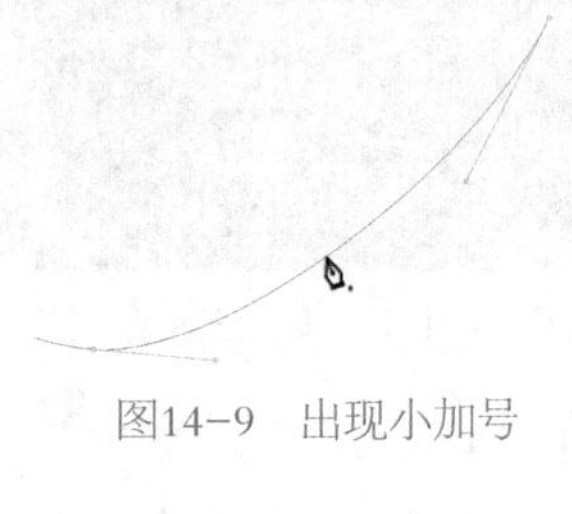

图14-9　出现小加号

图14-10　添加锚点

当光标靠近锚点时，光标右下角会出现小减号，如图14-11所示，即为删除锚点状态，鼠标左键单击锚点就可以删除该锚点，如图14-12所示。

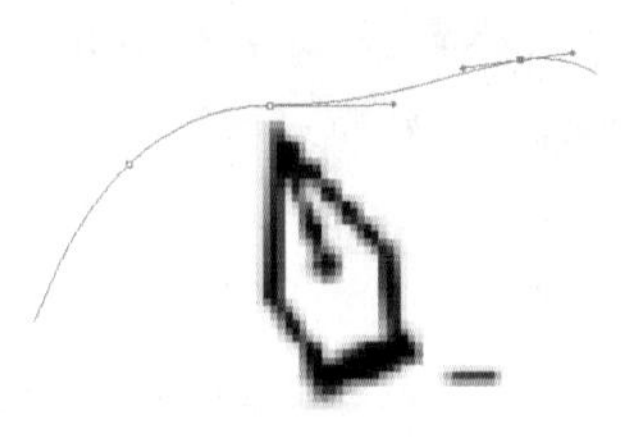

图14-11　出现小减号

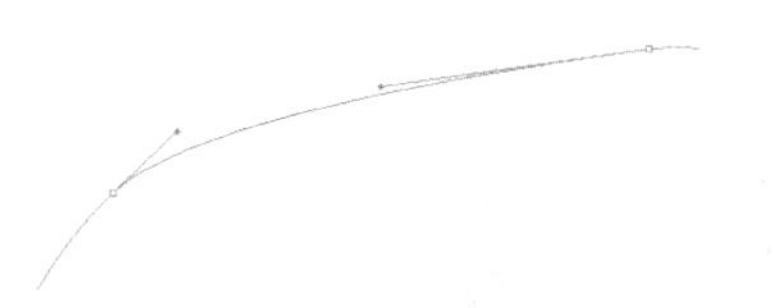

图14-12　删除锚点

另外，还可使用【钢笔工具】中的【添加锚点工具】和【删除锚点工具】来添加或删除锚点，操作方式基本相同。

14.1.3　转换点工具

使用转换点工具能够把角锚点和曲线锚点进行相互转换。选择【转换点工具】，对曲线锚点单击一下，则可变为角锚点，如图14-13所示；对于角锚点，单击后不松开鼠标，拖出控制杆，则变为曲线锚点，如图14-14所示。

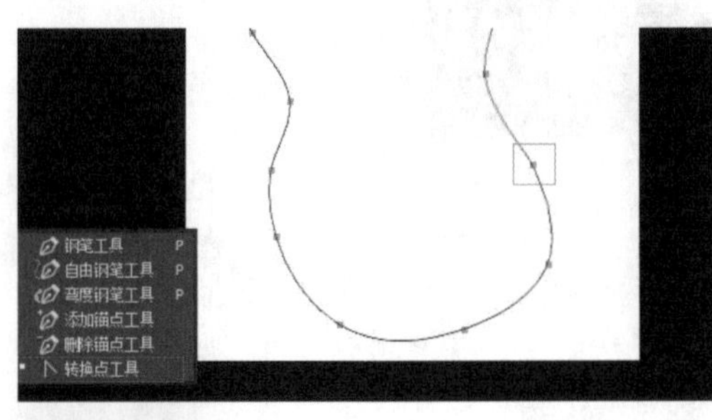

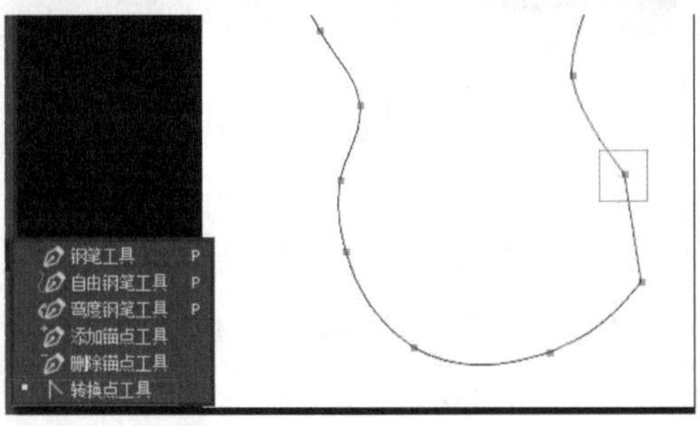

图14-13　曲线锚点变为角锚点

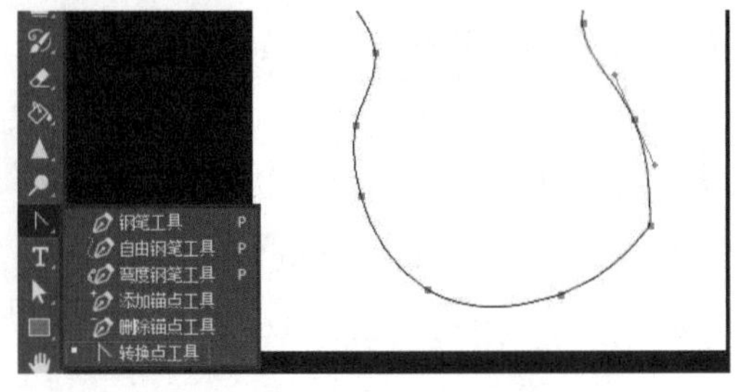

图14-14　角锚点变为曲线锚点

拖动控制杆的端点，能够折断控制杆，从而控制单边曲线，如图14-15所示。

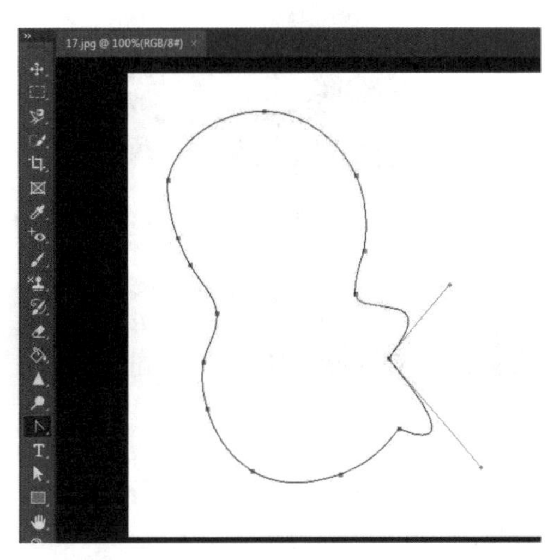

图14-15　控制单边曲线

拓展知识

快捷键

在【钢笔工具】状态下绘制锚点的过程中，按住Alt键就可临时切换为【转换点工具】状态。

14.1.4　自由钢笔工具

在【钢笔工具】中还有一个工具为【自由钢笔工具】，如图14-16所示。【自由钢笔工具】能够随意绘图，就像用画笔在纸上作画一样。单击工具箱中的【自由钢笔工具】，在画布中按住鼠标拖拽即可绘制路径，如图14-17所示。路径的形状为光标运动的轨迹，且自动添加锚点。

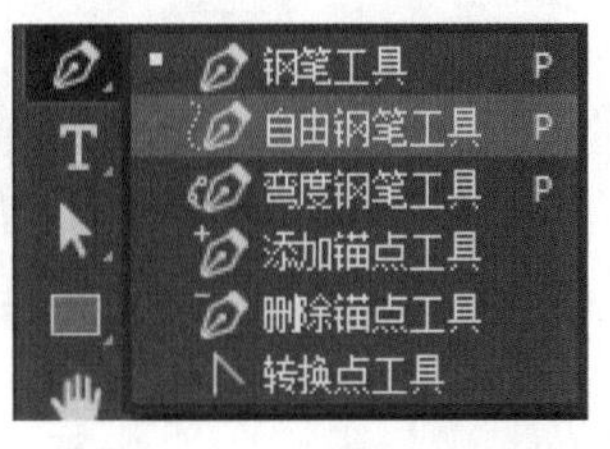

图14-16　【自由钢笔工具】

图14-17　使用【自由钢笔工具】绘制路径

14.1.5　弯度钢笔工具

【钢笔工具】中有一个【弯度钢笔工具】，使用它时直接单击，无须拖拽，就可半自动地快速绘制曲线，如图14-18所示。使用该工具绘制的曲线造型相对流畅，但可控性较差，请按需使用。

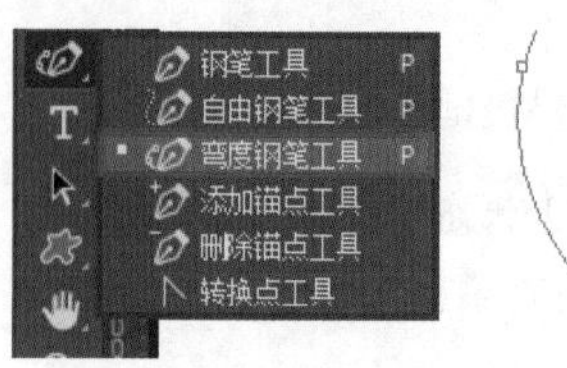

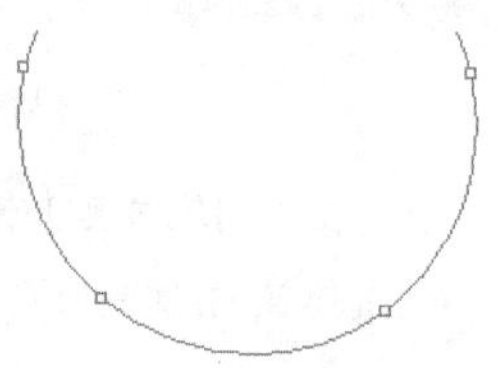

图14-18　用【弯度钢笔工具】画曲线

14.2　选择与编辑路径

① 选择与移动锚点、路径

选择路径或锚点可使用【路径选择工具】和【直接选择工具】，如图14-19所示。其中【路径选择工具】主要用来选择和移动整个路径，使用该工具选择路径后，路径的所有锚点为选中状态，并且所有锚点为实心状态，可直接对路径进行移动操作，如图14-20所示。

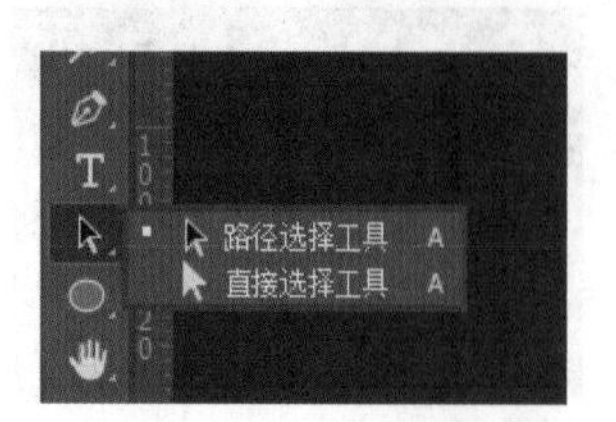

图14-19　【路径选择工具】与【直接选择工具】

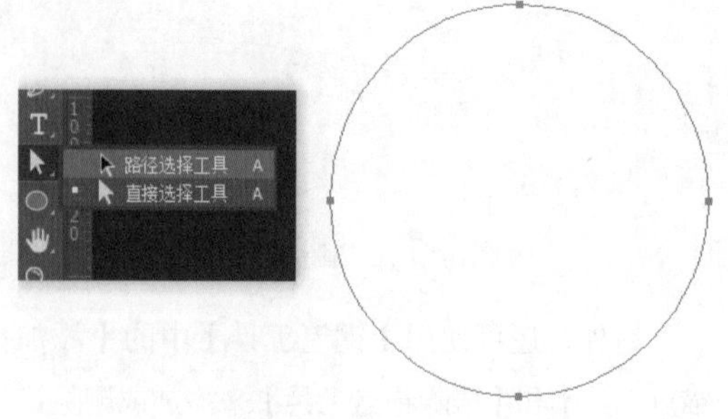

图14-20　使用【路径选择工具】选中锚点

使用【直接选择工具】选择路径，不会自动选中路径中的锚点，锚点为空心状态，如图14-21所示。将相应的锚点选中，即可移动它们的位置。

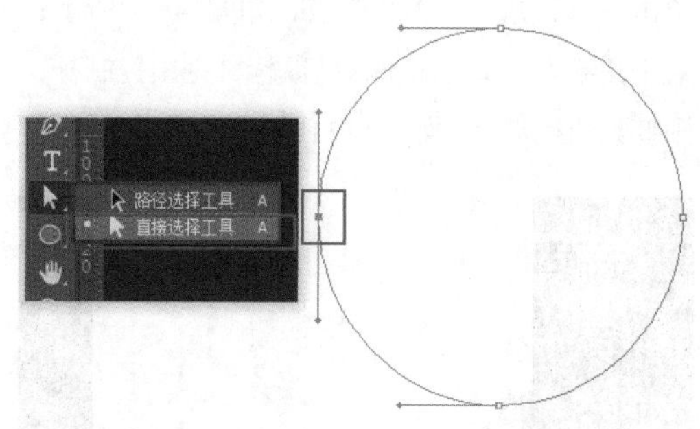

图14-21　【直接选择工具】激活路径

拓展知识

1. 【路径选择工具】和【直接选择工具】的区别

【路径选择工具】单击路径或者路径内任意部位都可以选取路径；而【直接选择工具】只能在路径上单击或者框选，才可以选中路径。

2.【直接选择工具】如何选择多个锚点?

在使用【直接选择工具】时，按下Shift键的同时单击锚点，就可连续选中多个锚点，单击已选中的锚点，可取消选择。

② 调整路径形状

对于由角点组成的路径，调整路径形状时，只需使用【直接选择工具】移动每个锚点的位置即可。对于由平滑点组成的路径，需要调整路径形状时，可以利用【直接选择工具】移动锚点的位置，也可以利用【直接选择工具】与【转换点工具】调整平滑点上的方向线和方向点。

使用【直接选择工具】拖动平滑点上的方向线时，方向线始终保持直线状态，锚点两侧的路径段都会发生改变；使用【转换点工具】拖动方向线时，则可单独调整平滑点任意一侧的方向线，而不会影响到另外一侧的方向线及同侧的路径段，如图14–22所示。

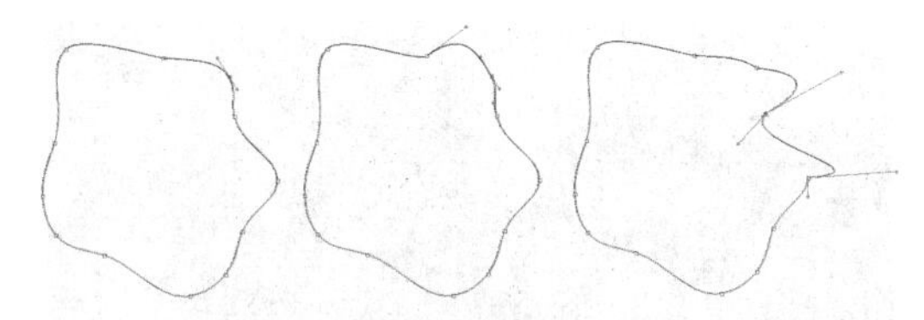

图14–22　调整路径形状

③ 变换路径

路径的变换可以像变换图像一样进行。使用【路径选择工具】选择路径，执行【编辑】→【变换路径】命令，即可对路径进行变换。路径的变换方法与变换图像的自由变换相同。

④ 输出路径

绘制好的路径可以导出为路径文件，以便将其导入到Illustrator或者其他软件，进行进一步编辑。具体方法是：选中路径，执行【文件】→【导出】→【路径到Illustrator】命令，即可将路径导出为AI文件。

14.3 路径面板

在【窗口】菜单中打开【路径】面板，如图14–23所示，在【路径】面板中能够创建多个路径层，将众多路径分开管理。

图14–23　【路径】面板

（1）用前景色填充路径：借助路径形状，把实体颜色填充至图层中，但要求路径是封闭的。

（2）用画笔描边路径：选好画笔的类型、大小、颜色等，可用来描绘路径边缘。

（3）将路径作为选区载入：也就是把路径变成选区，快捷键为Ctrl+Enter。

（4）从选区生成工作路径：把选区变成路径，转化的过程中会丢失一些边缘信息。若要存储选区，尽量选择存储至Alpha通道。

（5）添加图层蒙版：把路径形状作为蒙版来使用，第一次单击，为普通蒙版，再次单击，则会添加相应路径的矢量蒙版。在【图层】面板上单击【添加图层蒙版】按钮也是如此操作，单击第二次，第二个蒙版就是矢量蒙版，两个蒙版可以同时起作用。在钢笔工具选项栏中单击【蒙版】按钮，也可以直接创建矢量蒙版。在【图层】面板上，矢量蒙版的缩略图的路径图形内是白色的，为图层可以显示的部分；图形外是灰色的，是图层被蒙、看不到的部分。

（6）创建新路径：单击即可创建新的路径。

（7）删除当前路径：单击即可删除路径。

由此看来，路径可以用来填充、描边、生成选区或蒙版，功能很丰富。尤其是生成选区或蒙版后，就可以抠图去背景。钢笔可以绘制非常准确的图形，所以对于边缘要求比较精细的抠图项目，一定要用钢笔工具。

14.4 应用实例——使用【钢笔工具】抠图

实例14-1 使用【钢笔工具】抠出图中产品

步骤01 打开一张素材图片，如图14-24所示，要将图片中的化妆品全部抠出来。

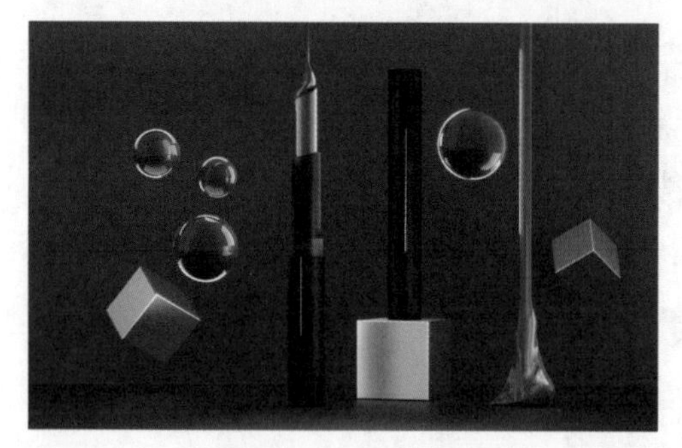

图14-24 素材图片

步骤02 选择【钢笔工具】，在【路径】的状态下，先绘制图片中可以用直线绘制的部分，如图14-25所示；然后选择【弯度钢笔工具】绘制图中的圆形部分，如图14-26所示。

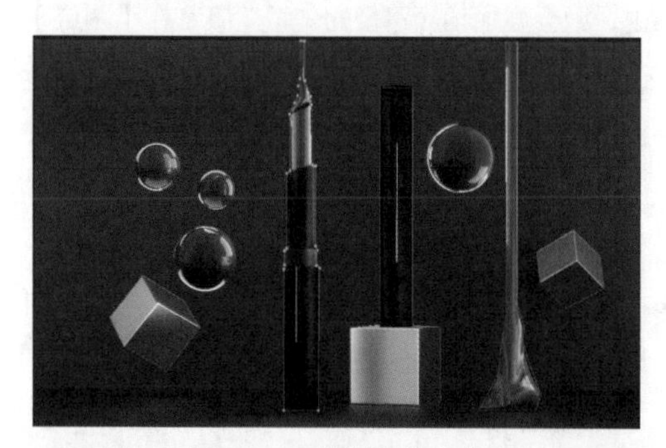

图14-25 绘制直线部分

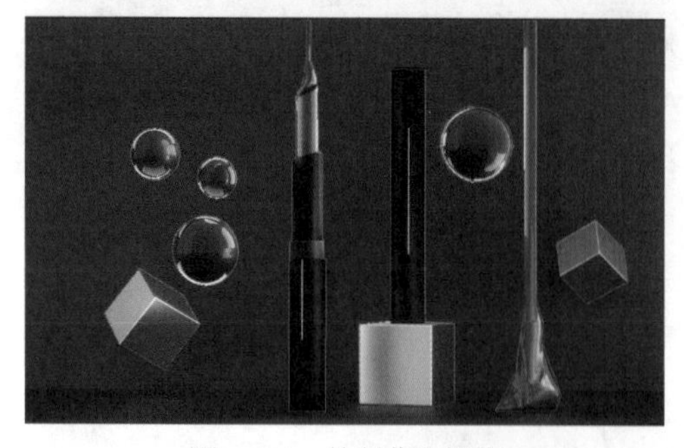

图14-26 绘制曲线部分

步骤03 不满意的地方可以用【钢笔工具】进行调整，如图14-27所示。

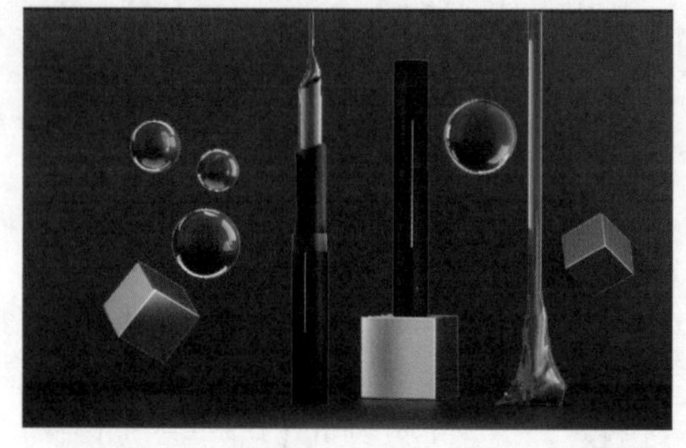

图14-27 调整

调整之后，按快捷键Ctrl+Enter将路径转换为选区，如图14-28所示。

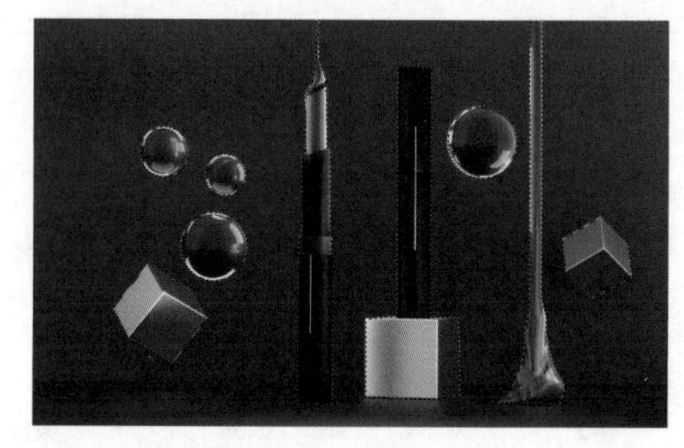

图14-28 转换为选区

步骤04 按Ctrl+J键复制图层，隐藏背景图，结果如图14-29所示。

图14-29 复制图层，隐藏背景图层

步骤05 在抠出来的图片图层下新建一个图层，如图14-30所示，然后将图层填充成白色，完成效果如图14-31所示。

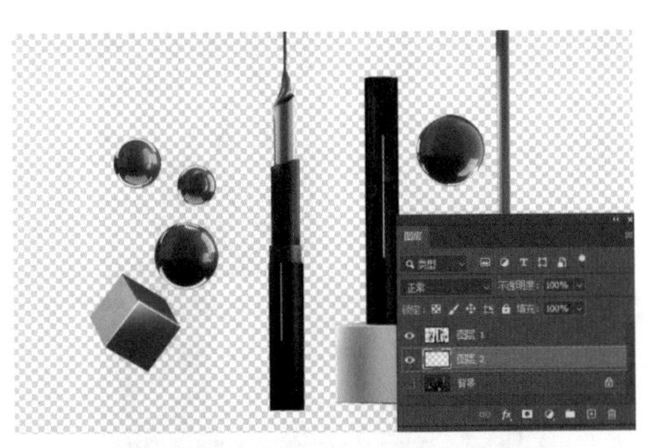

图14-30　新建图层

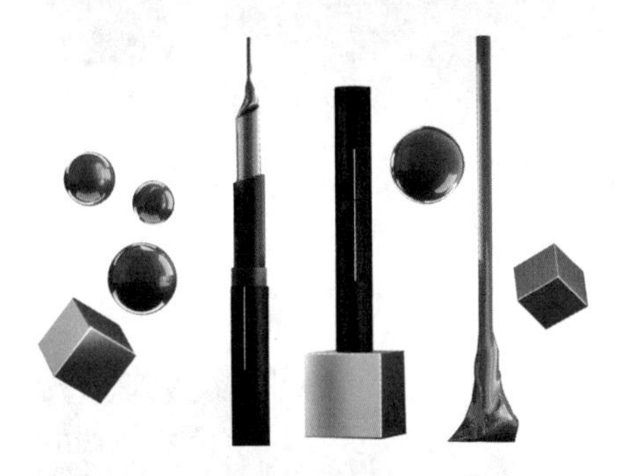

图14-31　最终效果

实例14-2　使用【钢笔工具】抠出图中婚纱

步骤01 打开一张素材图片，如图14-32所示，要将图片中的人物及其所穿的婚纱全部抠出来。

图14-32　素材图片

步骤02 选择【钢笔工具】，沿着人物的轮廓进行绘制，可以使用工具箱中的缩放工具 放大图片，进行细致的绘制，如图14-33所示。绘制完成效果如图14-34所示。

图14-33　沿轮廓绘制

图14-34　绘制完成效果

步骤03 绘制完成后，按快捷键Ctrl+Enter将路径转换为选区，如图14-35所示；按【选择并遮住】按钮，选择【黑底】视图，将不透明度调至90%，如图14-36所示。

图14-35　转换为选区

图14-36　设置视图及不透明度

步骤04 单击左侧的【调整边缘画笔工具】按钮，在图像中婚纱半透明部分涂抹，如图14-37所示。

图14-37　涂抹婚纱半透明部分

步骤05 涂抹完之后，单击右侧【确定】按钮，回到主界面，如图14-38所示。接着按快捷键Ctrl+J复制图层，隐藏背景图层，如图14-39所示。

图14-38　选区

图14-39　复制图层，隐藏背景图层

步骤06 在复制图层下方新建一个图层，如图14-40所示。然后将图层填充为黑色，如图14-41所示，为最终效果图。

图14-40　新建图层

图14-41　最终效果

实例14-3　使用【钢笔工具】抠出人物

步骤01 打开一张图片素材，如图14-42所示，需要将图片中的人像抠出来。

图14-42　图片素材

步骤02 复制图层，然后选择【钢笔工具】，按照人物轮廓绘制选区，在头发丝的边际区域只需要选中大概范围，不要选中白色背景。可以使用缩放工具放大图片，进行细致的绘制，如图14-43、图14-44所示。

图14-43　头发清晰边缘绘制

图14-44　完成绘制

步骤03 完成绘制之后可以用【钢笔工具】进行细节调整，结果如图14-45所示。

图14-45　调整结果

步骤04 绘制完成后，按快捷键Ctrl+Enter将路径转换为选区，如图14-46所示。

图14-46　转换为选区

步骤05 执行【选择】→【选择并遮住】命令，界面变化之后，视图模式选择【黑底】，并将不透明度改为60%，如图14-47所示。

图14-47　单击【选择并遮住】后

步骤06 单击界面左侧的【调整边缘画笔工具】按钮，在左侧头发上按住鼠标左键涂抹，能够看到头发边缘的选区逐渐变得十分精确。继续利用

【调整边缘画笔工具】处理其他部分，效果如图14-48所示。

图14-48 处理头发

步骤07 单击界面右下角的【确定】按钮得到选区，如图14-49所示。对当前选区使用快捷键Ctrl+Shift+I，将选区反向选择，得到背景部分选区，如图14-50所示。

图14-49 得到选区

图14-50 得到背景部分选区

步骤08 将该背景图层修改为普通图层，按Delete键将背景部分删除，如图14-51所示，按快捷键Ctrl+D取消选区。

图14-51 将背景部分删除

步骤09 打开一个新的背景图片，如图14-52所示，将抠好的模特图拖到新的背景图片里面，结果如图14-53所示。

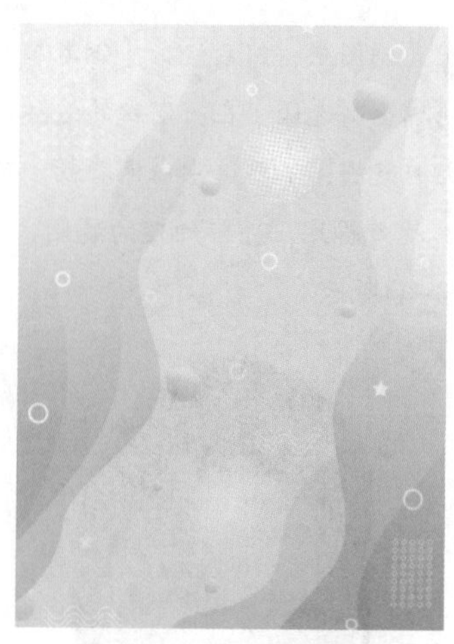

图14-52 新的背景图片

图14-53 最终效果

PSD

PS

第15章

形状工具

——变大变小都高清

本章主要对Photoshop形状工具组以及相关知识进行讲解。

15.1 矩形工具

使用矩形工具能够绘制出标准的长方形和正方形对象。单击工具箱中的【矩形工具】按钮，在画布中按住鼠标左键拖动，释放鼠标后即可完成一个矩形对象的绘制，如果想绘制出正方形，那么在绘制过程中按住Shift键即可（矩形工具的很多操作和选框工具相似），如图15-1所示为【矩形工具】选项栏。

图15-1 【矩形工具】选项栏

（1）绘制模式 形状：有3种绘制模式可选，分别是【形状】【路径】和【像素】，和钢笔工具一样。

（2）填充 填充：：单击弹出【填充】子窗口，可以设置形状的颜色。

（3）描边 描边：：单击弹出【描边】子窗口，可以设置形状的边框。另外，【描边】子窗口和【填充】子窗口是一样的。

（4）设置形状描边宽度 1像素：单击可以输入数值，或移动滑块，修改描边的宽度。

（5）描边选项：单击弹出【描边选项】子窗口，可以选择描边的虚实状态。

（6）设置形状宽高 W: 100 像 H: 200 像：可以输入数值，设置形状的宽度和高度。

（7）路径操作：可以对形状区域进行加减等运算。

（8）路径选项：单击弹出【路径选项】子窗口，具体选项如下。

● 不受约束：勾选该单选按钮，可绘制出任意大小的矩形。

● 方形：勾选该单选按钮，可绘制出任意大小的正方形。

● 固定大小：勾选该单选按钮后，可在其后面的数值输入框中输入宽度（W）和高度（H）数值，然后在画布上单击即可创建出矩形。

● 比例：勾选该单选按钮后，可在其后面的数值输入框中输入宽度（W）和高度（H）比例，此后创建的矩形始终保持这个比例。

● 从中心：通过任何方式创建矩形时，勾选该选项，鼠标单击点即为矩形的中心。

拓展知识

创建显示器上播放的图形的比例

目前液晶显示器常见的宽高比为16：9，根据人体工程学的研究，人的两只眼睛的视野范围是一个长宽比例为16：9的长方形，因此电视、显示器厂商会根据这个比例设计产品。

所以当我们要创建一个适合在这种显示器上播放的图形时，可以选择工具箱中的【矩形工具】，在选项栏中设置合适的填充与描边，单击按钮，在下拉面板中选中【比例】单选按钮，将W设置为16，H设置为9。接着按住鼠标左键拖动，就可绘制出宽高比为16：9的矩形。

15.2 圆角矩形工具

使用圆角矩形工具可以绘制出标准的圆角矩形对象和圆角正方形对象。

【圆角矩形工具】的使用方法与【矩形工具】一样，用鼠标右键单击【形状工具】按钮，选择【圆角矩形工具】，如图15-2所示。在选项栏中可以对【半径】半径：10 像素进行设置，数值越大，圆角越大。设置完成后在画布中按住鼠标左键拖动，拖动到理想大小后释放鼠标，完成绘制，如图15-3所示。图15-4所示为不同半径的对比效果。

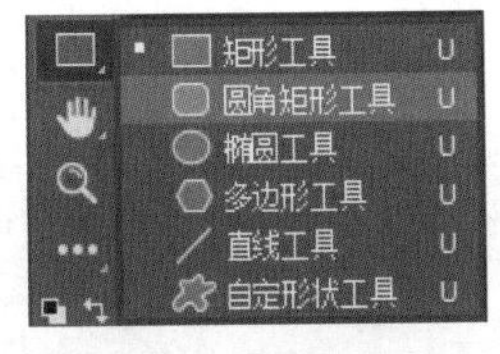

图15-2　形状工具组

图15-3　绘制圆角矩形

图15-4　不同半径的对比效果

在完成圆角矩形绘制后会弹出【属性】面板，在面板中能够对图像的大小、位置、填充以及描边等选项进行设置，还可设置半径数值，如图15-5所示。

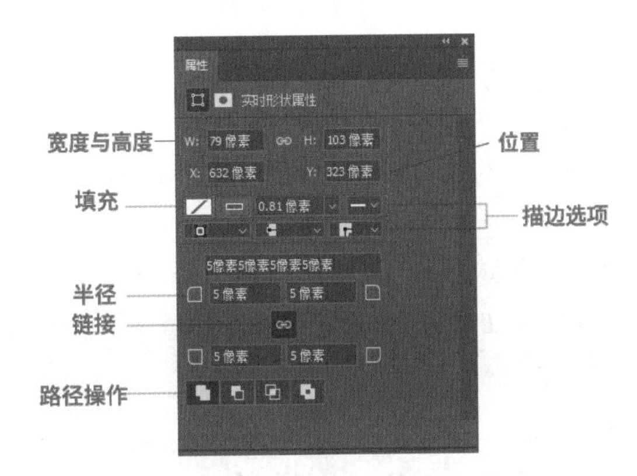

图15-5　【属性】面板

当圆角半径处于链接状态时，【链接】按钮为深灰色。此时在文本框内输入数值，按Enter键确定操作，4个角都将会随之改变，如图15-6所示。单击【链接】按钮取消链接状态，此时只能更改单个圆角的参数，如图15-7所示。

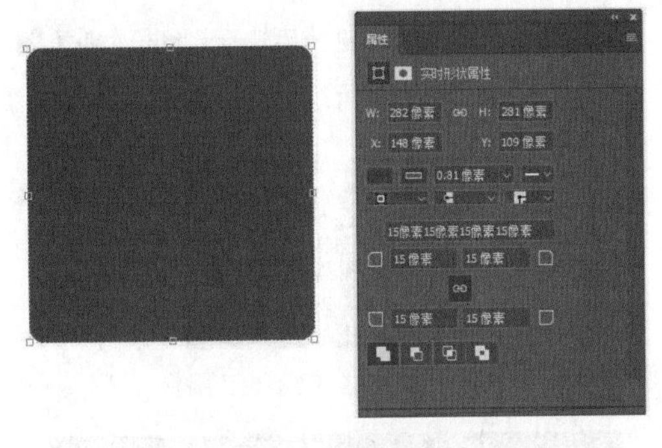

图15-6　链接状态

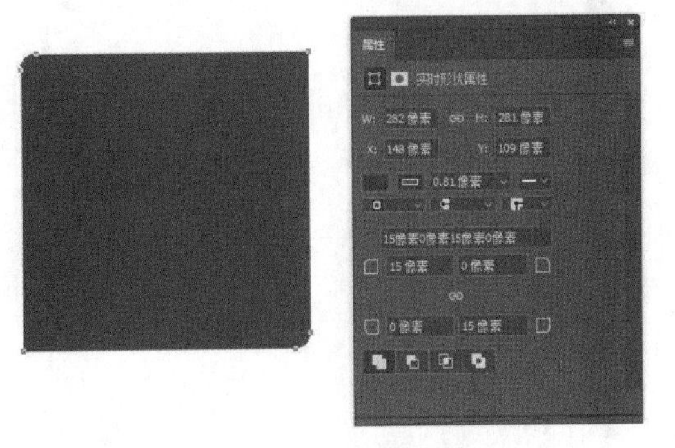

图15-7　取消链接状态

拓展知识

绘制圆角矩形的小技巧

（1）按住Shift键拖动鼠标，能够绘制出圆角正方形。

（2）按住Alt键拖动鼠标能够绘制出以鼠标落点为中心点向四周延伸的圆角矩形。

（3）同时按住Shift与Alt键拖动鼠标，能够绘制出以鼠标落点为中心的圆角正方形。

15.3 椭圆工具

使用椭圆工具可绘制出椭圆形和正圆形。虽然圆形在生活中比较常见，但在设计中只要赋予其创意，就能产生截然不同的感觉。用鼠标右键单击【形状工具】按钮打开工具列表，再单击【椭圆工具】，如图15-8所示。如果要创建椭圆，可以在画布中按住鼠标左键并拖动，释放鼠标即可创建出椭圆形，如图15-9所示。若要画出正圆形，可按住Shift键或者快捷键Shift+Alt（以鼠标单击点为中心）进行绘制，如图15-10所示。

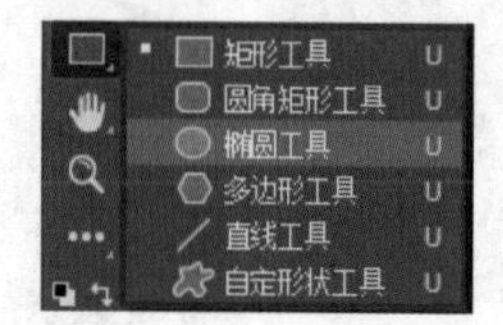

图15-8 单击【椭圆工具】

图15-9 画出椭圆

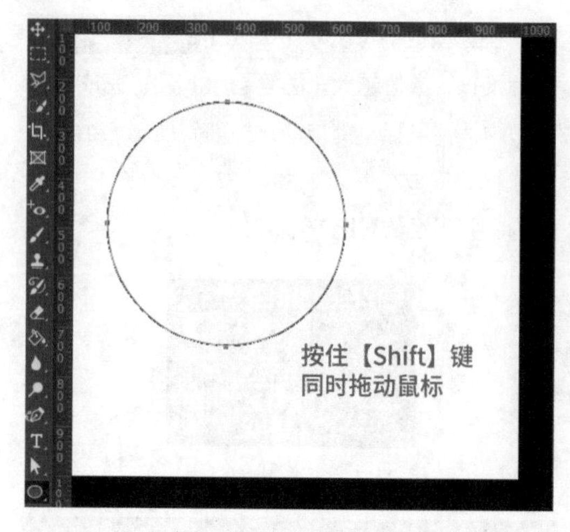

图15-10 画出正圆形

15.4 多边形工具

多边形工具能够创建出不同边数的多边形（最少为3条）以及星形。很多设计类型会用到多边形，如标志设计、海报设计等。用鼠标右键单击【形状工具】按钮打开工具列表，选择【多边形工具】，如图15-11所示。在选项栏中可以设置【边】数，还可以在多边形工具【路径选项】子窗口中设置【半径】【平滑拐角】【星形】等选项，如图15-12所示。设置完毕后在画布中按住鼠标左键拖动，释放鼠标完成绘制操作，如图15-13所示。

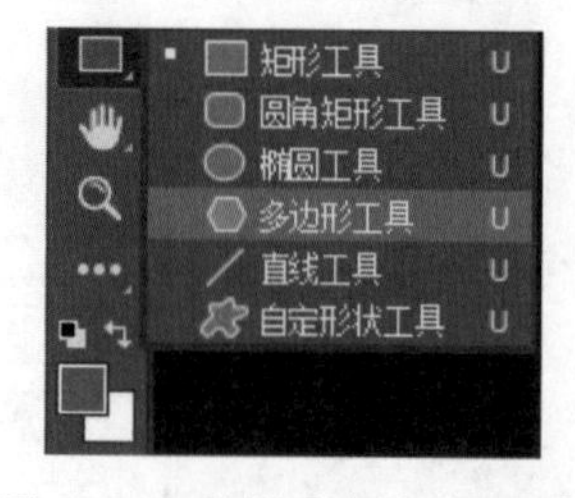

图15-11 选择【多边形工具】

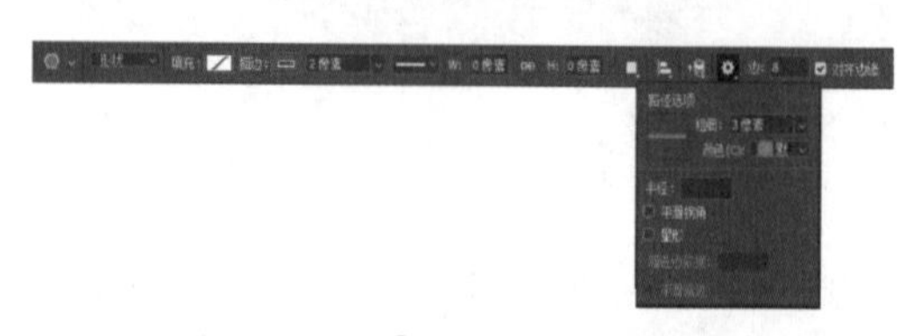

图15-12 【多边形工具】选项

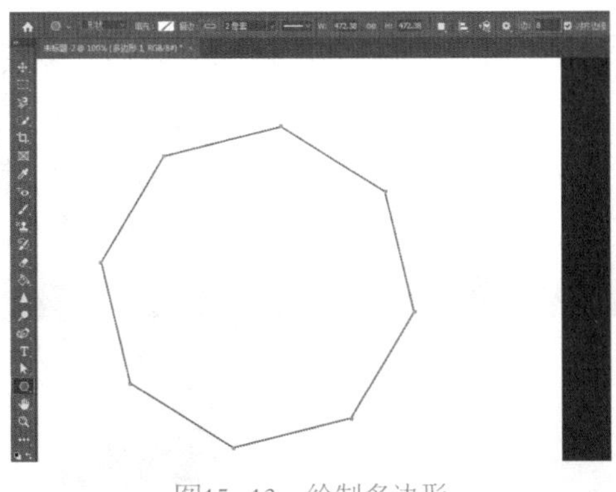

图15-13　绘制多边形

（1）边：设置多边形的边数。设置为3时，可绘制出正三角形；设置为5时，可绘制出正五边形。

（2）半径：设置多边形或星形的半径长度，设置好半径之后，在画布中按住鼠标左键并拖动即可创建出相应半径的多边形或者星形。如图15-14所示。

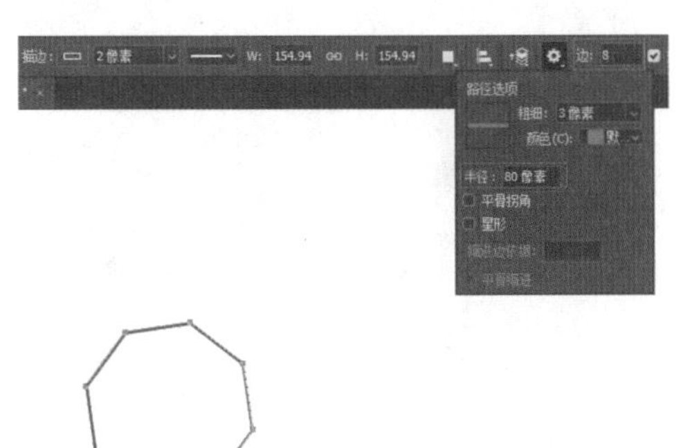

图15-14　绘制半径为80的八边形

（3）平滑拐角：勾选之后，可创建出具有平滑拐角效果的多边形或者星形，如图15-15和图15-16所示。

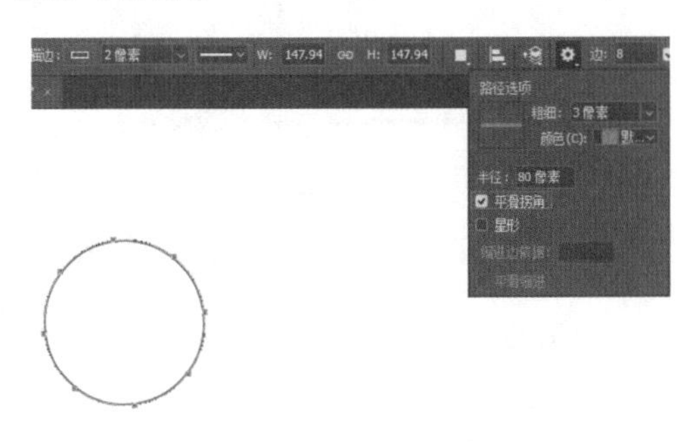

图15-15　【平滑拐角】效果

图15-16　勾选【平滑拐角】与【星形】效果

（4）星形：勾选之后，能够创建星形。下面的【缩进边依据】选项主要用来设置星形边缘向中心缩进的百分比，数值越高，缩进量越大，如图15-17和图15-18所示分别是40%和60%的缩进效果。

图15-17　40%的缩进效果

图15-18　60%的缩进效果

（5）平滑缩进：勾选后，能够使星形的每条边向中心平滑缩进，如图15-19所示为勾选【平滑缩进】复选框的效果。

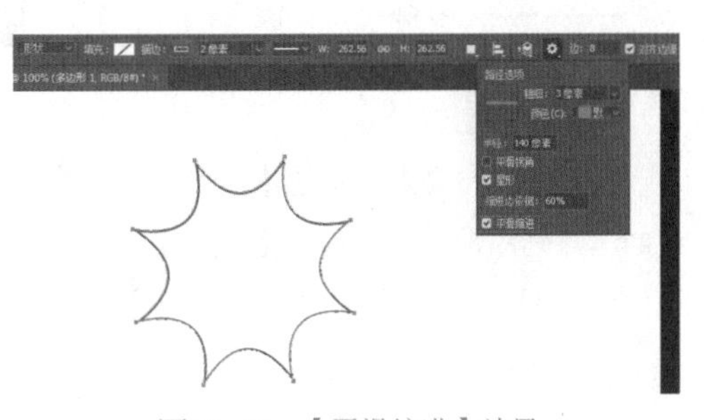

图15-19　【平滑缩进】效果

15.5 直线工具

直线工具用来绘制直线及带有箭头的形状。用鼠标右键单击【形状工具】按钮，在其中选择【直线工具】，首先在选项栏中设置合适的填充、描边。调整【粗细】数值设置合适的直线的宽度，接着按住鼠标左键拖动进行绘制，如图15-20所示。使用【直线工具】还能够绘制箭头。单击按钮，在下拉面板中可以设置箭头的起点、终点、宽度、长度以及凹度等参数。设置完成后按住鼠标左键拖动即可绘制箭头形状，如图15-21所示。

图15-20 画直线

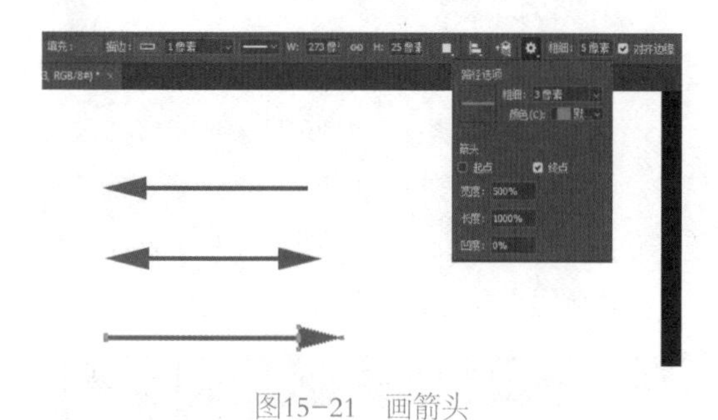

图15-21 画箭头

（1）起点/终点：勾选【起点】，可在直线的起点处添加箭头；勾选【终点】，可在直线的终点处添加箭头；勾选【起点】和【终点】，则可以在两端都添加箭头，如图15-22所示。

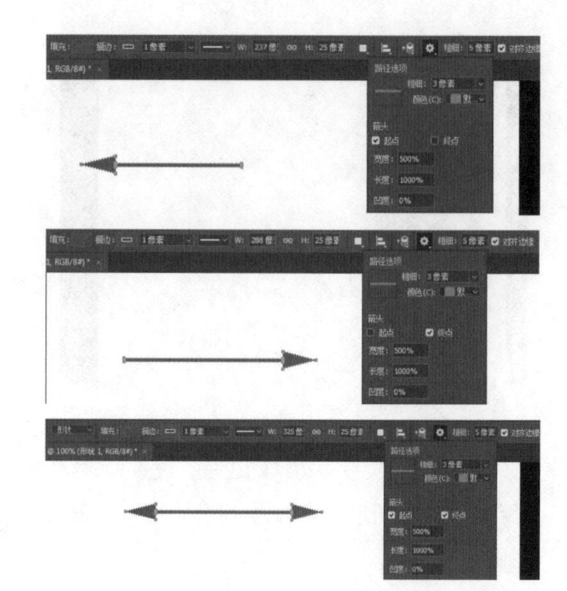

图15-22 【起点】和【终点】的勾选效果

（2）宽度：设置箭头宽度与直线宽度的百分比。如图15-23所示分别为宽度为500%和800%的对比效果。

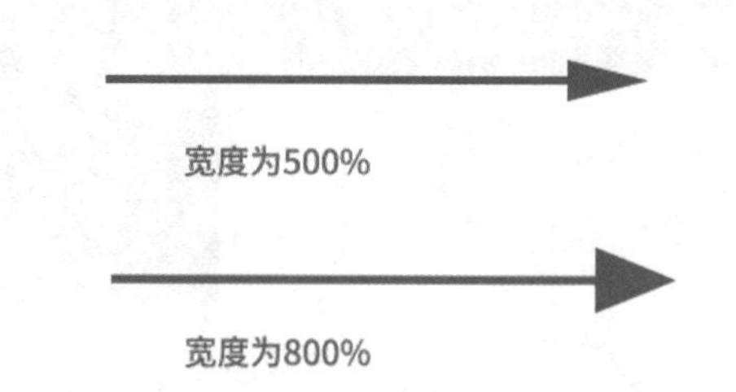

图15-23 宽度为500%和800%的对比效果

（3）长度：设置箭头长度与直线宽度的百分比。如图15-24所示分别为长度为1000%和2000%的对比效果。

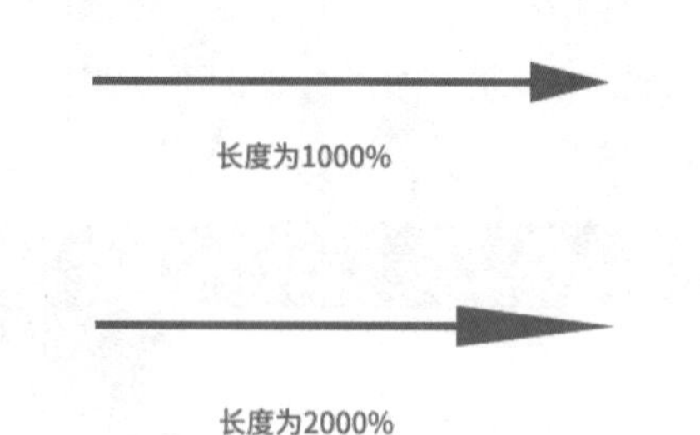

图15-24 长度为1000%和2000%的对比效果

（4）凹度：设置箭头的凹陷程度，范围为-50%～50%。当值是0%时，箭头尾部平齐；当值大于0%时，箭头尾部向内凹陷；当值小于

0%时，箭头尾部向外凸出，如图15-25所示。

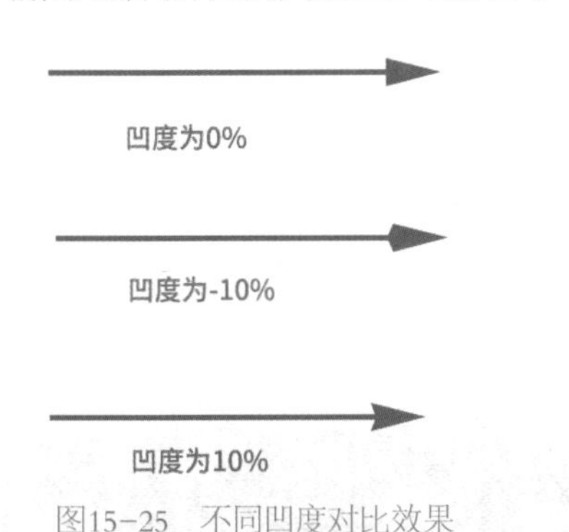

图15-25　不同凹度对比效果

15.6 自定义形状工具

使用自定义形状工具或形状面板能够创建出非常多的形状。

（1）单击工具箱中的【自定形状工具】，如图15-26所示。在选项栏中设置【绘制模式】为【形状】，设置合适的填充颜色，然后单击【形状】按钮，在其中可以看到多个形状组，每个组中又包含多个形状。展开一个形状组，单击选择一个图案，如图15-27所示。接着在画布中按住鼠标左键拖动即可绘制出形状，如图15-28所示。

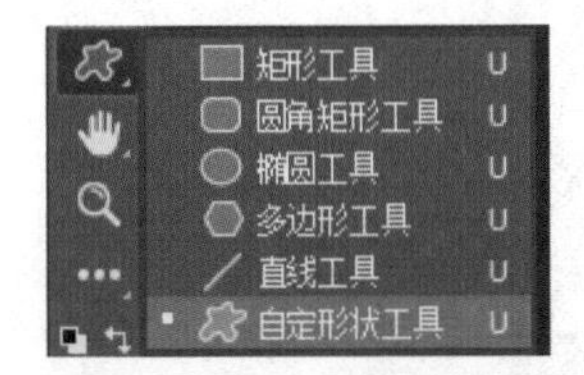

图15-26　选择【自定形状工具】

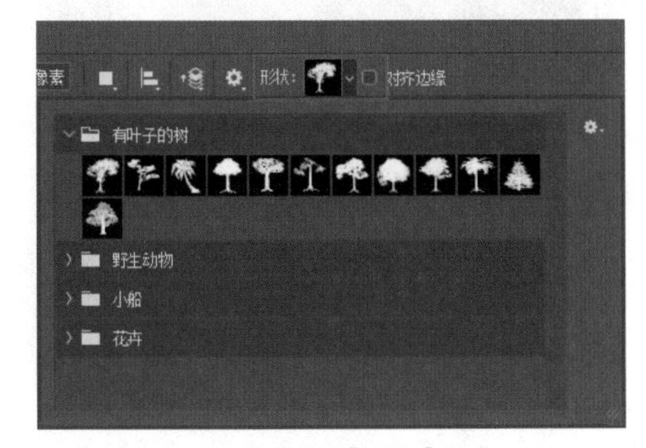

图15-27　选择【形状】图案

图15-28　【自定形状工具】绘制的图形

（2）执行【窗口】→【形状】命令，打开【形状】面板，如图15-29所示。在【形状】面板中也能够看到很多形状。选一个形状，然后按住鼠标左键向画布中拖动，如图15-30所示，释放鼠标后形状就会出现在画布中，拖动控制点能调整形状大小。变换完成后按下键盘上的Enter键确定变换操作。

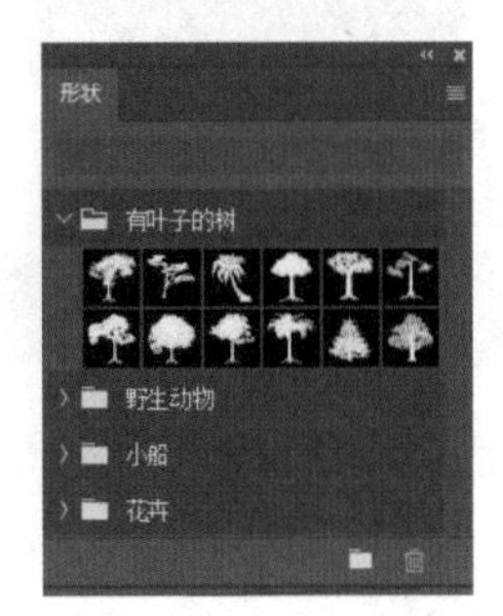

图15-29　【形状】面板

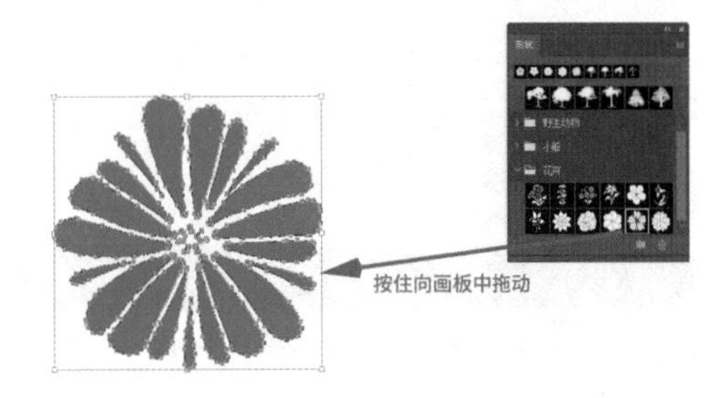

图15-30　画出自定义形状

（3）除以上这些形状外，还可调用旧版形状。单击【形状】面板上的【面板菜单】按钮，执行【旧版形状及其他】命令，如图15-31所示。然后【旧版形状及其他】形状组就会出现在列表的底部，展开之后可以看到其中有多种形状，如图15-32所示。

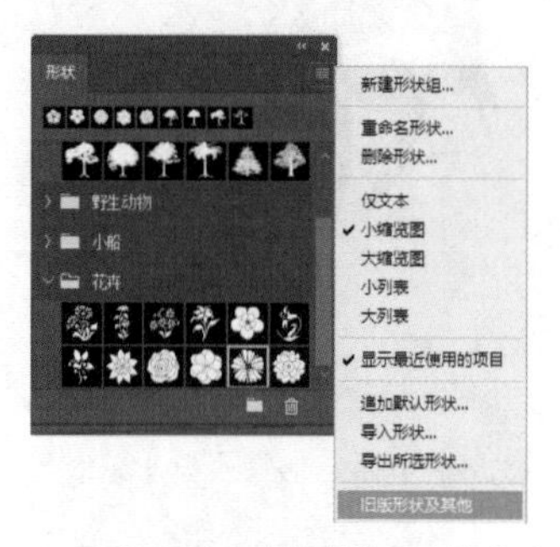

图15-31　执行【旧版形状及其他】命令

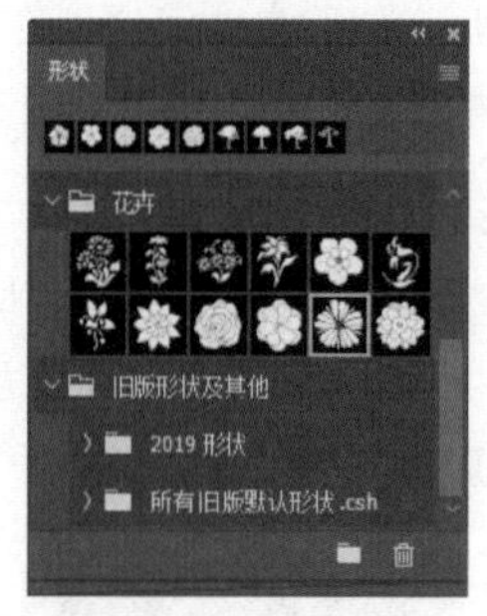

图15-32　【旧版形状及其他】形状组

15.7 修改形状颜色

已经绘制好的形状颜色可以使用两种方法修改。一是选择任意形状创建工具，在其选项栏中对选定形状的【填充】颜色与【描边】颜色进行修改，如图15-33所示。二是在【图层】面板中双击相应形状图层的缩览图，如图15-34所示，在弹出的【拾色器（纯色）】对话框或【渐变填充】对话框中修改其颜色。

图15-33　【形状工具】选项栏

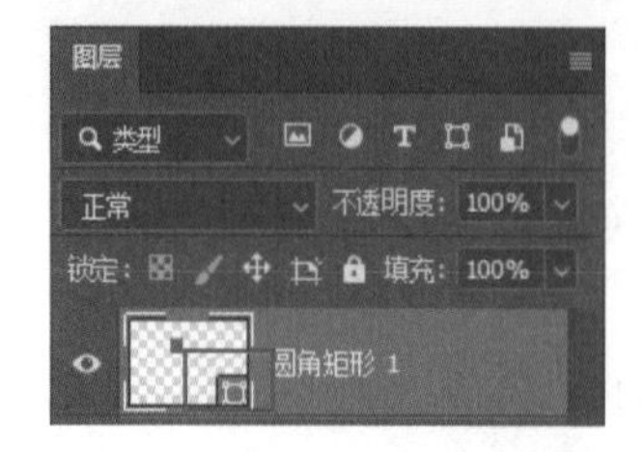

图15-34　双击形状图层缩览图

15.8 应用实例——剪纸风格小海报

步骤01 新建一个文档，设置宽度为750像素、高度为1119像素、分辨率为72像素/英寸，背景设为白色，如图15-35。

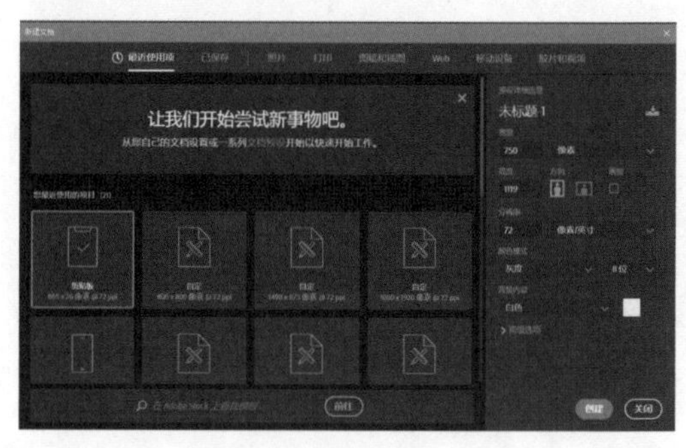

图15-35　新建一个文档

步骤02 用【矩形工具】绘制矩形，覆盖整个画布，将颜色选为淡青色。如图15-36所示。

图15-36　绘制矩形

步骤03 执行【窗口】→【形状】命令，在【形状】面板中选择【旧版默认形状】中的【心形】（【旧版形状及其他】形状组如何添加至面板中的讲解见15.6），如图15-37所示。直接拖拽至画布中，然后调至合适位置及大小，如图15-38所示。

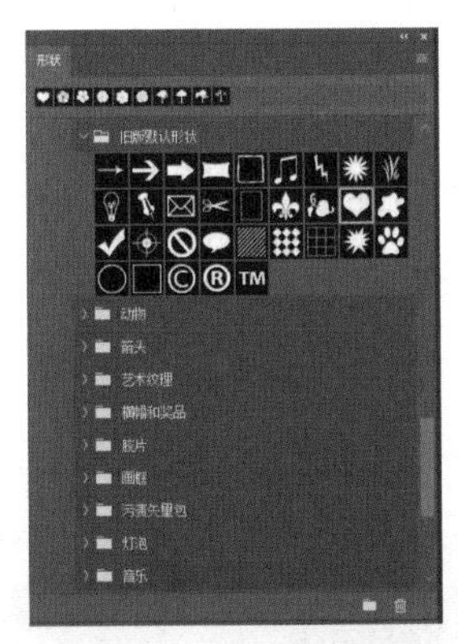
图15-37　选择【心形】

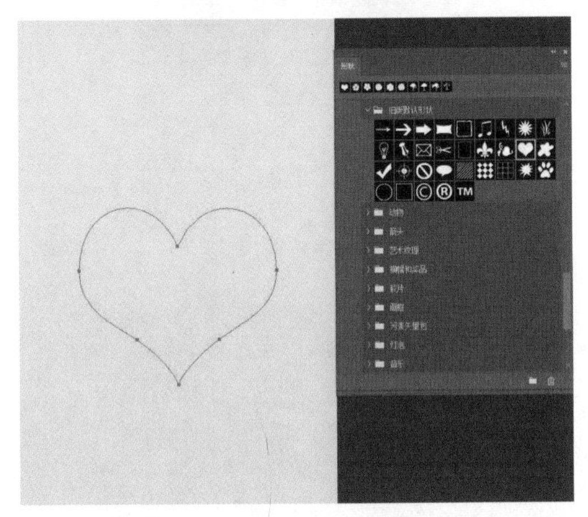
图15-38　调至合适位置及大小

步骤04　修改心形的颜色，将【填充】设为粉色，【描边】调为斜杠（表示无描边），如图15-39所示。如果对心形的形状不太满意，可以使用【直接选择工具】对其进行相应的调整，如图15-40所示。

图15-39　修改心形的颜色

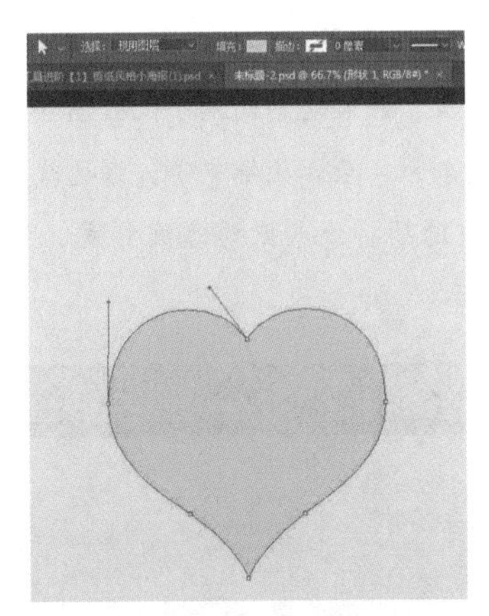
图15-40　用【直接选择工具】调整

步骤05　按快捷键Ctrl+J复制图层，并将上面的图层等比缩小，将【填充】设为白色，调整效果如图15-41所示。接着将两个心形移动并复制到上方，等比缩小，如图15-42所示。

图15-41　等比缩放

图15-42　移动并复制到上方

步骤06 在下面一组心形下方，复制一个心形，并将其放大，放在之前的两个红心图层的下方，填充调为斜杠（表示无填充），描边改为粉色，单击描边选项将线条改为虚线样式，效果如图15-43所示。

图15-43　虚线心形

步骤07 选择【矩形工具】，绘制一个能够将所有心形图案框住的白色矩形框。如图15-44所示。

图15-44　绘制矩形框

步骤08 选择【直线工具】，在图像的下方再画一条粉色的线，如图15-45所示。小海报的最终效果如图15-46所示。

图15-45　画线

图15-46　最终效果

PSD PS

第16章

文字工具

——字里行间都是爱

文字工具在Photoshop中被使用得非常频繁，既有信息传递的功能，又可以作为图形设计的一部分，是非常重要的设计元素。本章主要对Photoshop文字工具组以及相关知识进行讲解。

16.1 输入文字

单击工具箱中的【横排文字工具】按钮 或者按快捷键T，再使用鼠标右键单击该按钮，就可展开文字工具组，该组包括4种工具，如图16-1所示。

图16-1　文字工具组

16.1.1　横排文字工具

选择工具箱中的【横排文字工具】按钮，在画布中单击插入输入点，然后输入相应字符。输入完成后单击选项栏中的 按钮，提交文字，如图16-2所示。

图16-2　输入横排文字

拓展知识

为什么编辑文本之后无法执行其他操作?

当文字处于编辑状态时，可以输入并编辑文本。但是要执行其他操作，须先提交当前文字。

16.1.2　直排文字工具

如果要输入直排文字，选择工具箱中的【直排文字工具】，然后在文档中单击，设置插入点，并输入文字，然后单击选项栏上的 按钮，即可提交文字，如图16-3所示。

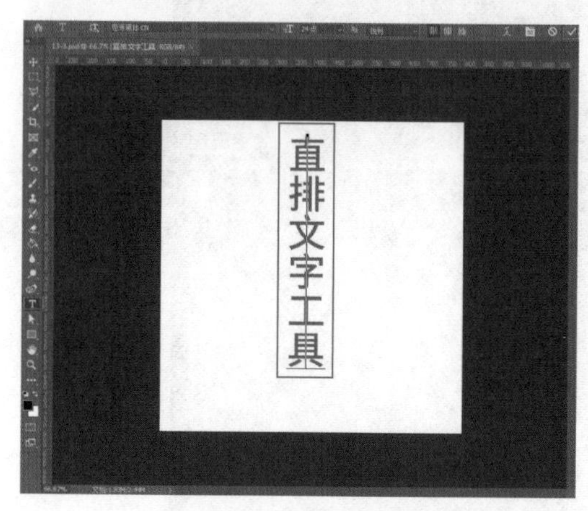

图16-3　输入竖排文字

16.1.3　横排文字蒙版工具

选择工具箱中的【横排文字蒙版工具】，在其选项栏中设置字体、字号、对齐方式等，然后在画面中单击，画面被半透明的蒙版所覆盖，如图16-4所示。输入文字，如图16-5所示。

图16-4　画面被半透明的蒙版所覆盖

图16-5　输入文字

文字输入完成后，在选项栏中单击【提交所有当前编辑】按钮 ，文字将以选区的形式出现，如图16–6所示。

图16–6　提交所有当前编辑

在文字选区中，可进行填充（前景色、背景色、渐变色、图案等），如图16–7所示。

图16–7　填充颜色

在使用文字蒙版工具输入文字时，将光标移动到文字以外区域，光标会变为移动状态，按住鼠标左键拖动，可以移动文字蒙版的位置，如图16–8所示。

图16–8　移动文字蒙版的位置

16.1.4　直排文字蒙版工具

【文字工具】中还有【直排文字蒙版工具】，创建选区的方法与使用【横排文字蒙版工具】基本相同，这两种工具的区别在于创建出的文字方向不同，如图16–9所示。这里不再赘述。

图16–9　【直排文字蒙版工具】与【横排文字蒙版工具】的区别

16.2　文字工具选项栏

选择一种文字工具后，选项栏上会出现文字工具的相关参数设置，如字体、大小、文字颜色等选项，如图16–10所示为【横排文字工具】选项栏。

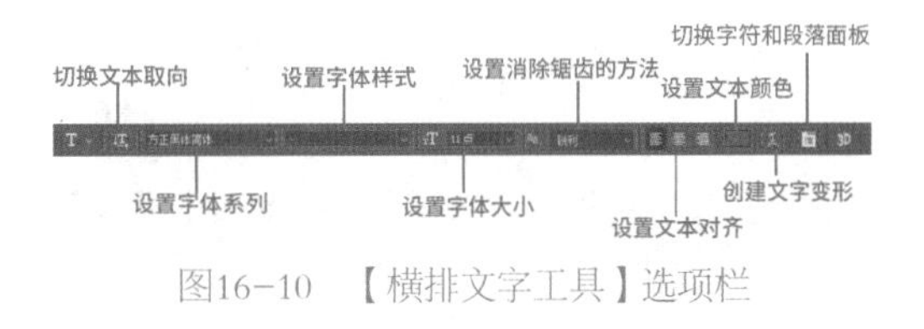

图16–10　【横排文字工具】选项栏

（1）【切换文本取向】按钮 ：单击可切换文本的输入方向。

（2）设置字体系列：设置文本的字体。在该选项下拉列表中可以选择安装在计算机上的字体。

（3）设置字体样式：设置字符样式。下拉列表中的选项会随着所选字体的不同而变化，通常包括【Regular（常规）】【Italic（斜体）】【Bold（粗体）】【Bold Italic（粗斜体）】等。

（4）设置字体大小：设置字号的大小。

（5）设置消除锯齿的方法：为文字消除锯齿选择一种方法。其下拉列表如图16-11所示。

图16-11 【设置消除锯齿的方法】下拉列表

（6）设置文本对齐：设置文本的对齐方式，包括【左对齐文本】、【居中对齐文本】和【右对齐文本】。

（7）设置文本颜色：设置文字的颜色。

（8）【创建文字变形】按钮：单击此按钮，可在弹出的【变形文字】对话框中为文本添加变形样式，创建变形文字。如图16-12所示。

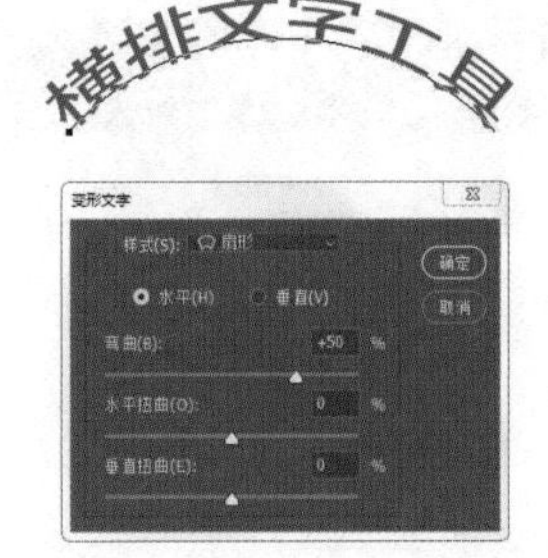

图16-12 【变形文字】对话框

（9）【切换字符和段落面板】按钮：单击此按钮，可显示或隐藏【字符】和【段落】面板。

16.3 创建路径文字

所谓"路径文字"，指的是使用【横排文字工具】或【直排文字工具】创建出的一种依附于"路径"的文字类型，它随着路径的形态进行排列。

1 创建沿路径排列的文字

新建一个白色画板，选择【钢笔工具】，在工具选项栏中选择【路径】，然后绘制路径，如图16-13所示。选择【横排文字工具】，把光标移至创建的路径上，单击后出现输入点。输入文字，文字会自动沿着路径排列，如图16-14所示。

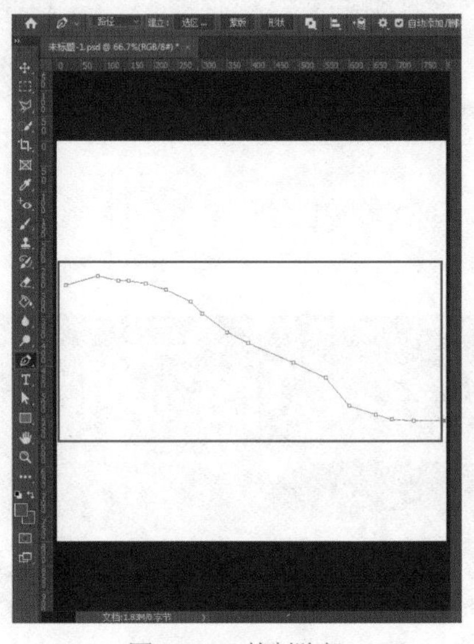

图16-13 绘制路径

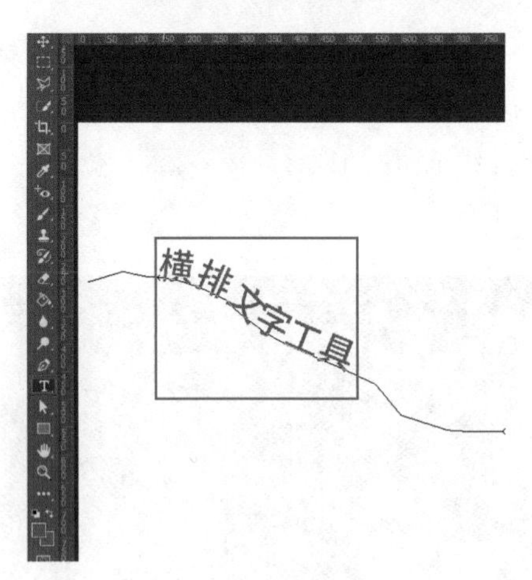

图16-14 输入文字

提交文字后，单击【路径】面板空白处，就可将路径隐藏，如图16-15所示。

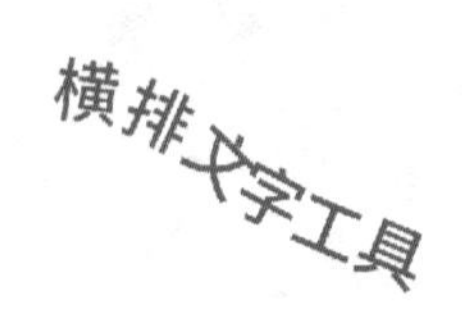

图16-15 隐藏路径

② 移动与翻转路径文字

路径文字的修改和编辑会有什么特殊性呢？由于路径文字的排列方式受路径的形状控制，所以移动或编辑路径就会影响文字的排列。

在【图层】面板中选择文字图层，图像上就会显示其路径，如图16-16所示。

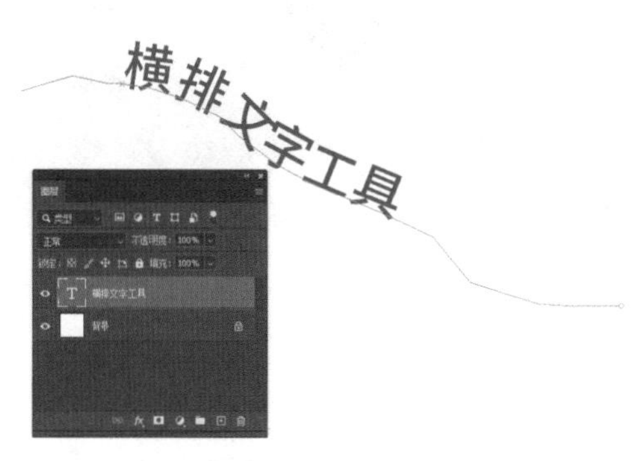

图16-16　显示路径

选择工具箱中的【直接选择工具】或【路径选择工具】，将鼠标移至文字上，当光标变为时，单击并沿着路径拖动就可移动文字，如图16-17所示。单击并向路径的另一侧拖动文字，可将文字翻转，如图16-18所示。

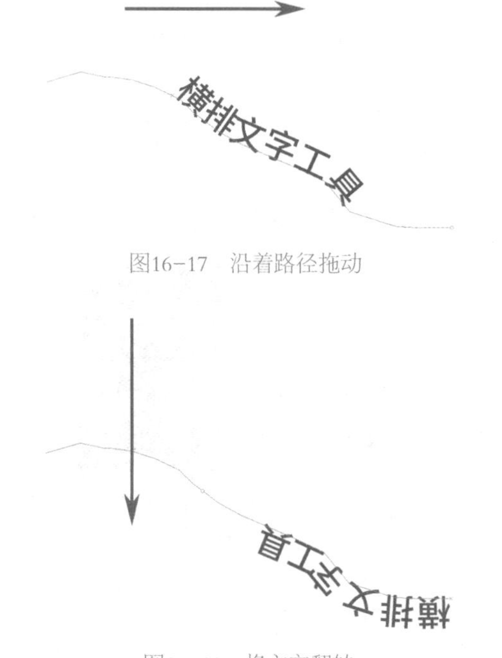

图16-17　沿着路径拖动

图16-18　将文字翻转

③ 编辑文字路径

创建路径文字之后，还可以通过直接修改路径来影响文字的排列。使用【直接选择工具】单击路径，就可显示锚点、移动锚点或者调整路径的形状，文字就会沿着修改后的路径排列，如图16-19所示。

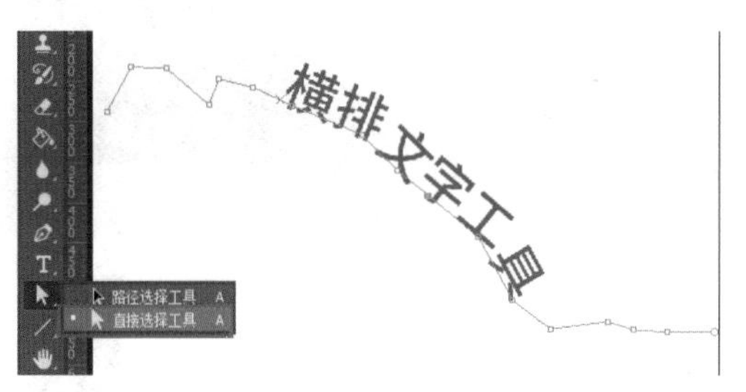

图16-19　修改文字路径

实例16-1 制作印章——“单身狗爱心保护协会”印章

步骤01 新建一个白色背景的文档，使用【椭圆工具】，按Shift键在画面正中画一个圆形，然后修改其颜色，如图16-20所示。

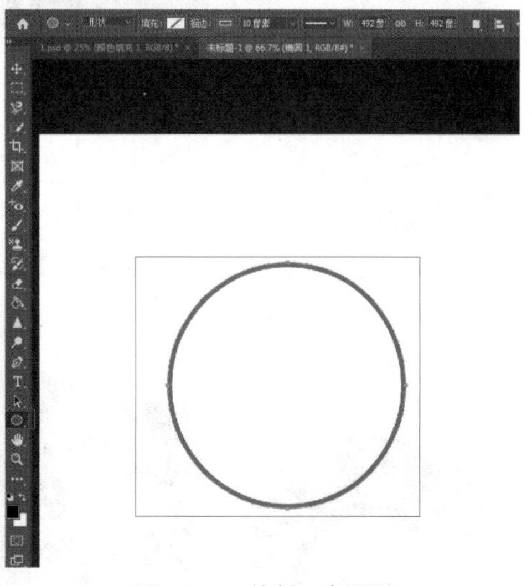

图16-20　绘制一个圆形

步骤02 按Ctrl+J键复制图层，再按Ctrl+T键，然后按住Alt键不松手，拖动鼠标，将上面一层的圆形等比缩小，并使小圆在大圆的正中，如图16-21、图16-22所示。

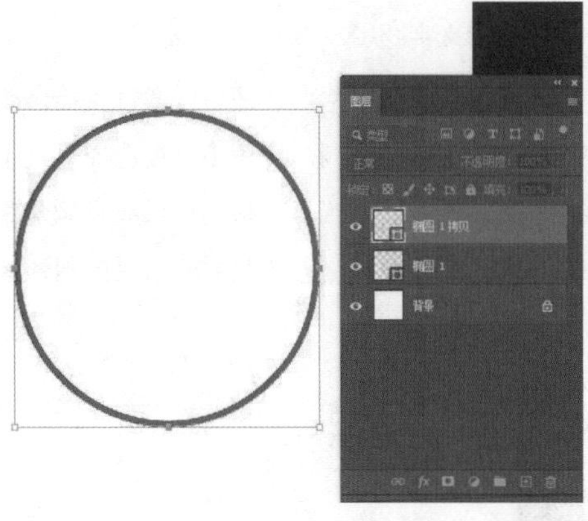

图16-21　复制图层

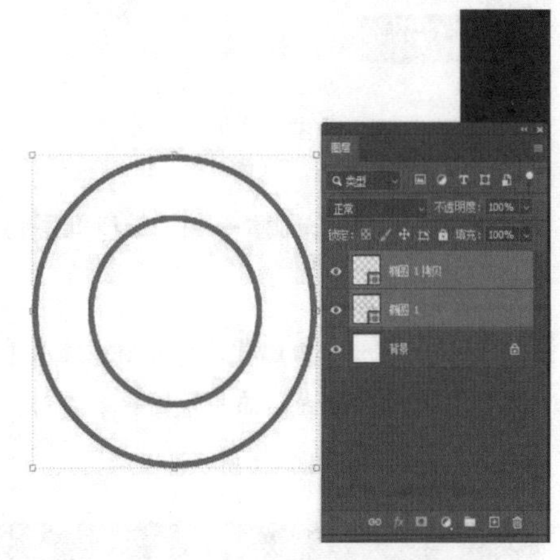

图16-22　变换图形

步骤03 选中小圆图层，选择【横排文字工具】，然后将光标移至小圆上，当其变为有弧线的光标时单击，会自动出现文字，如图16-23所示，然后输入文字“单身狗爱心保护协会”。调整文字大小及字体等，如图16-24所示。

图16-23　选择文字工具单击小圆

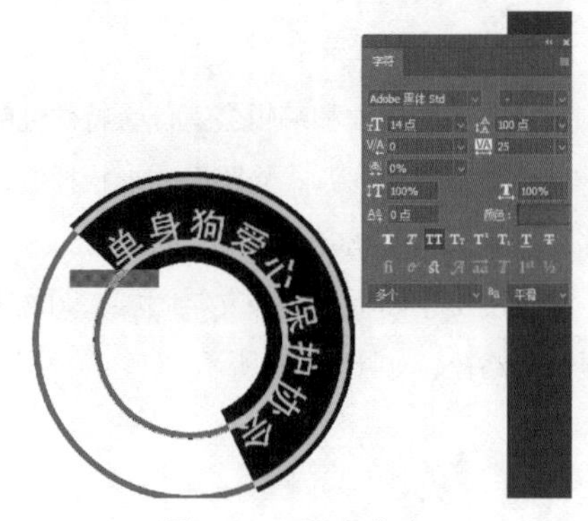

图16-24　输入文字

步骤04 隐藏小圆，按Ctrl+T键，调整文字路径，如图16-25所示。继续调整，如图16-26所示。另外也可以调整字距，如图16-27所示。调整之后按Ctrl+Enter。

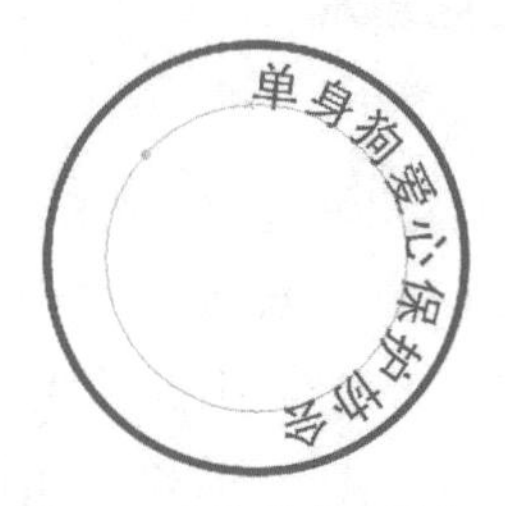

图16-25　调整文字路径

图16-26　继续调整

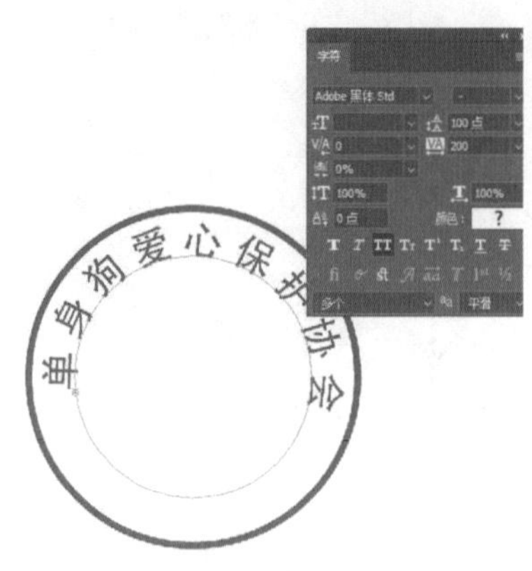

图16-27　调整字距

步骤05 选择【多边形工具】，在选项栏中设置【边】为5，选择【星形】，然后在圆的中心画一个红色五角星，如果位置、大小不对可以调整，如图16–28所示。

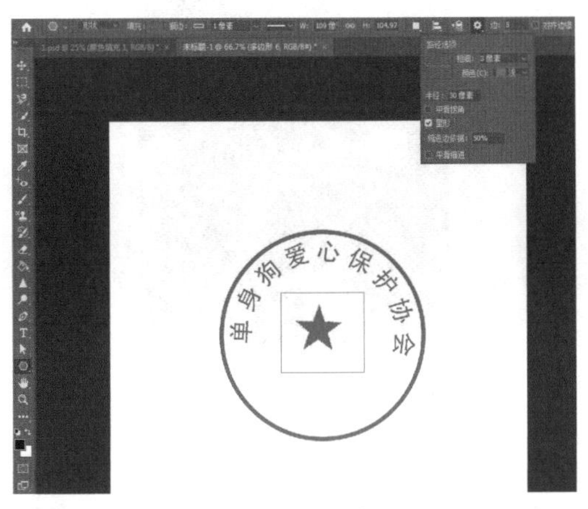

图16–28　画五角星

步骤06 隐藏背景图层，然后选中文字图层、多边形图层和大的圆形图层，按Ctrl+E合并图层，如图16–29所示。

图16–29　合并图层

步骤07 执行【窗口】→【通道】命令，打开【通道】面板，在通道工具中新建通道，如图16–30所示。在图层【多边形6】上按Ctrl+左键选中选区，然后在通道工具上将选区填充为白色，如图16–31所示。

图16–30　新建通道

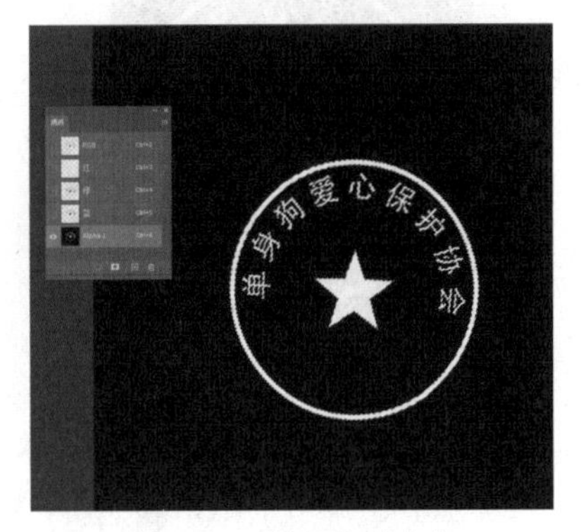

图16–31　选区变成白色

步骤08 执行【滤镜】→【像素化】→【铜版雕刻】命令，选择【中长描边】，让印章条纹化，如图16–32所示。

图16–32　【铜版雕刻】对话框

步骤09 打开【画笔工具】，选择25号画笔，大小设置为70像素，在【形状动态】里设置一些大小抖动和角度抖动。颜色选黑色，随机在印章图层上单击添加半透明纹理样式，如图16-33所示。

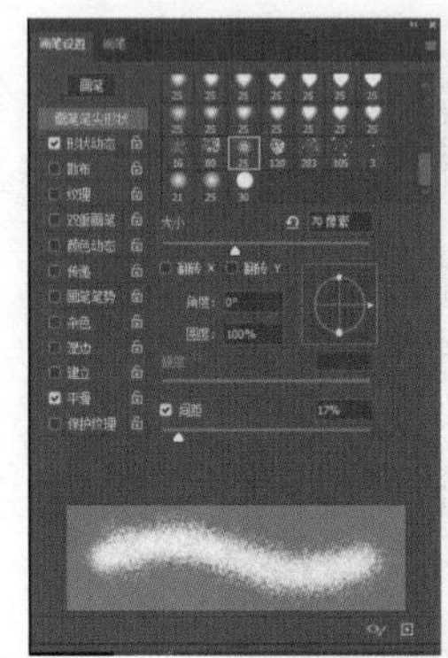
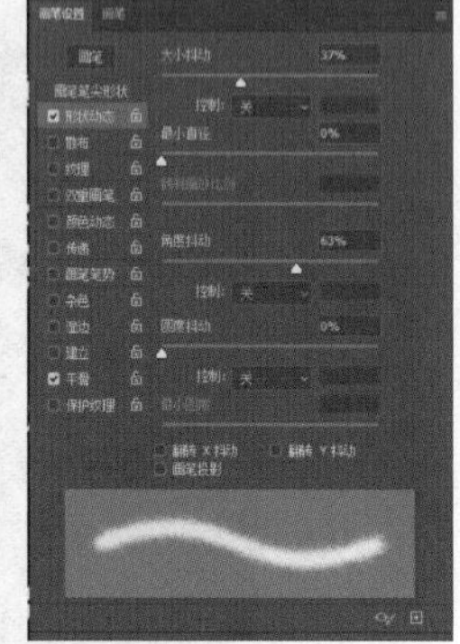

图16-33 添加半透明纹理样式

步骤10 在【多边形6】图层上按Ctrl+左键选中选区，在通道面板上第一个RGB 前面点显示，然后隐藏刚才新建的Alpha1，如图16-34所示，不然画面是红色的。隐藏图层【多边形6】，如图16-35所示。

图16-34 隐藏新建的Alpha1

图16-35 隐藏【多边形6】图层

然后新建图层，在通道面板上的Alpha1通道上按Ctrl+左键选中带半透明纹理的选区，然后将前景色设置为红色，按快捷键Alt+Delete填充前景色，最后显示背景白色图层，如图16-36所示，印章就做好了。

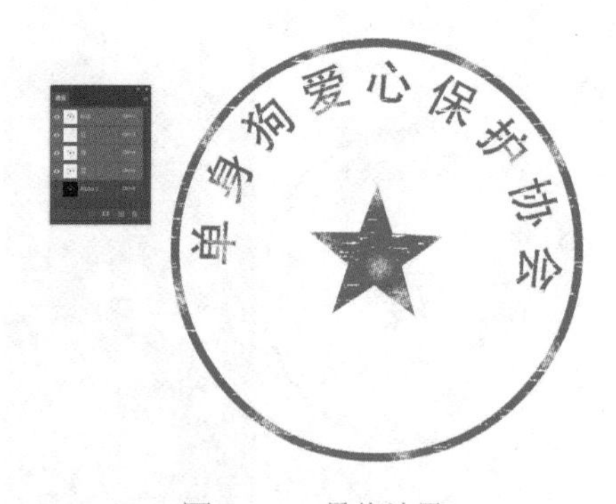

图16-36 最终效果

16.4 文字属性面板

在文字属性设置方面，利用【文字工具】选项栏是最方便的方式，但是在选项栏中仅能对一些常用的属性进行设置，而对于间距、样式、缩进等选项的设置则需要使用【字符】面板和【段落】面板。如图16-37所示，执行【文字】→【面板】→【字符面板】或【段落面板】，即可将【字符】面板或【段落】面板打开。

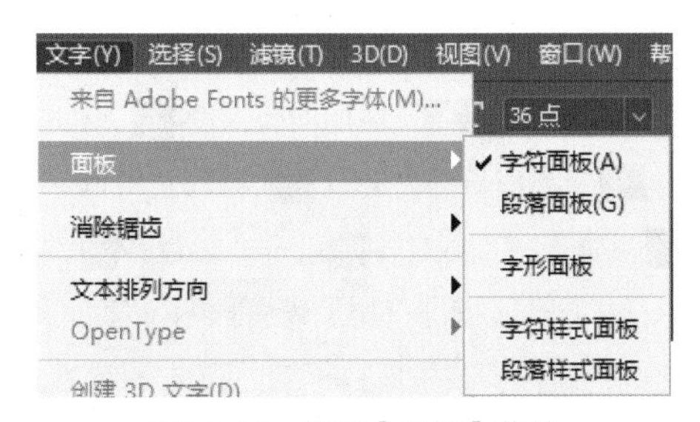

图16-37　打开【面板】菜单

16.4.1　字符面板

执行【窗口】→【字符】命令，可以打开【字符】面板，该面板提供了比选项栏更多的选项，能够修改字符属性，如改变字体、字符大小、字距、颜色和行距等，如图16-38所示。单击面板右上角的按钮，弹出扩展菜单，如图16-39所示。

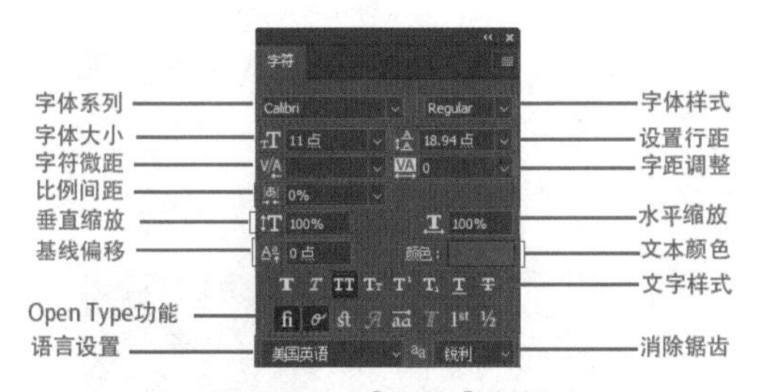

图16-38　【字符】面板

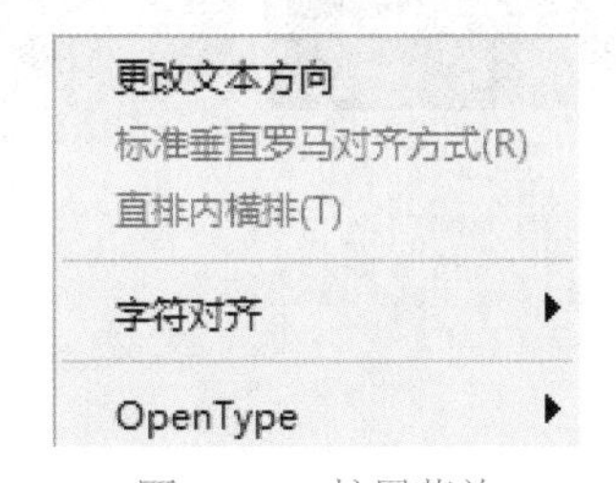

图16-39　扩展菜单

（1）设置行距：用于设置所选字符串之间的行距。数值越大，字符行距越大，如图16-40所示为不同行距的效果。

（2）字符微距：用于设置两个字符之间的字距微调。在下拉列表中可选择预设的字距微调值。

（3）字距调整：用于设置所选字符的间距，正值是变大，负值为变小。

LOREM IPSUM DOLOR SIT AMET, CONSECTETUR ADIPI-SCING ELIT, SED DO EIUS-MOD TEMPOR INCIDIDUNT UT LABORE ET DOLORE MAGNA ALIQUA. QUIS IPSUM SUSPENDISSE ULTRICES GRAVIDA. RISUS COMMODO VIVERRA MAECENAS AC-CUMSAN LACUS VEL FACILI-SIS.

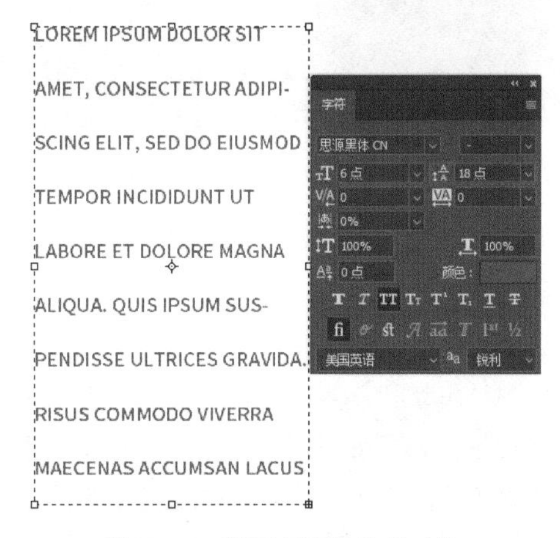

图16-40　不同行距的效果对比

（4）比例间距：用于设置字符间的比例间距。

（5）垂直缩放/水平缩放：用于对所选字符进行水平或者垂直缩放。

（6）基线偏移：用于使字符根据设置的参数上下移动位置。可在该文本框中输入数值，正值使文字向上移，负值则使文字向下移。

（7）文本样式：用于对文本设置装饰效果，共包括8个按钮，分别是仿粗体、仿斜体、全部大写字母、小型大写字母、上标、下标、下划线和删除线。

（8）Open Type功能：用于设置文字的各种特殊效果，共包括8个按钮，分别是标准连字、上下文替代字、自由连字、花饰字、文体替代字、标题替代字、序数和分数字。主要是针对英文起作用。

（9）语言设置：用于对所选字符进行有关连字符及拼写规则的语言设置。

拓展知识

怎么复位【字符】面板中的参数设置？

单击【字符】面板右上角的按钮▤，在弹出的扩展菜单中选择【复位字符】命令，可以将面板中的设置恢复至原始的设置状态，在画布中的文本也将恢复到原始的输入状态。

16.4.2 段落面板

段落指的是在输入文本时，末尾带有回车符的任何范围的文字。对于点文字来说，也许一行就是一个单独的段落；而对于段落文字来说，一段可能有多行。

执行【窗口】→【段落】命令，可打开【段落】面板，如图16-41所示。通过【段落】面板可以设置【段落对齐】【段落间距】等选项。总之，段落格式的设置主要通过【段落】面板来实现。单击面板右上角的▤按钮，弹出【段落】面板扩展菜单，如图16-42所示。

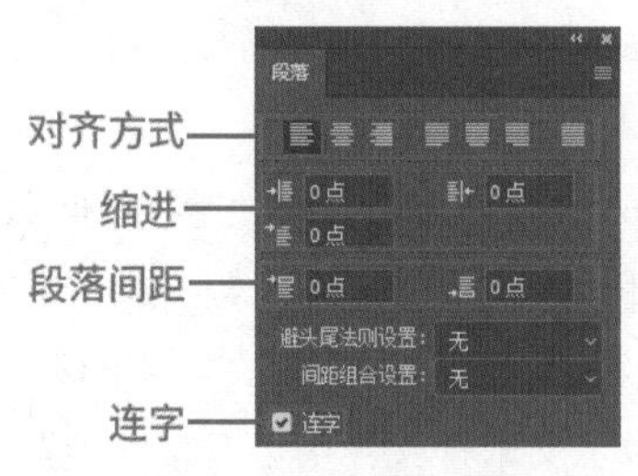

图16-41 【段落】面板

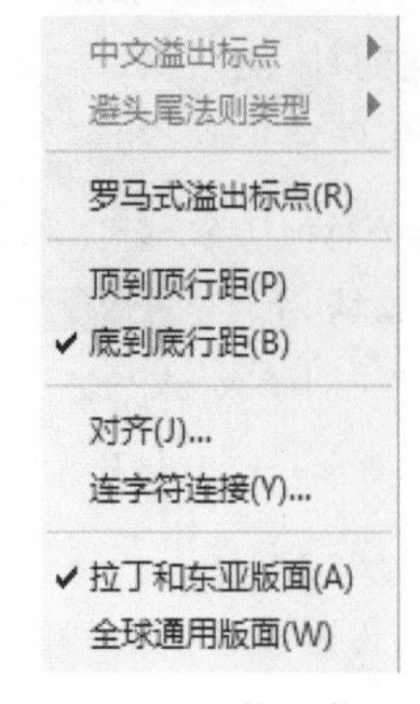

图16-42 扩展菜单

（1）对齐方式：用于设置段落的对齐方式，包括左对齐文本▤、居中对齐文本▤、右对齐文本▤、最后一行左对齐▤、最后一行居中对齐▤、最后一行右对齐▤以及全部对齐▤。

（2）段落缩进：用于设置段落文字和文本框之间的距离，或段落首行缩进的文字距离。进行段落缩进处理时，只会影响选中的段落区域。

- 左缩进▤：用于设置段落文字的左缩进。横排文字从左边缩进，直排文字则从顶端缩进。
- 右缩进▤：用于设置段落文字的右缩进。横排文字从右边缩进，直排文字则从底部缩进。
- 首行缩进：用于设置首行文字的缩进。

（3）段落间距：用于指定当前段落与上一段落或下一段落之间的距离。

- 段前添加空格▤：设置光标所在段落与前一段之间的间隔距离，如图16-43所示为段前空格10点的效果。

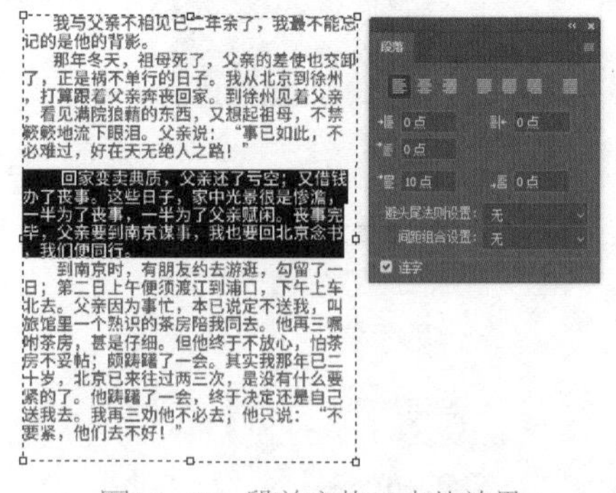

图16-43 段前空格10点的效果

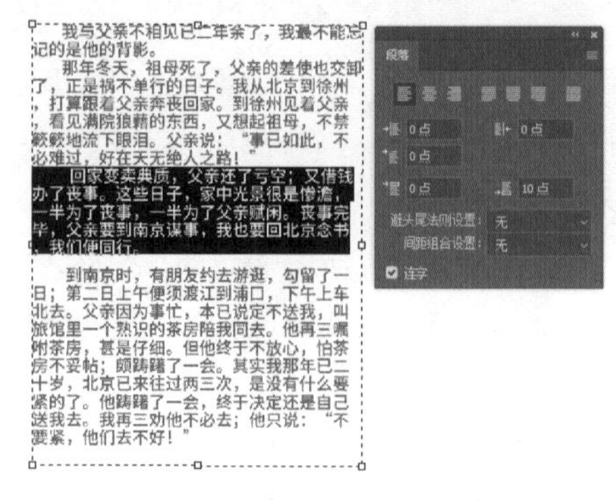

图16-44 段后空格10点的效果

● 段后添加空格 ：设置光标所在段落与后一个段落之间的间隔距离，如图16-44所示为段后空格10点的效果。

（4）连字：将文本强制对齐时，会将某一行末端的单词断开至下一行。勾选该复选框，即可在断开的英文单词间显示连字标记。

16.5 文字编辑

在Photoshop CC中，还可以通过执行一些命令来进一步编辑文字，比如把文本转换为形状，通过拼写检查、查找以及替换文本命令对文本进行检查等操作。

❶ 载入文字选区

载入文字选区的方法与载入图层选区相同。选择文字图层，然后按Ctrl键并单击文字图层缩览图，可以把文字图层的文字载入选区。

❷ 把文字转换为路径和形状

如果要将文字转换为路径，先选择文字图层，执行【文字】→【创建工作路径】命令，能够基于文字创建路径，并且原文字属性保持不变。如图16-45所示。

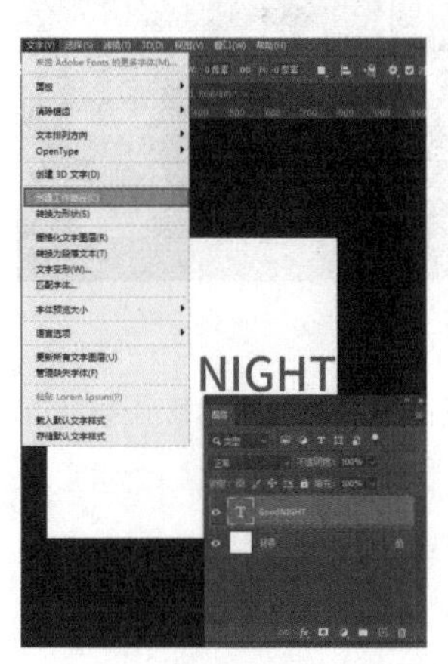

图16-45　把文字转换为路径

如果要将文字转换为形状，先选择文字图层，执行【文字】→【转换为形状】命令，就可将其转换为形状图层。转换后的文字边缘增加了许多锚点，选择【钢笔工具】可以移动锚点，改变字体的形状，如图16-46所示。

图16-46　把文字转换为形状

拓展知识

文字图层转换为形状后会变得模糊吗？

文字图层一旦转换为形状，就成了矢量对象。所以，在改变字形的过程中，字体是不会变模糊的。

❸ 拼写检查

使用【拼写检查】工具能够对当前文本中的英文单词拼写进行检查，以保证单词拼写正确。

选中相应的文字图层，执行【编辑】→【拼写检查】命令，可弹出【拼写检查】对话框，如图16-47所示。若检测到错误的单词，Photoshop会提供修改建议，单击【更改】或【更改全部】按钮就可自动更正拼写错误。

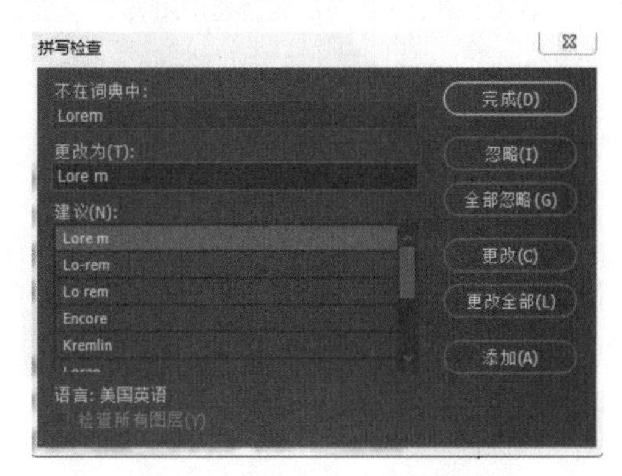

图16-47　【拼写检查】对话框

（1）不在词典中：Photoshop会把查出的错误单词显示在【不在词典中】列表框内。

（2）更改为：显示用来替换错误文本的正确单词，可在【建议】列表框中选择需要替换的文本，或者直接输入正确单词。

（3）建议：显示修改的建议。

（4）更改：单击【更改】按钮可使用正确的单词替换文本中错误的单词。

（5）更改全部：若要使用正确的单词替换文本中所有错误的单词，可单击【更改全部】按钮。

（6）语言：【语言】可在【字符】面板中进行调整。

（7）检查所有图层：勾选该框后，能够自动检测所有图层中的文本，取消勾选将只检查所选图层的文本。

（8）完成：单击后会结束检查并关闭对话框。

（9）忽略/全部忽略：单击【忽略】按钮，表示忽略当前的检查结果；单击【全部忽略】按钮，则忽略所有检查结果。

（10）添加：用于把检测到的词条添加到词典中。若被查找到的单词拼写正确，可单击该按钮，将其添加至Photoshop词典中。以后再查找到该单词时，Photoshop会视其为正确的拼写格式。

拓展知识

不选中图层，拼写功能会起作用吗？

拼写检查功能仅对选中的文本图层起作用，因此在使用之前应先选中文本图层，然后再使用拼写检查功能。

16.6 文字变形

文字变形指的是对创建的文字进行变形处理后得到的不同文字效果，如将文字变形为拱形或者扇形等。

1 变形选项设置

单击工具选项栏上的【创建文字变形】按钮，或者执行【文字】→【文字变形】命令，弹出【变形文字】对话框。该对话框中显示了文字的多种变形选项，包括文字的变形样式和变形程度，在【样式】下拉列表中有多种系统预设的变形样式，如图16-48所示。

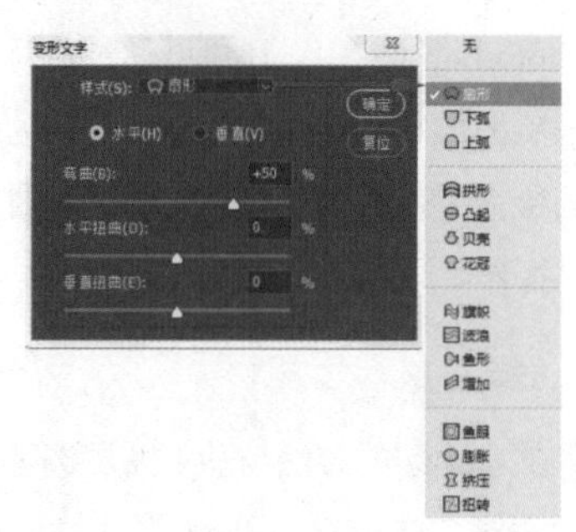

图16-48 【变形文字】对话框

（1）样式：在下拉列表中有15种系统预设变形样式，如图16-49所示为不同的文字变形效果。

图16-49 不同的变形效果

（2）水平/垂直：用来指定文本应用扭曲的方向。选择【水平】，文本扭曲的方向为水平；选择【垂直】，文本扭曲的方向为垂直。

（3）弯曲：用于设置文本变形的弯曲程度。

（4）水平扭曲/垂直扭曲：用于指定文本在水平和垂直方向的扭曲程度。

2 替换变形样式与取消变形

使用【横排文字工具】和【直排文字工具】

创建的文本，在没有将其栅格化或者转换为形状前，随时可替换变形样式或取消变形。

（1）替换变形样式：选择一种文字工具，单击选项栏中的【创建变形文字】按钮，或者执行【文字】→【文字变形】命令，可弹出【变形文字】对话框，修改变形参数，或在【样式】下拉列表中选择另外一种样式，就可替换变形样式。

（2）取消变形：在【变形文字】对话框的【样式】下拉列表中选择【无】，然后单击【确定】按钮，关闭对话框，就可取消文字变形。

实例16-2　制作“可爱小飞鱼”矢量图形

最终的显示效果如图16-50所示。

图16-50　最终效果

步骤01 新建一个黑色背景的文档，选择【横排文字工具】，在选项栏中设置大小、颜色等，输入文字：可爱小飞鱼。如图16-51所示。

图16-51　设置字体参数

步骤02 单击选项栏中按钮，弹出【变形文字】对话框，选择【鱼形】，并设置相关参数，使文字像鱼形，如图16-52所示，然后单击【确定】按钮，如图16-53所示。

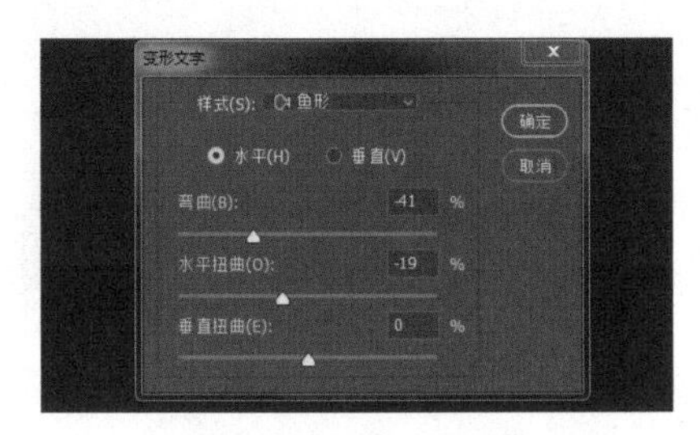

图16-52　设置【鱼形】

图16-53　单击【确定】后的效果

步骤03 然后开始制作左边的月牙状尾巴，利用【钢笔工具】，在【形状】模式下，在画布上自由发挥，画一个小月牙的形状，如图16-54所示。

图16-54　画一个月牙状尾巴

步骤04 利用【钢笔工具】，在【形状】模式下，在画布上自由发挥，画一个鱼头的形状，如图16-55所示。再选择【椭圆工具】，在鱼头上画一个黑色的圆形，当作鱼的眼睛，如图16-56所示为最终效果。

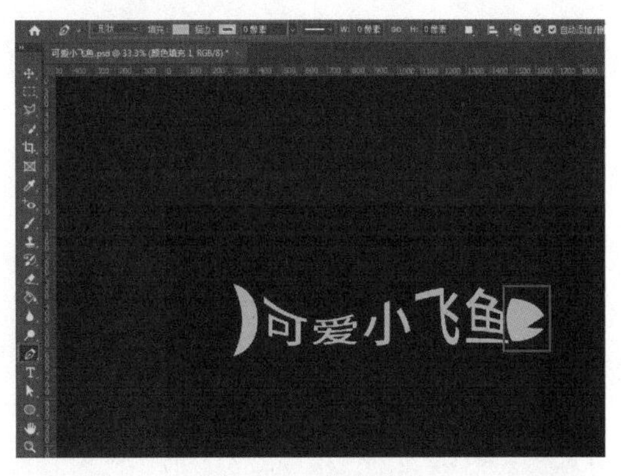

图16-55　绘制鱼头

图16-56　绘制眼睛

16.7 文字菜单

【文字】菜单中放置了一些与文本输入、编辑有关的命令，前面的内容中已经对该菜单的一些命令做过讲解，以下是对其他命令的功能的讲解。

（1）创建3D文字：将文字转换为3D模型。

（2）栅格化文字图层：将文字图层转换为普通的像素图层。

（3）字体预览大小：用于更改【文字工具】选项栏和【字符】面板中【字体系列】选项的字体样式预览大小。

（4）语言选项：更改文本引擎和文本行内对齐方式等属性。

（5）更新所有文字图层：将文档中丢失的文字自行更新为可用数据。

（6）替换所有欠缺字体：将文档中缺失的字体替换为可用数据。

（7）粘贴：在文字处于编辑状态下执行该命令，可粘贴入一篇名为“Lorem Ipsum”的文章，以测试不同的文字排版效果。

（8）载入默认文字样式：将默认样式载入到【字符样式】或【段落样式】面板以供使用。

（9）存储默认文字样式：将【字符段落】面板或【段落样式】面板中的指定样式再存储为默认样式，这些样式会自动应用于新文档和尚未包含文字样式的现有文档。

PSD
PS

第17章

图层的蒙版

——让设计更方便

图层的蒙版广泛应用于Photoshop的各种操作，是非常重要的一个知识点。本章主要对Photoshop蒙版的相关知识进行讲解。

17.1 图层蒙版

17.1.1 认识图层蒙版

怎么在不破坏图像的情况下对图层进行局部或者全部的隐藏和显示呢？Photoshop的图层蒙版工具就能做到。图层蒙版就好像给图层穿上一层隐形的遮罩，可以控制图层是否完全显示（正常显示），是否部分隐形（看上去像被删除一部分），是否完全隐形（看上去像空图层）。

17.1.2 添加图层蒙版

打开一张素材图片，并将背景图层变成普通图层，如图17-1所示。执行【图层】→【图层蒙版】→【隐藏全部】命令，或者按住Alt键单击■，即可添加黑色蒙版，如图17-2所示，图层看上去像空图层。

图17-1　背景图层变成普通图层

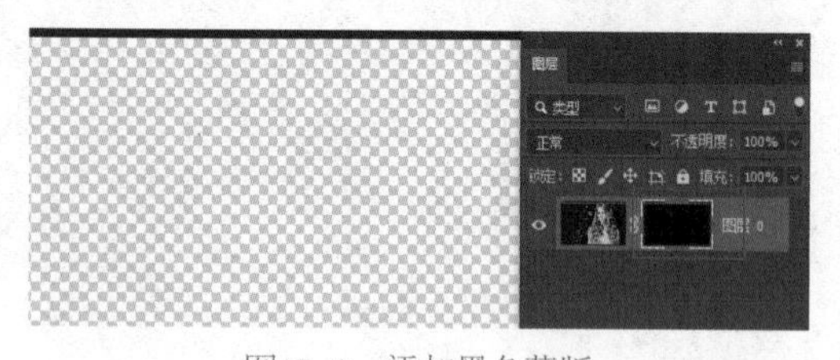

图17-2　添加黑色蒙版

也可以执行【图层】→【图层蒙版】→【显示全部】，或者单击■添加蒙版，即可添加白色蒙版，如图17-3所示，图层正常显示。然后将前景色分别变成黑色和浅灰色，选择画笔工具，在白色蒙版图层上分别进行涂抹，如图17-4所示，图层看上去像被删除了一部分，但实际上图片并没有被损坏。

图17-3　添加白色蒙版

图17-4　黑色和浅灰色画笔涂抹

由此可以总结出蒙版工作原理：当蒙版是黑色的时候，表示完全隐藏当前图层中的图像；当蒙版是白色的时候，表示完全显示当前图层中的图像；当蒙版是灰色的时候，则会根据其灰度值使当前图层中的图像呈现出不同层次的透明效果。简单来说，就是黑色蒙版隐藏图层，白色蒙版显示图层，灰色蒙版半隐藏图层。

拓展知识

图层蒙版的优点

使用图层蒙版的好处在于操作中只需用黑色、白色或者灰色来显示或者隐藏图像，而不是删除图像。若需要显示原来已经隐藏的图像，可在蒙版中将图像对应的位置涂抹为白色；若要继续隐藏图像，可在其对应的位置涂抹黑色。

17.1.3 图层蒙版在设计中的应用

实例17-1 制作产品倒影

步骤01 先创建一个黑色背景的文档，然后拖入一个产品图片，如图17-5所示。

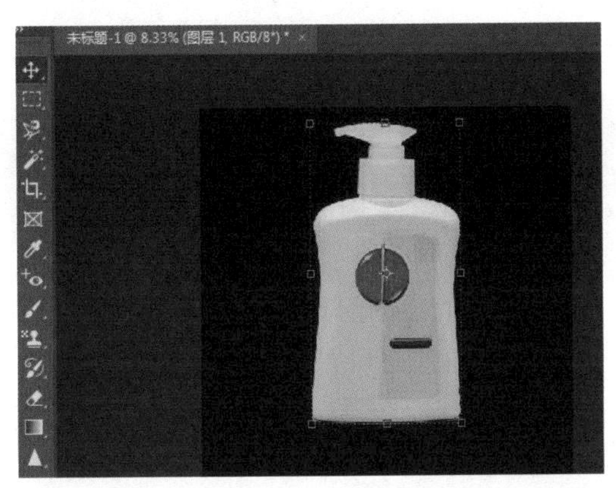

图17-5　拖入图片

步骤02 选中产品图层并复制，按住Ctrl+T键进入自由变换，右键单击选择【垂直翻转】，把两个产品图对齐，如图17-6所示，按Enter键确定。

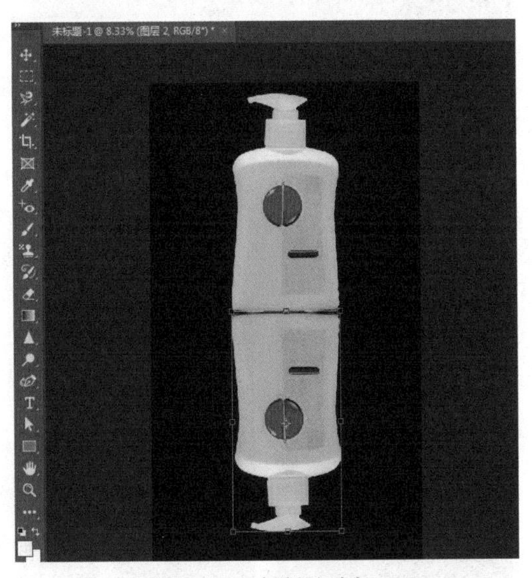

图17-6　复制及对齐

步骤03 选中产品的倒立图层，执行【图层】→【图层蒙版】→【显示全部】或者单击 添加图层蒙版，如图17-7所示。

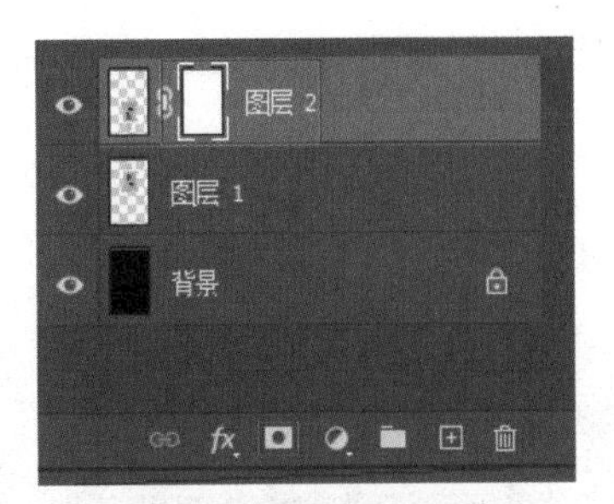

图17-7　添加蒙版

步骤04 选择【画笔工具】，将不透明度调为30%，将前景色设置为黑色，然后在图层蒙版中将产品倒影的下半部分涂抹掉，使影子更加逼真，最终效果如图17-8所示。

图17-8　最终效果

实例17-2 创意合成

步骤01 打开一张素材图片，如图17-9所示，再将另外一张素材图片从电脑里面直接拖入其中，按住Enter键之后，添加图层蒙版，如图17-10所示。

图17-9　打开一张素材图片

图17-10　拖入其他图片并添加蒙版

步骤02 将前景色调为黑色，选择【画笔工具】的柔角画笔，并调节至合适的大小，如图17-11所示。将图片调整至合适的位置和大小，然后在白色蒙版上面用画笔小心涂抹，得到最终效果图，如图17-12所示。

图17-11　设置前景色和画笔

图17-12　不同图层融合效果

17.1.4　移动和复制图层蒙版

要将蒙版移到另一个图层，把该蒙版拖至其他图层即可，如图17-13所示。如果要复制蒙版，可以按住Alt键将蒙版拖至另一个图层。

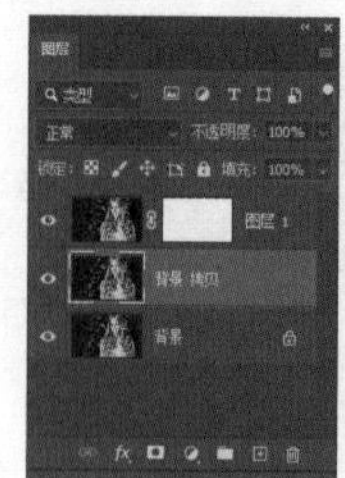
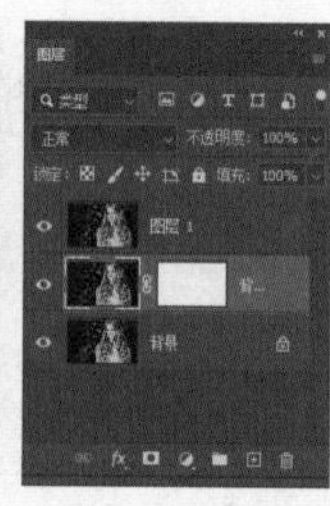
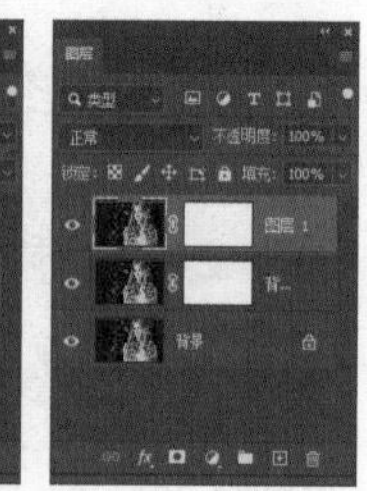

图17-13　蒙版移动和复制

17.1.5　链接和取消链接蒙版

图层蒙版缩览图与图像缩览图之间有一个链接图标，当使用【移动工具】移动图层或其蒙版时，它们将会作为一个单元在文档中一起移动。如果取消图层和蒙版之间的链接，就可以单独移动它们。

执行【图层】→【图层蒙版】→【取消链接】命令，或单击链接图标，可取消链接。取消链接之后执行【图层】→【图层蒙版】→【链接】命令，或单击链接图标，可使图层和蒙版重新链接。

17.1.6　删除图层蒙版

如果想删除图层蒙版，选择图层蒙版之后，直接单击【图层】面板上面的 按钮；或者鼠标右键单击图层蒙版，在弹出的子菜单中，选中【删除图层蒙版】即可，如图17-14所示。

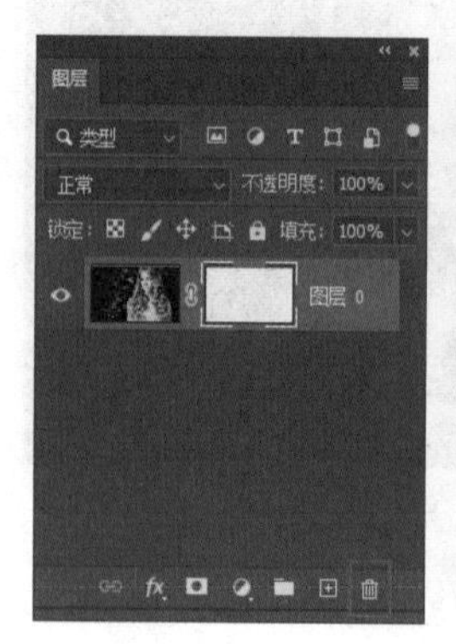

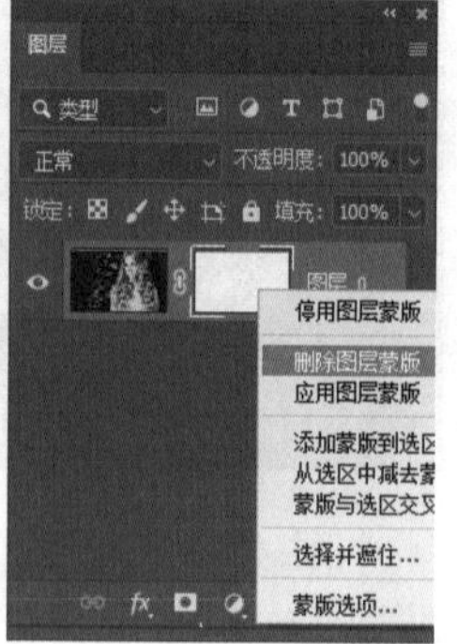

图17-14　删除图层蒙版

17.2 自带图层蒙版的填充图层

为了方便用户修改图层的颜色、渐变、图案，Photoshop给用户准备了三种非常好用的填充图层。填充图层的功能就相当于【填充】命令加上图层蒙版的功能。

17.2.1 纯色填充图层

（1）执行【文件】→【打开】命令，打开素材图像，选中【背景】图层，如图17-15所示。

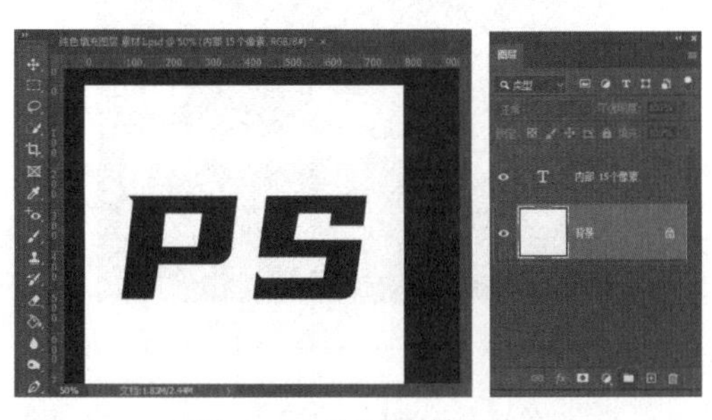

图17-15　打开素材图片

（2）执行【图层】→【新建填充图层】→【纯色】命令，弹出【新建图层】对话框，在【新建图层】对话框中单击【确定】按钮，如图17-16所示。或者单击【图层】面板中的【创建新的填充或调整图层】按钮 ，在弹出的菜单中选择【纯色】命令，如图17-17所示。

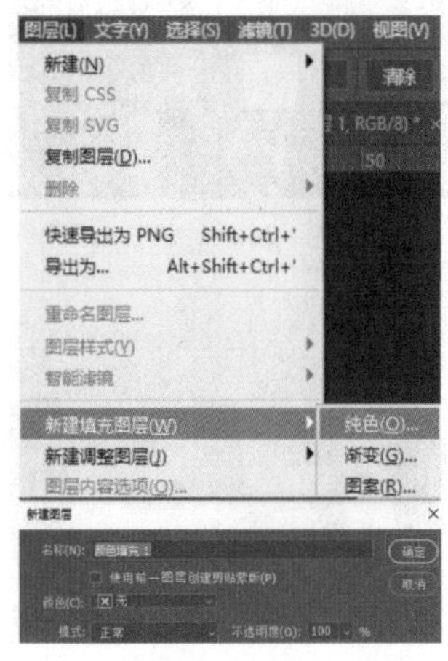

图17-16　新建填充图层方法一

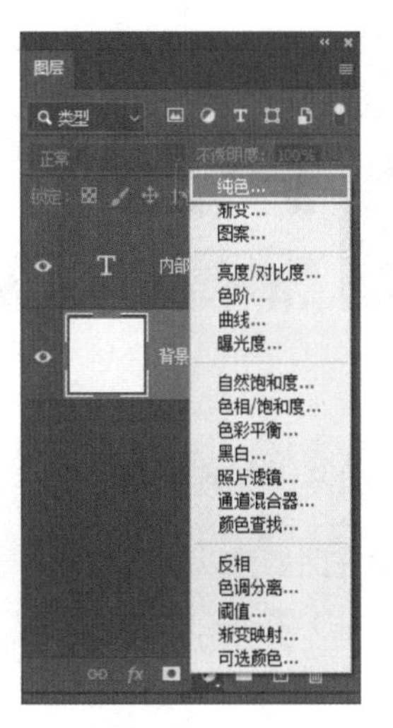

图17-17　新建填充图层方法二

（3）完成上述操作之后，会弹出【拾色器（纯色）】对话框，在其中选取需要的颜色，单击【确定】按钮，创建纯色填充图层，如图17-18所示。选中纯色填充图层上的蒙版，单击工具箱中的【矩形选框工具】按钮 ，在画布中绘制矩形选区，并将【前景色】设置为黑色，然后填充到蒙版中，效果如图17-19所示。

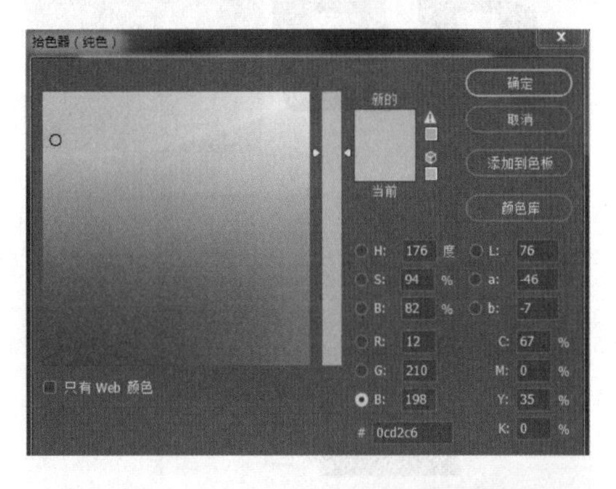

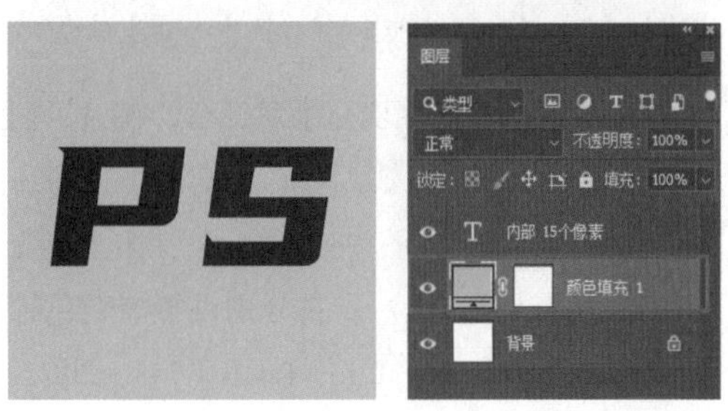

图17-18　选取颜色及效果

图17-19　纯色填充图层蒙版效果

17.2.2　渐变填充图层

渐变填充图层可以将渐变应用于图层上，与渐变的填充设置一样，它的好处是可以不断地修改和编辑。其创建方式和创建纯色填充图层一样。

（1）执行【文件】→【打开】命令，打开素材图片，单击【图层】面板中的【创建新的填充或调整图层】按钮，在弹出的下拉菜单中选择【渐变】命令，如图17-20所示。

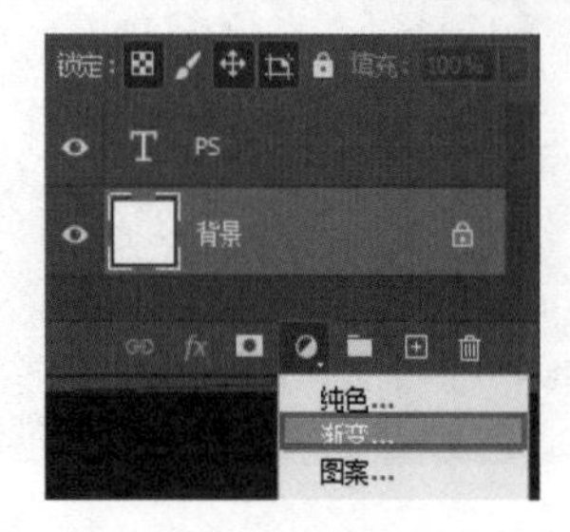

图17-20　打开素材图片并选择【渐变】命令

（2）弹出【渐变填充】对话框，在对话框中可以设置相应的参数，单击【渐变】选项右侧的渐变预览条，如图17-21所示。弹出【渐变编辑器】对话框，从左到右分别设置渐变色标值为RGB（206，9，32）、RGB（245，200，174），如图17-22所示。

图17-21　【渐变填充】对话框

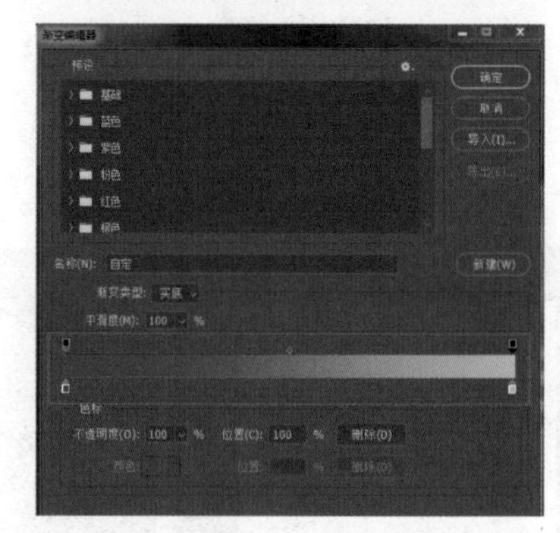

图17-22　【渐变编辑器】对话框

（3）单击【确定】按钮，关闭对话框，创建渐变填充图层，并将文字修改为白色，如图17-23所示，最终效果如图17-24所示。

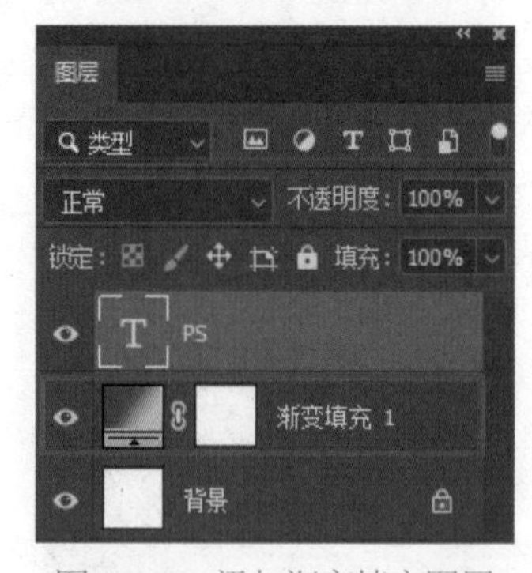

图17-23　添加渐变填充图层

图17-24　渐变填充图层效果

拓展知识

1. 【渐变填充】的样式

在【渐变填充】对话框的【样式】选项中，还可以选择其他渐变样式，如【径向】【对称的】【角度】和【菱形】等，可以创建不同的渐变效果。如图17-25所示，为【角度】渐变的结果。

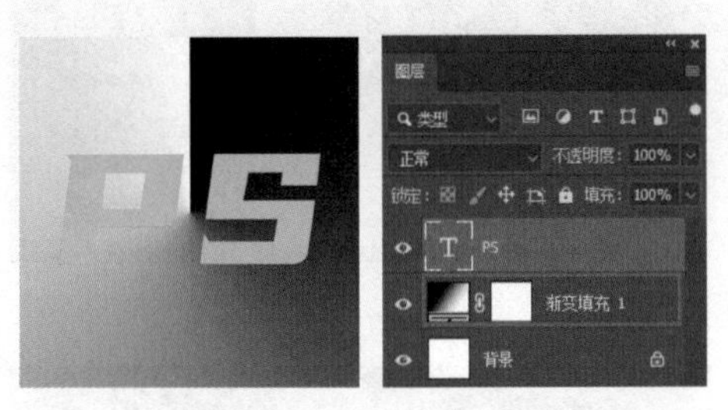

图17-25　【角度】渐变

2. 怎么重新设置填充图层的内容？

如果想重新设置填充图层中的内容，可在填充图层中双击图层缩览图，或者执行【图层】→【图层内容选项】命令，打开对话框调整参数。

17.2.3　图案填充图层

图案填充图层与填充命令的功能相似，主要是填充图案。其创建的方式和创建纯色填充图层一样。

（1）执行【文件】→【打开】命令，打开一张素材图片，如图17-26所示。执行【编辑】→【定义图案】命令，打开【图案名称】对话框，如图17-27所示，单击【确定】按钮，将所选云纹图像定义为图案。

图17-26　素材图片

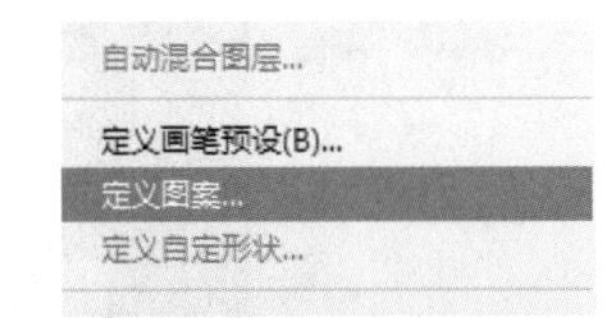

图17-27　【图案名称】对话框

（2）执行【文件】→【新建】命令，新建一个空白文档，如图17-28所示。

图17-28　空白文档

（3）单击【图层】面板中的【创建新的填充或调整图层】按钮 ，在弹出的菜单中选择【图案】命令，接着在【图案填充】对话框中选择自定义的图案，如图17-29所示，并将【缩放】改为25%。单击【确定】按钮，图案填充效果如图17-30所示。

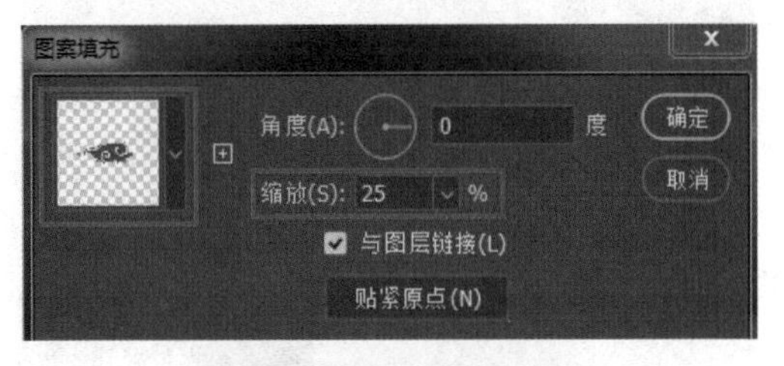

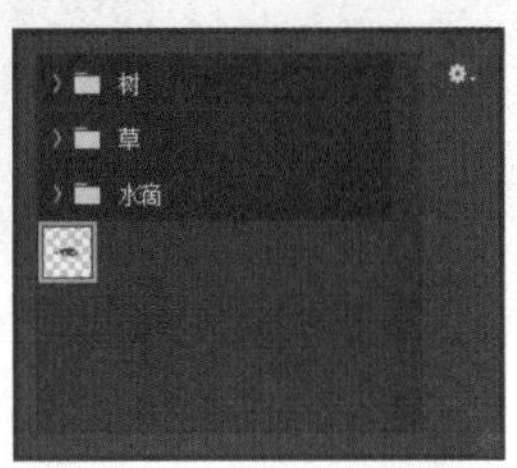

图17-29　选择自定义图案

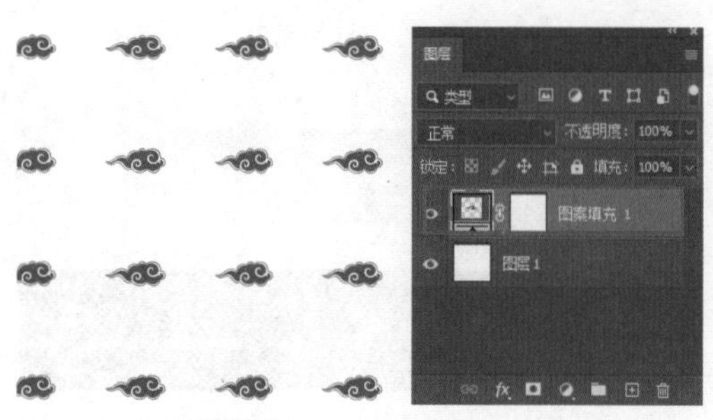
图17-30　图案填充效果

17.3 矢量蒙版

矢量蒙版可以使用钢笔工具、形状工具、路径选择工具等矢量工具创建和重复编辑，相对应地，之前讲过的图层蒙版可以叫作位图蒙版。

17.3.1　创建矢量蒙版

矢量蒙版的创建方式和图层蒙版一样，执行【图层】→【矢量蒙版】→【隐藏全部】或者按住Ctrl+Alt并单击图层面板中的按钮，即可添加隐藏矢量蒙版；执行【图层】→【矢量蒙版】→【显示全部】或者按住Ctrl并单击按钮，即可添加显示矢量蒙版。

（1）打开一个图片，选中【背景】图层，然后执行【图层】→【矢量蒙版】→【隐藏全部】命令，如图17-31所示。

图17-31　打开素材图片、添加矢量蒙版

（2）在选中矢量蒙版的状态下，选择【矩形工具】，在选项栏中将绘制模式改为【路径】，然后在画布上面随意画一个矩形，此时路径之内的区域得到显示，路径之外的区域被隐藏，如图17-32所示。可以用钢笔工具或路径选择工具对其进行调整，如图17-33所示。

图17-32　绘制路径

图17-33　调整路径

（3）另外，矢量蒙版可以和图层蒙版配合在一起使用，继续单击【图层】面板中的按钮，可以增加一个图层蒙版，如图17-34所示。然后选中【画笔工具】，将前景色改为黑色，在图层蒙版涂抹，得到的效果如图17-35所示。

图17-34　增加图层蒙版

图17-35　在图层蒙版上用画笔涂抹

17.3.2　栅格化矢量蒙版

若想将矢量蒙版转化为图层蒙版，就需要对矢量蒙版进行栅格化。选中矢量蒙版，用鼠标右键单击，在弹出的列表中选择【栅格化矢量蒙版】即可，如图17-36所示。栅格化后的矢量蒙版缩览图由灰色变为黑色，如图17-37所示。

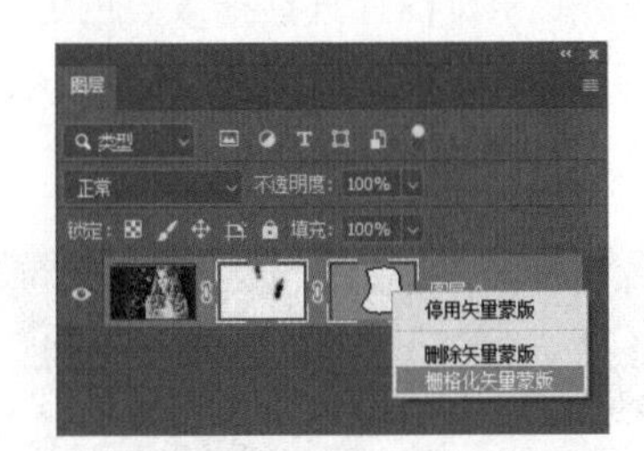

图17-36　选择【栅格化矢量蒙版】

图17-37　缩览图由灰色变为黑色

拓展知识

如果图层包含图层蒙版和矢量蒙版，栅格化后会怎么样?

栅格化前的图层包含图层蒙版及矢量蒙版，在栅格化后，就会从两个蒙版的交集中生成新的图层蒙版。

17.3.3　删除矢量蒙版

如果要将矢量蒙版删除，可用鼠标右键单击蒙版缩览图，在弹出的列表中选择【删除矢量蒙版】；或直接把矢量蒙版拖拽至【图层】面板下的 按钮处，释放鼠标即可删除蒙版。

17.4　剪贴蒙版和图框工具

17.4.1　剪贴蒙版

剪贴蒙版是非常灵活的蒙版，可以使用下方图层的轮廓来遮盖其上方的图层，用下方图层的形状、不透明度、描边等效果来显示上方图层的形状、不透明度、描边等效果。所以新建剪贴蒙版必须要有两个或两个以上的图层，下方的图层是基底图层，其上方的图层是被剪切的图层。

（1）新建一个长宽各为1920像素、分辨率为72像素/英寸、背景为黑色的文档，选中【横排文字工具】，然后在画布中输入“你的努力　终将美好”并将字体颜色改为白色，如图17-38所示。再打开一张图片，如图17-39所示。

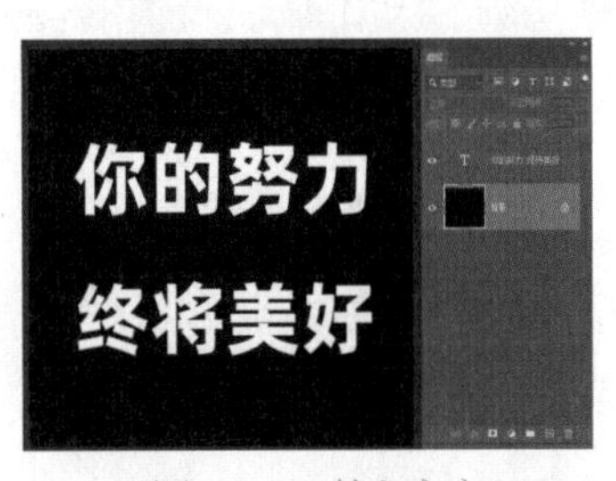

图17-38　输入文字

图17-39　打开一张图片

（2）将素材图片拖至新建的文档中，然后在【图层】面板中选中【图层1】，用鼠标右键单击，在弹出的列表中执行【创建剪贴蒙版】命令，如图17-40所示。将图片缩放到合适的大小，如图17-41所示。

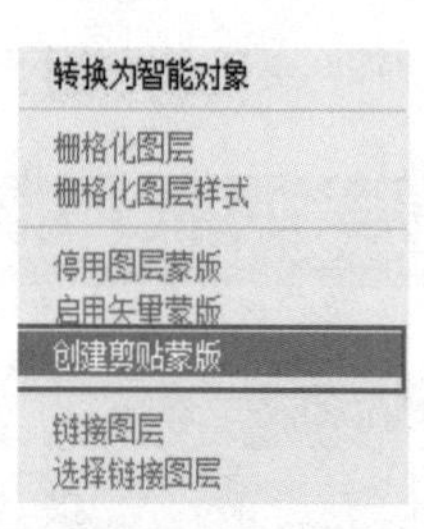

图17-40 【创建剪贴蒙版】命令

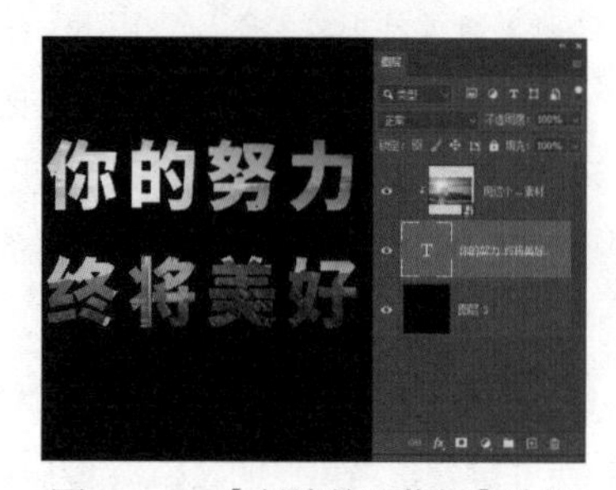

图17-41 【创建剪贴蒙版】效果

（3）如果想要取消剪贴蒙版的效果，可选中图层并用鼠标右键单击，在弹出的下拉列表中选择【释放剪贴蒙版】即可，如图17-42所示，得到的效果如图17-43所示。

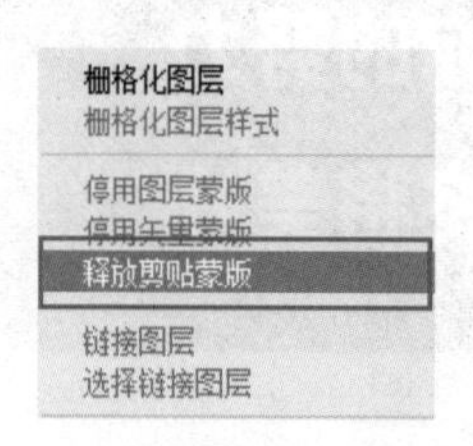

图17-42 【释放剪贴蒙版】命令

图17-43 【释放剪贴蒙版】效果

17.4.2 图框工具

图框工具是Photoshop CC 2020新增的工具，和剪贴蒙版效果相似。

（1）新建一个长宽各为1920像素、分辨率为72像素/英寸、背景为黑色的文档。选中工具箱中的【图框工具】，在画布中画一个矩形，如图17-44所示。

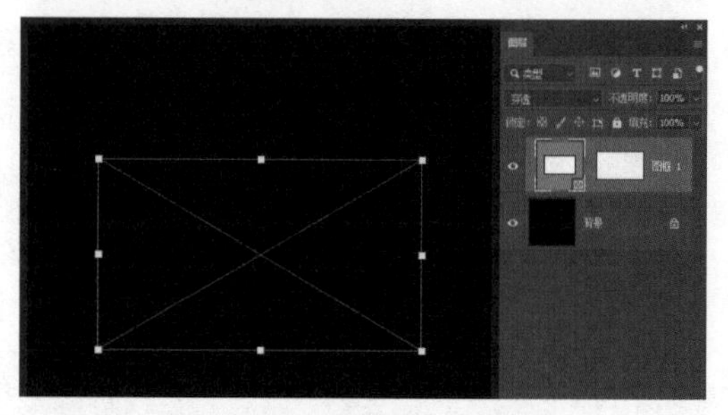

图17-44 【图框工具】

（2）将素材图片直接拖入蓝色定界框里面，如图17-45所示；可以分别调节蓝色定界框的大小和图片的大小，如图17-46所示。

图17-45 拖入图片

图17-46 调节定界框和图片大小

（3）另外，图框工具还可以做出圆形的效果，如图17-47所示。按照同样的方法将图片拖入文档中，得到效果图，如图17-48所示。

图17-47　圆形图框

图17-48　圆形图框效果图

17.5 快速蒙版

快速蒙版，其功能和目的就是制作选区，有些类似于快速选择工具。进入快速蒙版模式后，可以使用Photoshop中的大多数工具来修改蒙版。

（1）打开一个素材图片，在工具箱中选择【以快速蒙版模式编辑】按钮，进入快速蒙版模式，这时图层面板上选中的图层也会变成红色，如图17-49所示。接着选择【画笔工具】，在想创建选区的地方小心涂抹，如图17-50所示。

图17-49　进入快速蒙版模式

图17-50　画笔涂抹之后

（2）进入快速蒙版模式后，【以快速蒙版模式编辑】按钮会变成【以标准模式编辑】按钮，完成涂抹之后，单击按钮退出快速蒙版模式，就会生成选区，如图17-51所示，此时的选区是红色涂抹范围以外的区域；如果想把模特人脸抠出来，需要执行快捷键Ctrl+Shift+I进行反选，然后再按快捷键Ctrl+J复制选区到新的图层，隐藏【背景】图层，最终得到的图像如图17-52所示。

图17-51　生成选区

图17-52　抠出人脸

17.6 滤镜蒙版

将智能滤镜应用于某个智能对象时，【图层】面板中该智能对象下方的智能滤镜行上会显示一个白色蒙版缩览图。默认情况下，此蒙版显示完整的滤镜效果。

使用滤镜蒙版可有选择地遮盖智能滤镜，当遮盖智能滤镜时，蒙版将应用于所有智能滤镜，无法遮盖单个智能滤镜。

滤镜蒙版的工作方式与图层蒙版非常类似，可以对它们使用许多相同的技巧。可以将其边界作为选区载入，也可以在滤镜蒙版上进行绘画。

（1）执行【文件】→【打开为智能对象】命令，打开素材图片，如图17-53所示，【图层】面板如图17-54所示。

图17-53　打开素材图片

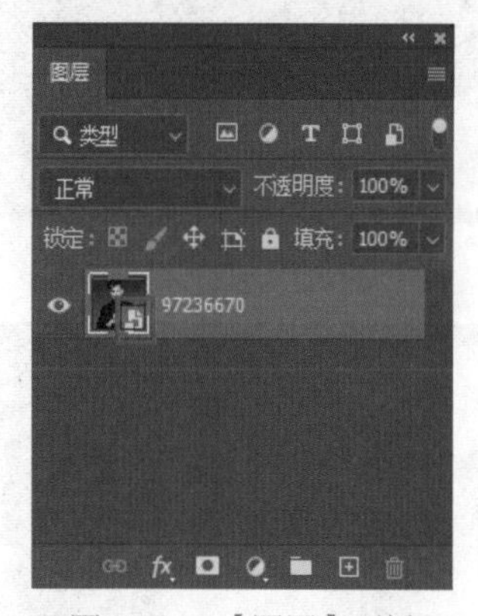

图17-54　【图层】面板

（2）执行【滤镜】→【滤镜库】命令，在打开的【滤镜库】对话框中单击【风格化】文件夹里的【照亮边缘】滤镜，如图17-55所示。

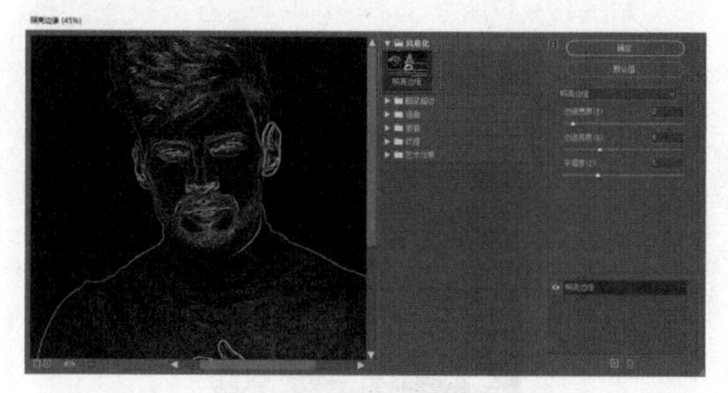

图17-55　【滤镜库】对话框

（3）单击【滤镜库】对话框的【确定】按钮，效果如图17-56所示。单击智能滤镜蒙版，使用黑色柔边画笔在人物脸部进行涂抹，效果如图17-57所示。

图17-56　滤镜效果

图17-57　图像效果

PSD
PS

第18章

智能对象

——智能对象内涵多

本章主要对Photoshop智能对象以及相关知识进行讲解。

18.1 智能对象的概念

智能对象是包含位图图像或者矢量图像的图像数据的图层。智能对象能保留图像的源内容及其所有原始特性，从而能够对图层进行非破坏性编辑。智能对象就好像将一张画或几张画封装上一层透明保护膜，可以在保护膜上继续编辑处理，而不会对膜里面的图画产生影响。

18.2 创建智能对象

创建智能对象的方法如下：

方法一 执行【文件】→【打开为智能对象】命令，选择文件并打开后，该文件就可以直接变成智能对象，如图18-1所示。

图18-1 打开为智能对象

方法二 新建一个长宽各为1920像素、分辨率为72像素/英寸的空白文档，如图18-2所示，然后执行【文件】→【置入嵌入对象】或【置入链接的智能对象】命令，在弹出的【置入嵌入的对象】对话框中选择需要置入文件，单击【置入】按钮，如图18-3所示。

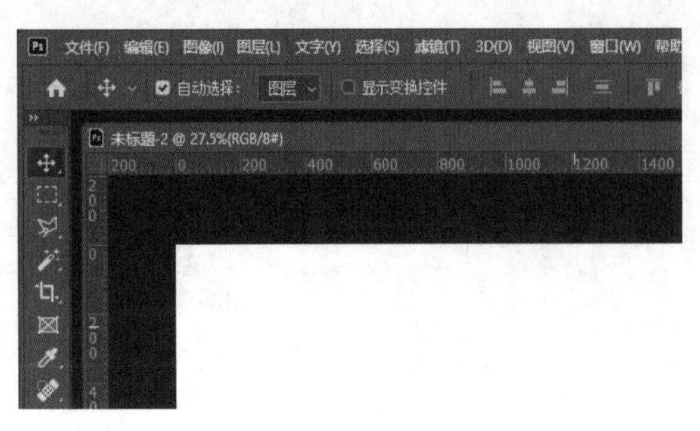

图18-2 新建文档

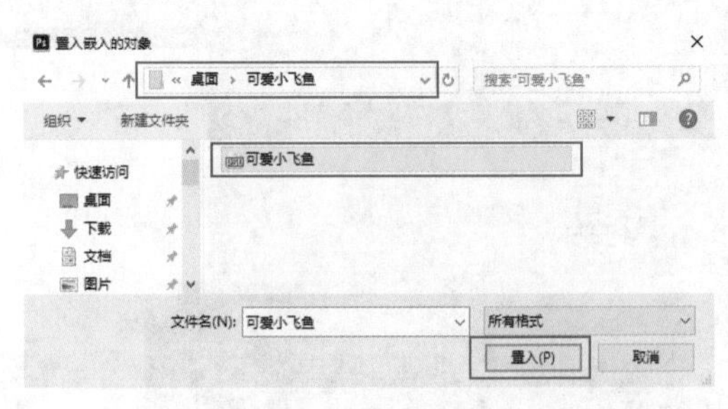

图18-3 【置入嵌入的对象】对话框

选择的对象会被置入当前文档内，此时置入的对象边缘处带有定界框和控制点，如图18-4所示。将光标定位在被置入的图形上方，按住鼠标左键拖动就可以进行移动操作。

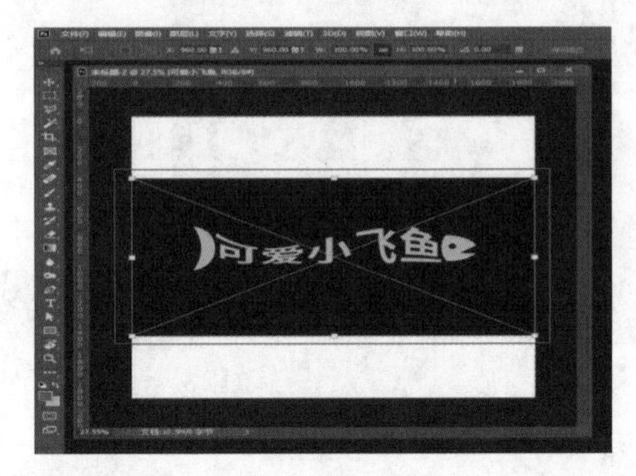

图18-4 置入对象

把光标定位在定界框四角以及边线上方并拖动，可以对图形的大小进行调整，其中向内拖动是缩小，向外拖动是放大，如图18-5所示。把光标定位在定界框以外，光标变为弯曲形状后按住鼠标左键拖动即可进行旋转，如图18-6所示。

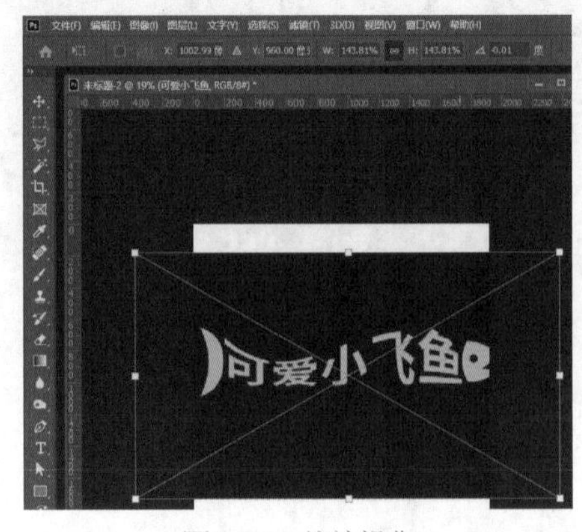

图18-5 缩放操作

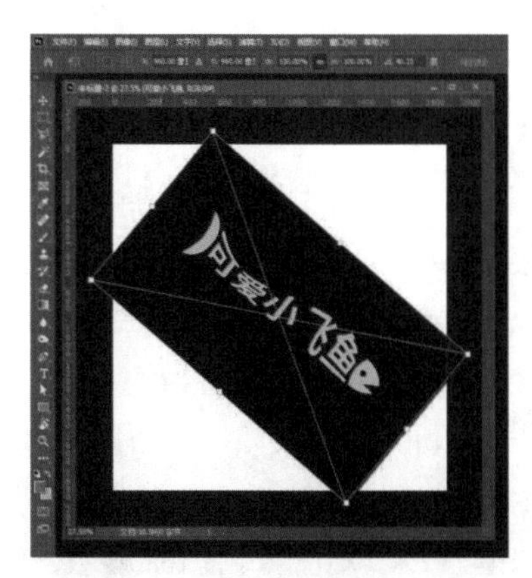

图18-6　旋转操作

调整完成之后，按Enter键就可完成置入操作，此时定界框会消失，如图18-7所示。在【图层】面板中可以看到新置入的智能对象图层（智能对象图层右下角有图标）。若需要再次调整可使用自由变换的快捷键Ctrl+T。

图18-7　完成置入操作

另外，直接从电脑里面拖拽图片文件至已经打开的文档工作区上，也可将其作为智能对象置入文档中。

拓展知识

如何将智能对象转换为普通图层?

置入后的素材图片会成为智能对象，在对其进行缩放、定位、斜切、旋转或变形操作时并不会降低图像的质量。但是智能对象却无法直接进行内容的编辑（如删除局部、用画笔工具在上方进行绘制等）。如果想要对智能对象的内容进行编辑，就需要用鼠标右键单击该图层，从弹出的快捷菜单中执行【栅格化图层】命令，将智能对象转换为普通对象图层后，即可进行编辑，如图18-8和图18-9所示。

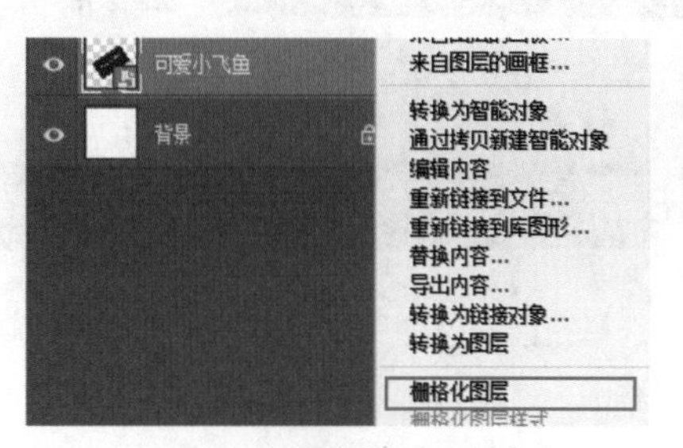

图18-8　【栅格化图层】命令

图18-9　转换为普通对象

方法三 执行【文件】→【打开】命令，打开一个PSD格式的文件，如图18-10所示；用鼠标右键单击文字图层，在弹出的菜单中执行【转换为智能对象】命令，如图18-11所示，就可把形状或图层转换为智能对象。在【图层】菜单中的【智能对象】二级菜单中，也有全面的针对智能对象的命令；对于已经是智能对象的图层，可以继续用鼠标右键单击，选择【转换为智能对象】选项，进行多层套嵌。

图18-10　打开文件

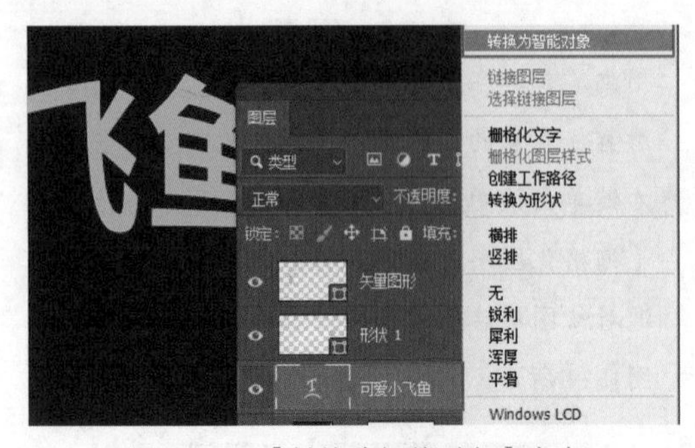

图18-11 【转换为智能对象】命令

18.3 编辑智能对象

选择智能对象图层，右键菜单选择【编辑内容】命令；或者直接双击缩览图，进入智能对象内部，此时实际上是打开了一个新的文档，进行正常的编辑操作即可。编辑后保存，原始文档的智能对象则会更新为修改后的内容。若想在本文档窗口编辑智能对象内容，可把智能对象转换为本文档的图层，使用【转换为图层】命令即可，如图18-12所示。

图18-12 【编辑内容】与【转换为图层】命令

拓展知识

什么是非破坏性编辑？

非破坏性编辑是指在不破坏原始数据的基础上对图片进行编辑，使用调整图层、填充图层、图层蒙版、矢量蒙版、剪贴蒙版、智能滤镜、混合模式和图层样式等编辑图像都属于非破坏性的编辑。这些操作方式都有一个共同的特点，就是能够修改或者撤销，我们可以随时将图像恢复为原来的状态。

18.4 创建链接的智能对象

用户可以创建从外部图像文件中引用其内容的链接智能对象。当来源文件更改时，链接的智能对象内容也会更新。通过链接的智能对象可以在多个Photoshop文档中使用共享的来源文件，这对于团队协作是非常有用的。创建链接的智能对象的具体操作方法如下：

新建一个长1920像素、宽1080像素，分辨率为72像素/英寸的空白文档，然后执行【文件】→【置入链接的智能对象】命令创建链接的智能对象，链接的智能对象缩览图有链接图标 ，如图18-13所示。

图18-13 创建链接的智能对象

执行【文件】→【打开】命令，另外再打开所置入的PSD格式文件，并用【横排文字工具】添加文字“可爱小飞鱼”，如图18-14所示；保存文件，就会发现新建文档中的图像也发生了同样的变化，如图18-15所示。

图18-14 添加文字

图18-15 发生变化

18.5 创建非链接的智能对象

非链接的智能对象与链接的智能对象表现效果相反，若要复制非链接的智能对象，可先选择智能对象图层，如图18-16所示，然后执行【图层】→【智能对象】→【通过拷贝新建智能对象】命令，如图18-17所示。新智能对象与原智能对象各自独立，编辑其中任何一个对其他对象没有任何影响，如图18-18所示。

图18-16　智能对象图层

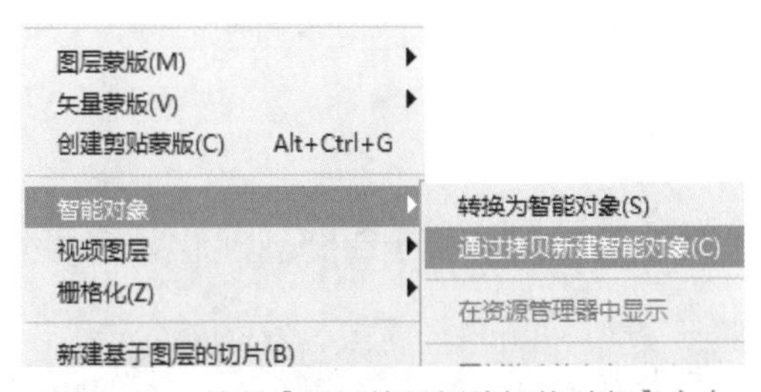

图18-17　执行【通过拷贝新建智能对象】命令

图18-18　非链接的新智能对象

18.6 替换智能对象内容

有以下两种方式替换智能对象：

（1）选择智能对象图层，单击右键打开菜单，执行【替换内容】命令，打开文件窗口，选择替换文件即可。

（2）对于【链接式】智能对象，若外部的链接对象发生了修改，而文档内的智能对象没有显示更新，则可以选择智能对象图层，然后单击右键并选择【更新修改内容】或【更新所有修改内容】命令，更新外部文件修改后的最新状态。

如图18-19所示，选择智能对象图层。鼠标右键单击图层，选择【替换内容】命令，如图18-20所示。

图18-19　智能对象图层

图18-20　选择【替换内容】命令

打开文件窗口，选择【可爱小飞鱼只有字】文件，如图18-21所示，然后单击【置入】，完成替换，如图18-22所示。

图18-21　选择替换文件

图18-22　替换结果

18.7 导出智能对象内容

在【图层】面板中选择要导出的智能图层，然后执行【图层】→【智能对象】→【导出内容】命令，弹出【另存为】对话框，选择存储位置和文件名，即可将其导出。

拓展知识

如果没选择文件格式会怎么样？

如果未选择，将以原始置入格式（JPEG、AI、TIFF、PDF或其他格式）导出智能对象。如果智能对象是利用图层创建的，则以PSD格式将其导出。

如图18-23所示，选择智能图层，然后执行【图层】→【智能对象】→【导出内容】命令，弹出【另存为】对话框，选择存储位置和设置文件名，如图18-24所示，然后单击【保存】，即可将其导出。

图18-23　选择智能图层

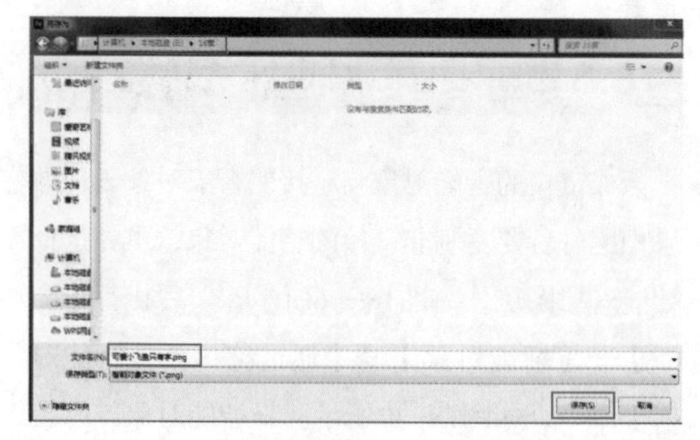

图18-24　【另存为】对话框

PSD
PS

第19章

图像色彩调整

——Photoshop 里的变色龙

色彩是强有力的设计元素，它可以给受众非常强的视觉冲击力。Photoshop提供了非常完善的色彩调整功能。本章主要对Photoshop的图像色彩调整相关工具和知识进行讲解。

19.1 调色知识

一张图片的颜色能够在很大程度上影响观者的心理感受，所以调色技术不仅在摄影后期中占有重要地位，在平面设计中也是不可忽视的重要组成部分。平面设计作品中经常用到各种各样的图片元素，而图片元素的色调与画面是否匹配也会影响设计作品的成败。调色不仅要使元素变“漂亮”，更重要的是通过色彩的调整使元素“融合”到画面中。对比图19-1和图19-2可以发现，调整颜色会使画面整体气氛发生改变。

图19-1 调色之前

图19-2 调色之后

色彩的力量无比强大，想要“掌控”这个神奇的力量，Photoshop这一工具必不可少。Photoshop的调色功能非常强大，不仅可以对错误的颜色（即色彩方面不正确的问题，如曝光过度、亮度不足、画面偏灰、色调偏色等）进行校正，而且能够通过调色功能增强画面视觉效果，丰富画面情感，打造出风格化的色彩，如图19-3所示。

调色之前

调色之后

图19-3 风格化的调色

19.2 用直方图查看图像色彩

在Photoshop CC中，直方图用图形表示图像的每个亮度级别的像素数量，显示像素在图像中的分布情况。通过查看直方图，可以判断出图像的阴影、中间调和高光中包含的细节是否充足，以便对其进行适当的调整。

执行【窗口】→【直方图】命令，打开【直方图】面板，单击右上角的按钮 ≡，弹出的面板菜单中有【紧凑视图】【扩展视图】【全部通道视图】等命令，可以选择其中一个，切换直方图的显示方式，如图19-4所示。

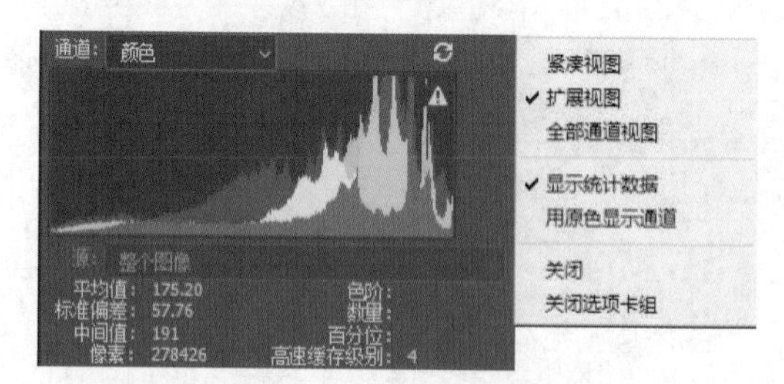

图19-4 【直方图】面板

（1）紧凑视图：是默认的显示方式，它显示的是不带统计数据或控件的直方图，如图19-5所示。

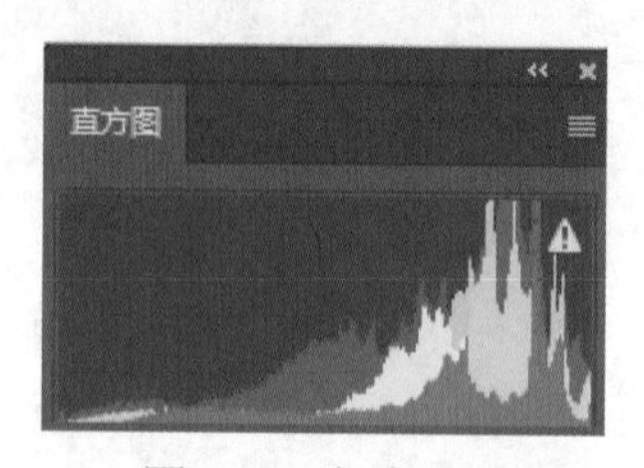

图19-5 紧凑视图

（2）扩展视图：显示的是带有统计数据和控件的直方图，如图19-6所示。

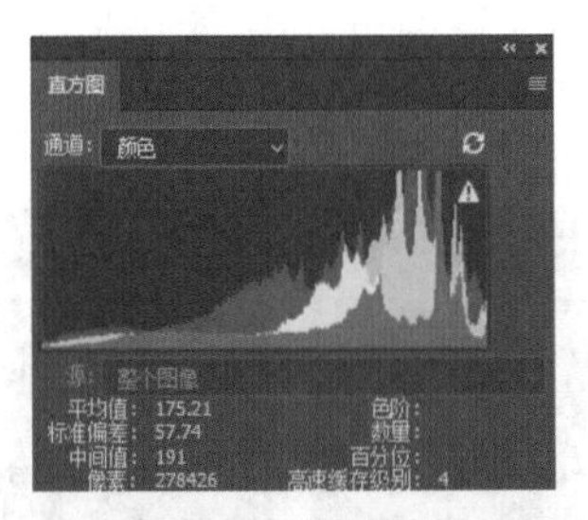

图19-6　扩展视图

（3）全部通道视图：显示的是带有统计数据和控件的直方图，同时还显示每一个通道的单个直方图（不包括Alpha通道、专色通道和蒙版），如图19-7所示。

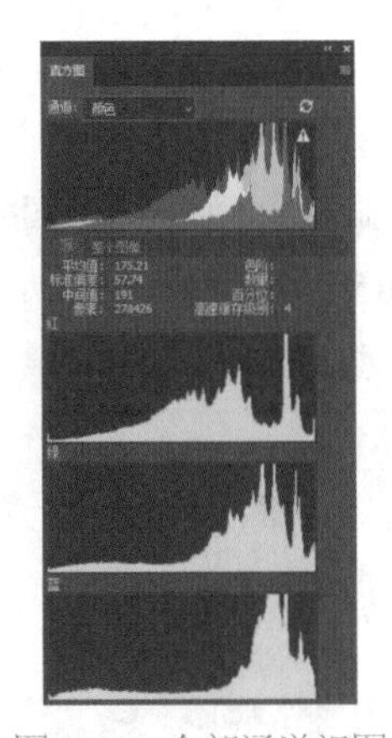

图19-7　全部通道视图

（4）用原色显示通道：选择此命令，还可以用彩色方式查看通道直方图，如图19-8所示。

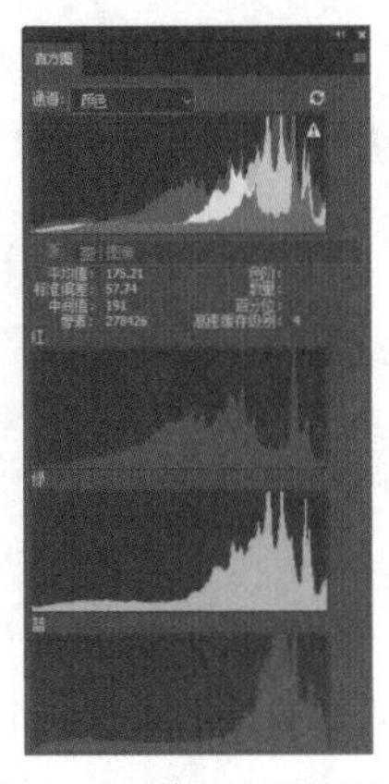

图19-8　用原色显示通道

打开一张图像，如图19-9所示，执行【窗口】→【直方图】命令，打开【直方图】面板，如图19-10所示。

图19-9　打开图像

图19-10　打开【直方图】面板

单击【直方图】面板右上角的≡按钮，弹出面板菜单，在菜单中选择【扩展视图】选项，并在面板中的【通道】选项中选择【RGB】选项，如图19-11所示。

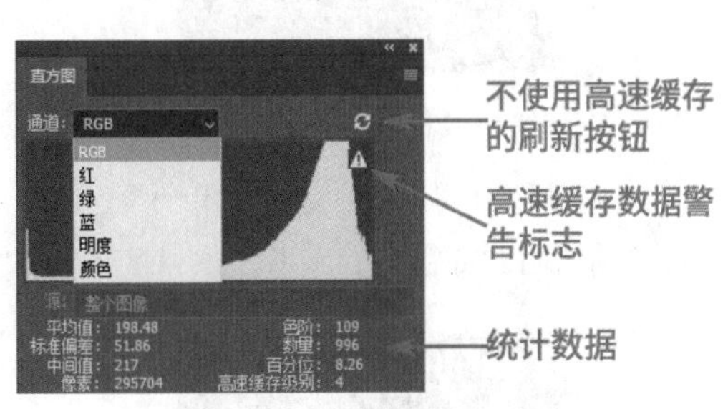

图19-11　【直方图】面板

（1）通道：在下拉列表中选择一个通道（包括颜色通道、RGB通道和明度通道），可以在面板中单独显示该通道的直方图，如图19-12所示。

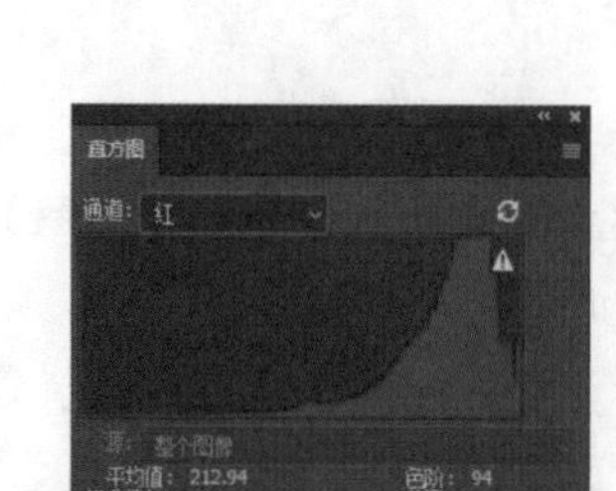

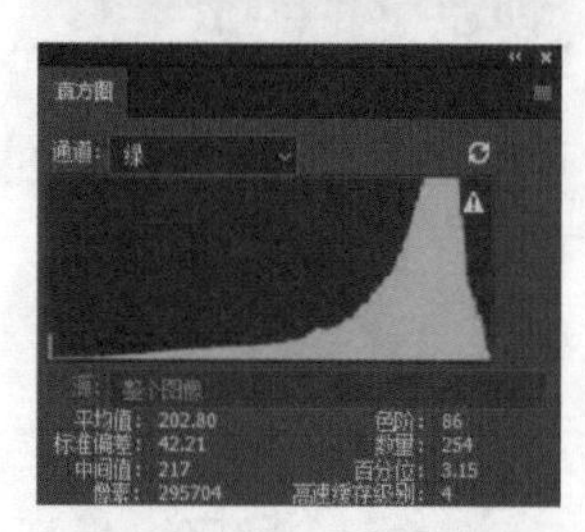

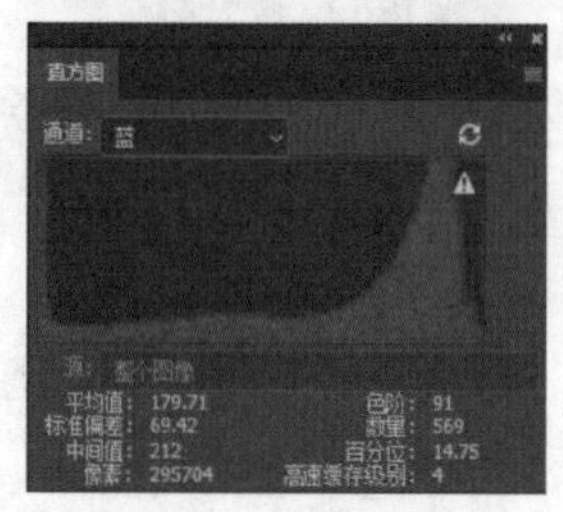

图19-12　不同模式的【直方图】面板

（2）明度：可以显示复合通道的亮度或强度值，如图19-13所示。

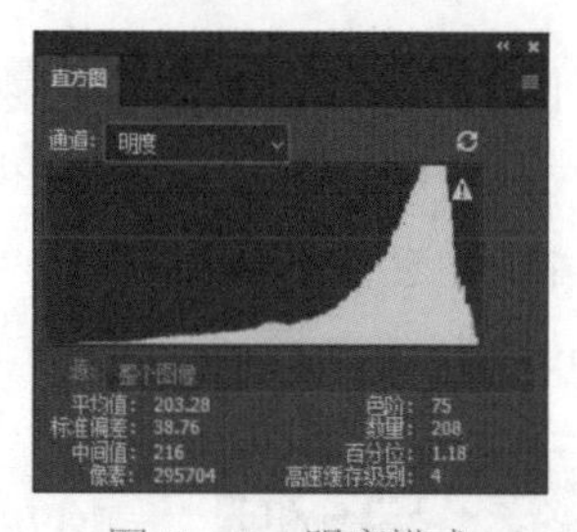

图19-13　明度模式

（3）颜色：可以显示颜色中单个颜色通道的复合直方图，如图19-14所示。

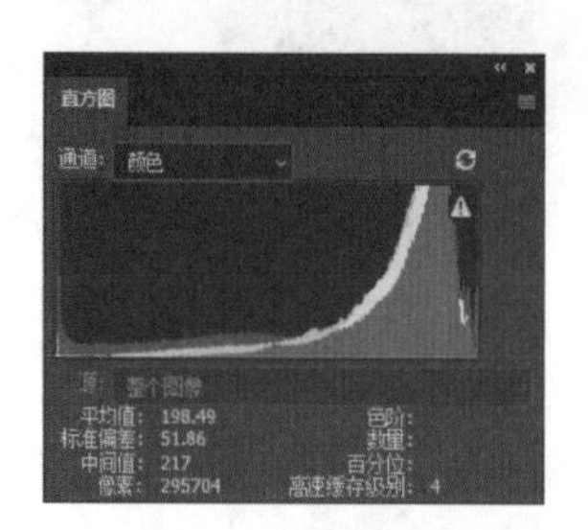

图19-14　颜色模式

（4）【不使用高速缓存的刷新】按钮：单击该按钮可以刷新直方图，显示当前状态下的最新统计结果，如图19-15所示为刷新前后的直方图对比。

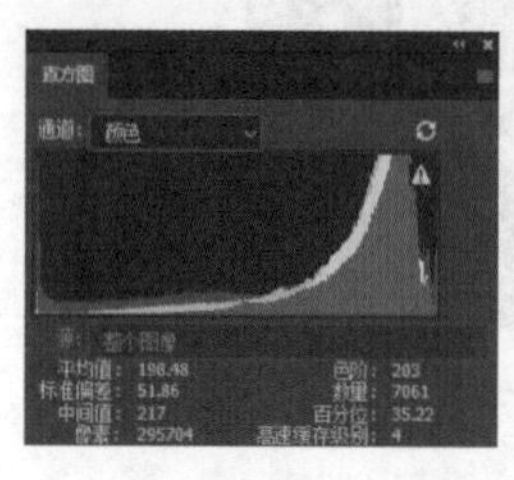

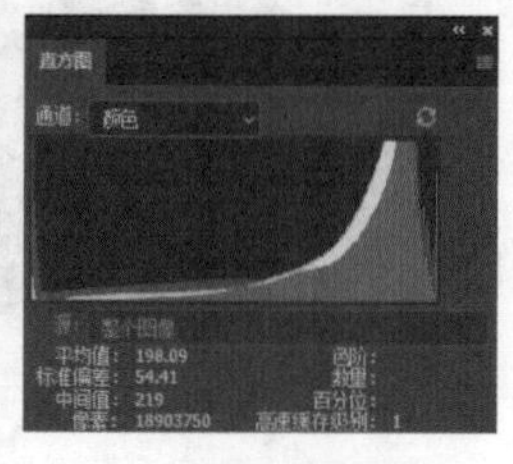

刷新前　　刷新后

图19-15　刷新前后的直方图对比

（5）高速缓存数据警告标志：使用【直方图】面板时，Photoshop CC会在内存中高速缓存直方图。也就是说，最新的直方图是被Photoshop CC存储在内存中的，而并非实时显示在【直方图】面板中。此时直方图的显示速度较快，但并不能及时显示统计结果，面板中就会出现【高速缓存数据警告】标志，单击该标志，可刷新直方图。

（6）统计数据：显示了直方图中的统计数据。

19.3 自动调色命令

在Photoshop CC的【图像】菜单栏中，有三个自动调色命令，分别是【自动色调】【自动对比度】和【自动颜色】。它们无须设置参数，能自动对图像的色调、对比度和颜色进行调整。

19.3.1 自动色调

运用【自动色调】可以改善偏色图像，找回一些图片的亮部和暗部信息，但不会对中间调做修饰。打开一张图片，如图19-16所示，执行【图像】→【自动色调】命令，可以看见图片的蓝色稍暗一些，效果如图19-17所示。

图19-16　打开图片

图19-17　【自动色调】效果

19.3.2　自动对比度

运用【自动对比度】可以自动调整图像的对比度，它将图像中最亮和最暗的像素分别转换为白色和黑色，使得高光区显得更亮，阴影区显得更暗。打开一张对比度低的图片，如图19-18所示，执行【图像】→【自动对比度】命令，可见图片中的“灰度”得到了改善，效果如图19-19所示。

图19-18　打开图片

图19-19　【自动对比度】效果

19.3.3　自动颜色

运用【自动颜色】不仅可以增加颜色对比度，还可以对一部分高光和暗调区域进行亮度合并。打开一张图片，如图19-20所示，执行【图像】→【自动颜色】命令，效果如图19-21所示。此外，自动颜色会将处在128级亮度的颜色纠正为128级灰色，这使得它既有可能修正偏色，又有可能引起偏色。

图19-20 打开图片

图19-21　【自动颜色】效果

19.4 图像色彩的个性化调节

19.4.1 色相饱和度

【色相饱和度】命令有3个用途：调整色相、饱和度和明度，去除颜色，以及为黑白图像上色。

1 通过滑块调整色相、饱和度和明度

打开一张素材图片，如图19-22所示。执行【图像】→【调整】→【色相/饱和度】命令，打开【色相/饱和度】对话框，如图19-23所示。其中包括2个基本选项和3个滑块。【预设】下拉列表中是预设的调整选项，选择其中的一个，可自动对图像进行调整。

图19-22 打开素材图片

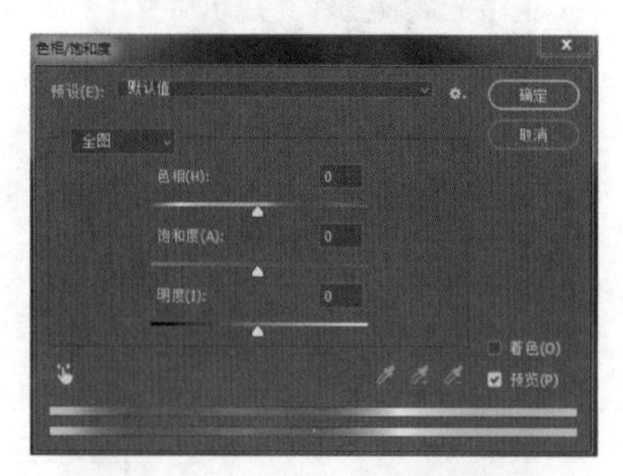

图19-23 【色相/饱和度】对话框

【预设】下方的选项中显示的是【全图】，这是默认的选项，表示调整将应用于整幅图像。【色相】选项可以改变颜色；【饱和度】选项可以使颜色变得鲜艳或暗淡；【明度】选项可以使色调变亮或变暗。操作时，我们在文档窗口中实时观察图像的变化结果，在【色相/饱和度】对话框底部的渐变颜色条上可观察颜色发生了怎样的改变。在这两个颜色条中，上面的是图像原色，下面是修改后的颜色，如图19-24所示。图片修改后的效果如图19-25所示。

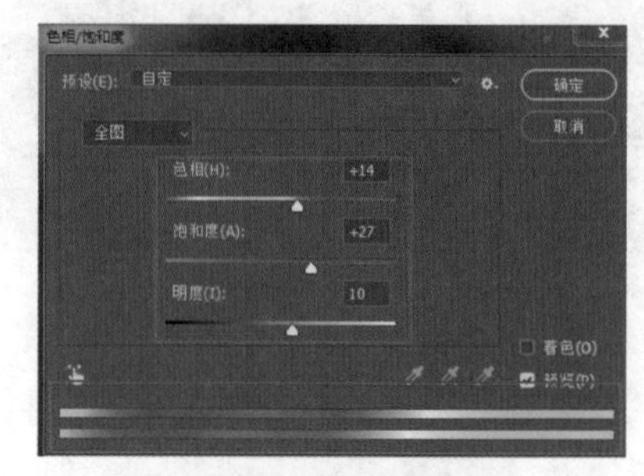

图19-24 不同的渐变颜色条

图19-25 修改后的效果

除了全图调整外，还可以对一种颜色进行单独调整。单击【全图】按钮，打开下拉列表，其中包含色光三原色（红色、绿色和蓝色）以及印刷三原色（青色、洋红和黄色）。选择其中的一种颜色，可单独调整它的色相、饱和度和明度。例如，可以选择【青色】，然后将它转换为其他颜色；也可增加或降低青色的饱和度，或者让青色变亮或变暗。图19-26所示为将青色的【饱和度】设置为50时的效果。

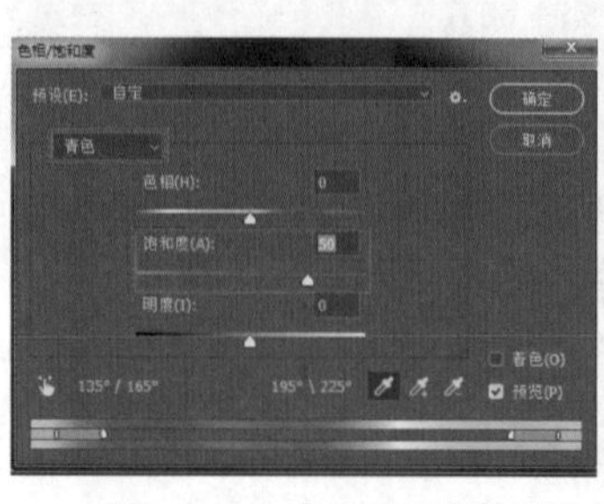

图19-26 【饱和度】设置为50时的效果

② 隔离颜色

当选择了一种颜色进行调整时，两个渐变颜色条中会出现小滑块，如图19-27所示。其中，两个内部的垂直滑块定义了将要修改的颜色范围，调整所影响的区域会由此逐渐向两个外部的三角形滑块处衰减，三角形滑块以外的颜色不会受到影响。拖动垂直的隔离滑块，可以扩展和收缩所影响的颜色范围；拖动三角形衰减滑块，可以扩展和收缩衰减范围。图19-28所示为调整红色色相时的效果。

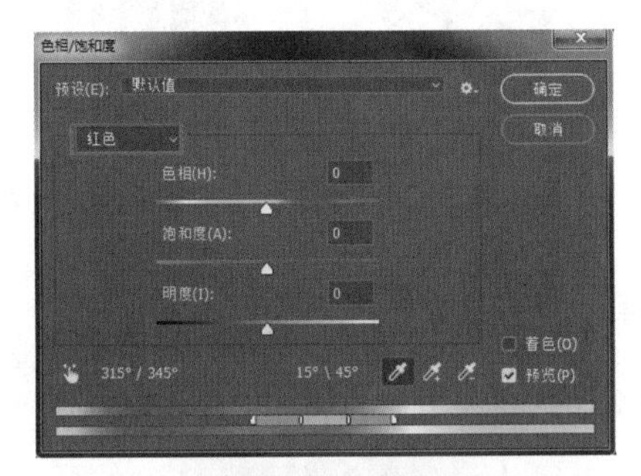

图19-27　渐变颜色条中的小滑块

图19-28　调整效果

③ 用【吸管工具】调节隔离颜色

在隔离颜色的情况下操作时，既可以采用前面的方法，通过拖动滑块来扩展和收缩颜色范围，也可以使用对话框中的3个吸管工具从图像上直接选取颜色，这样更加直观，如图19-29所示。用【吸管工具】单击图像，可以选取要调整的颜色，同时渐变颜色条上的滑块会移动到这一颜色区域。图19-30所示为单击黑色并调整颜色后的效果。

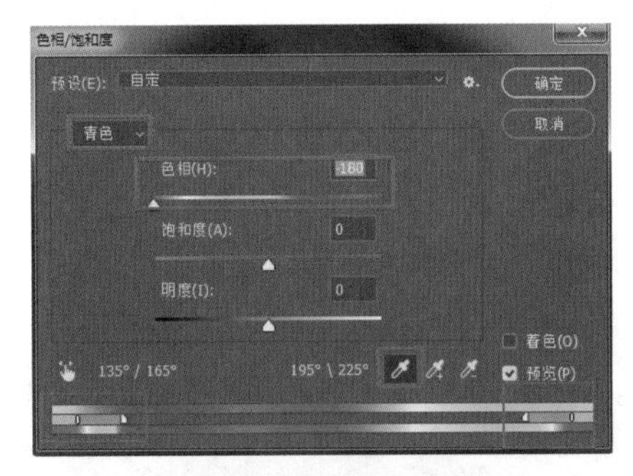

图19-29　拖动滑块与使用吸管

图19-30　调整效果

用单击，可以将颜色添加到选取范围中；用单击，可以将颜色排除出去，如图19-31、19-32所示。

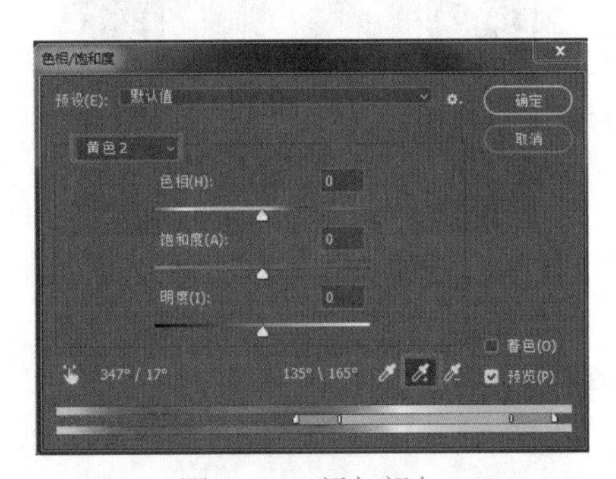

图19-31　添加颜色

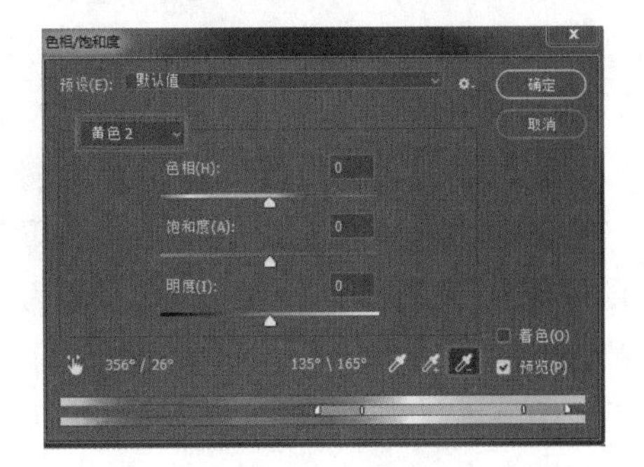

图19-32　排除颜色

④ 使用图像调整工具

单击【图像调整工具】，在想要修改的画面颜色上方单击并向左拖拽，可以降低颜色的饱和度，如图19-33所示；向右拖拽，可以增加饱和度，如图19-34所示。如果要修改色相、明度，可以在【色相/饱和度】对话框中操作。

图19-33　降低饱和度

图19-34　增加饱和度

⑤ 去色/上色

将【饱和度】滑块拖到最左侧，可以将彩色图像转换为黑白效果。在这种状态下，【色相】滑块将不起作用。拖动【明度】滑块可以调整图像的亮度。

勾选【着色】选项后，图像的颜色会变为单一颜色，如图19-35所示。在着色状态下，可以拖动【色相】滑块，使用其他颜色为图像着色，如图19-36所示。拖动【饱和度】和【明度】滑块可以调整颜色的【饱和度】和【明度】。

图19-35　暗红色着色效果

图19-36　拖动【色相】滑块着色效果

19.4.2　自然饱和度

【自然饱和度】可以增加或降低画面颜色的鲜艳程度。【自然饱和度】常用于使外景照片更加明艳动人，或者打造出复古怀旧的低彩效果，如图19-37和图19-38所示。在【色相/饱和度】命令中也可以增加或降低画面的饱和度，但是与之相比，【自然饱和度】的数值调整更加柔和，不会因为饱和度过高而产生纯色，也不会因为饱和度过低而产生完全灰度的图像。所以【自然饱和度】非常适用于数码照片的调色。

图19-37　原素材图片

图19-38　低彩效果

打开素材图片，如图19-39所示。执行【图像】→【调整】→【自然饱和度】命令，打开【自然饱和度】对话框，在这里可以对【自然饱和度】以及【饱和度】数值进行调整，如图19-40所示。但是这种调整方式会对素材图片造成破坏。

图19-39　打开素材图片

图19-40 【自然饱和度】对话框

（1）自然饱和度：向左拖动滑块，可以降低颜色的饱和度；向右拖动滑块，可以增加颜色的饱和度，如图19-41所示。

自然饱和度：-100

自然饱和度：0

自然饱和度：100

图19-41　不同自然饱和度对比

（2）饱和度：向左拖动滑块，可以降低所有颜色的饱和度；向右拖动滑块，可以增加所有颜色的饱和度，如图19-42所示。

饱和度：-100

饱和度：0

饱和度：100

图19-42 不同饱和度对比

如果不想对素材图片造成任何破坏，又想随时调整参数，可以执行【图层】→【新建调整图层】→【自然饱和度】命令，会弹出一个【新建图层】对话框和【属性】面板，接着在【新建图层】对话框中单击【确定】，软件会自动在【图层】面板创建一个【自然饱和度】调整图层，如图19-43所示。

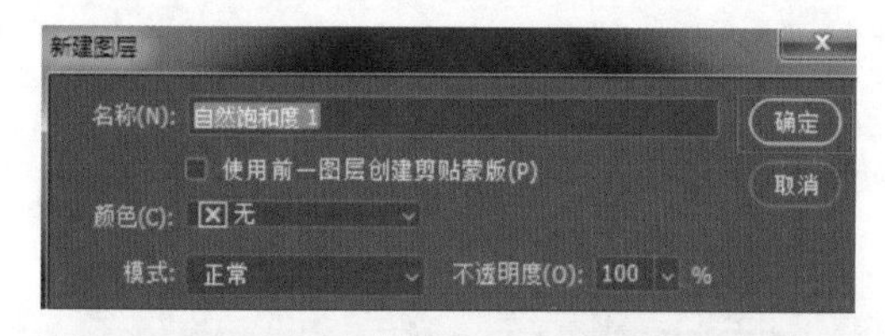

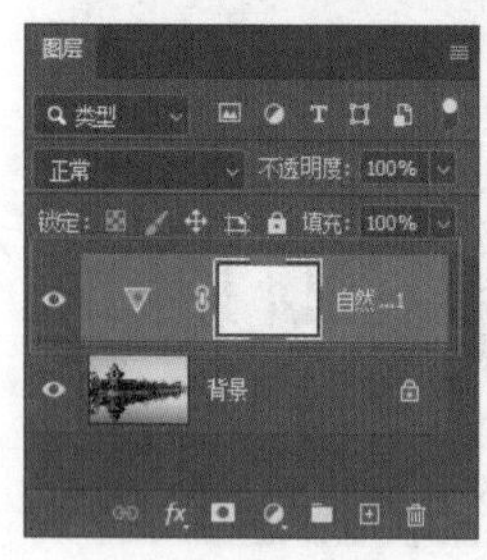

图19-43 【新建图层】对话框、【图层】面板、【属性】面板

这种调整方式既不会对素材图片造成任何破坏，又能随时调整参数，其他调整图层可以用相同的方法调出来；或者单击【图层】面板上的【创建新的填充或者调整图层】按钮，也可以新建调整图层，如图19-44所示，是非常实用的功能。需要注意的是，有些调整命令不能通过【新建调整图层】调出来。

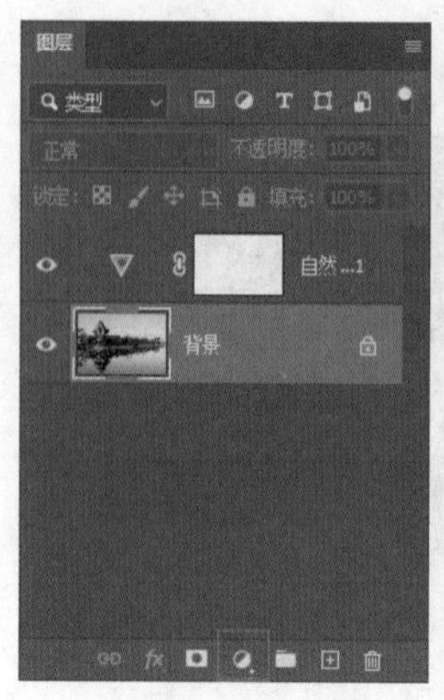

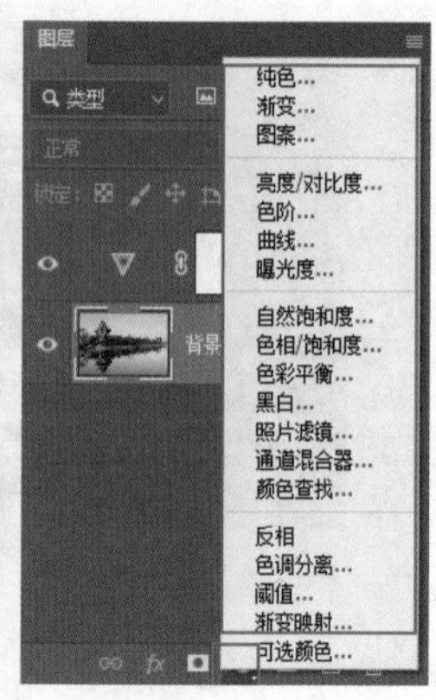

图19-44 新建调整图层的另一种方法

19.4.3 色彩平衡

【色彩平衡】命令是根据颜色的补色原理，控制图像颜色的分布。根据颜色之间的互补关系，要减少某个颜色就应增加这种颜色的补色。所以可以利用【色彩平衡】命令进行偏色问题的校正，如图19-45和图19-46所示。

图19-45 原图

图19-46 修改效果

打开一张图像，如图19-47所示。执行【图像】→【调整】→【色彩平衡】命令（快捷键为Ctrl+B），打开【色彩平衡】对话框。首先设置

【色调平衡】，选择需要处理的部分，决定处理阴影区域、中间调区域，还是高光区域。接着可以在上方调整各个色彩的滑块，如图19–48所示。

图19–47　打开图像

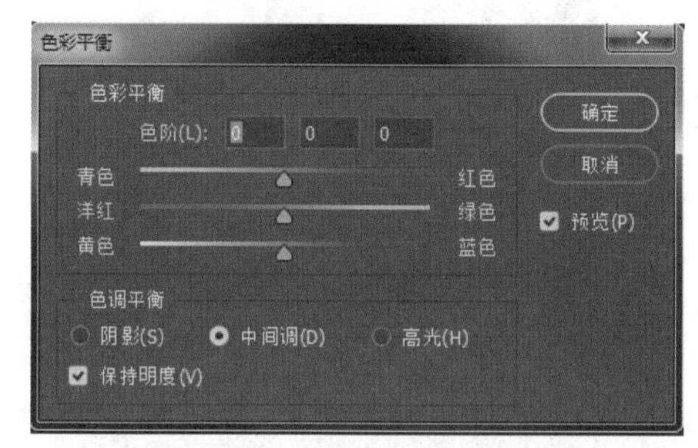

图19–48　【色彩平衡】对话框

或者执行【图层】→【新建调整图层】→【色彩平衡】命令，在【新建图层】对话框中进行设置，最终在【图层】面板创建一个【色彩平衡】调整图层，如图19–49所示。

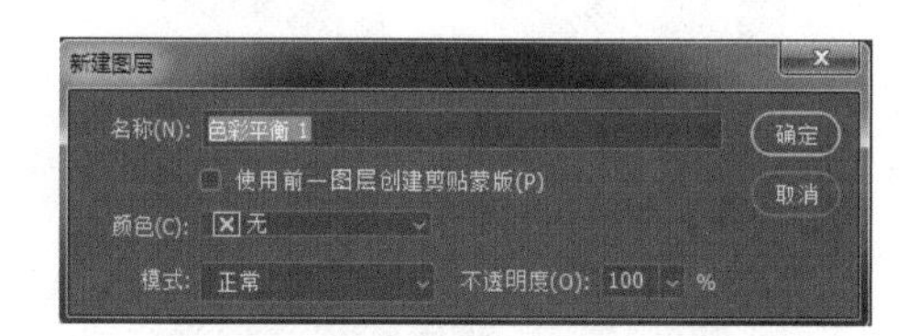

图19–49　【新建图层】对话框

（1）色彩平衡：用于调整【青色–红色】【洋红–绿色】以及【黄色–蓝色】在图像中所占的比例，可以手动输入，也可以拖动滑块来进行调整。例如，向右拖动【青色–红色】滑块，可以在图像中增加红色，同时减少其青色，如图19–50所示；向右拖动【洋红–绿色】滑块，可以在图像中增加绿色，同时减少其洋红，如图19–51所示。

图19–50　向右拖动【青色–红色】滑块

图19–51　向右拖动【洋红–绿色】滑块

（2）色调平衡：选择调整色彩平衡的方式，包含【阴影】【中间调】和【高光】3个选项。如图19–52所示分别是向【阴影】【中间调】和【高光】添加黄色以后的效果。

图19-52 分别向【阴影】【中间调】和【高光】添加黄色以后的效果

（3）保持明度：勾选【保持明度】复选框，可以保持图像的色调不变，以防止亮度值随着颜色的改变而改变，如图19-53所示为对比效果。

图19-53 未勾选与勾选【保持明度】对比效果

19.4.4 可选颜色

运用【可选颜色】可以更改图像中整体或某种印刷色的数量，使得画面中某种颜色的色彩发生变化。打开一张图片，如图19-54所示。执行【图像】→【调整】→【可选颜色】命令，弹出【可选颜色】对话框，如图19-55所示。

图19-54 打开图片

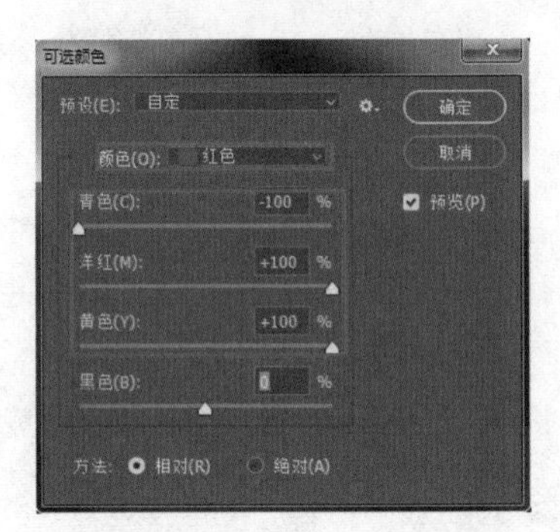

图19-55 【可选颜色】对话框

首先在【颜色】选项中选择想要更改的颜色，如【红色】，然后移动下方各个颜色的滑块，调整百分比，如减少青色、增加洋红和黄色，效果如图19-56所示。

图19-56 修改效果

19.4.5 匹配颜色

运用【匹配颜色】可以将一张图像的色彩映射到另一张图像上，即将源图像的颜色与目标图像的颜色进行匹配，从而更改图像的颜色。

打开图片【素材1】，如图19-57所示。然后将其拖入以一张星空图片为背景的文档中，如图19-58所示，并将文件保存为【匹配颜色　练习】。如果【素材1】是智能对象，需要将其栅格化为普通图层。

图19-57　【素材1】图片

图19-58　拖入图片文档中

选中素材1图层，执行【图像】→【调整】→【匹配颜色】命令，弹出【匹配颜色】对话框，设置【源】为【匹配颜色　练习】，【图层】为【背景】图层，如图19-59所示。单击【确定】按钮，效果如图19-60所示。

图19-59　设置【匹配颜色】对话框的参数

图19-60　【匹配颜色】效果

19.4.6　通道混合器

运用【通道混合器】可以使图像中的颜色通道相互混合，从而调整和修复目标通道的颜色，能够很好地校正偏色的图像。

打开一张图片，如图19-61所示。执行【图像】→【调整】→【通道混合器】命令，在弹出的【通道混合器】对话框中，【输出通道】选择【蓝】，然后【红色】设置为0%，【绿色】设置为100%，【蓝色】设置为0%，如图19-62所示，可见图像呈现青色的效果，如图19-63所示。

图19-61　打开图片

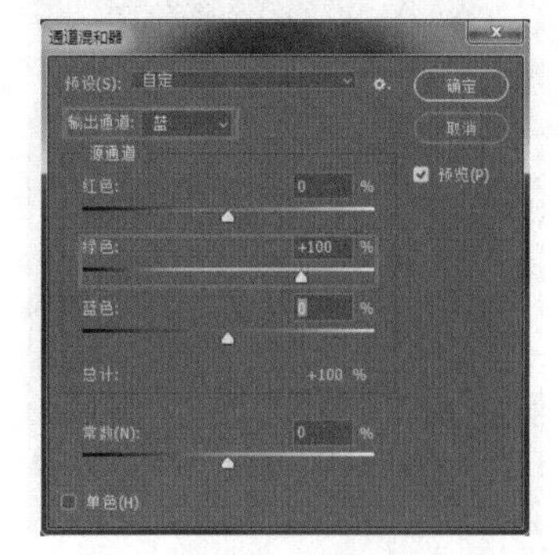

图19-62　设置【通道混合器】对话框的参数

图19-63　调整后的效果

19.4.7　阴影/高光

调整阴影和高光可以改善图像中因阴影区域过暗和高光区域过亮导致的细节缺失，使图像呈现出更多细节。打开一张图片，如图19-64所示。执行【图像】→【调整】→【阴影/高光】命令，弹出【阴影/高光】对话框，可对阴影和高光的数量进行设置，勾选【显示更多选项】，会显示更多参数选项，如图19-65所示。设置好数值后单击【确定】按钮即可，效果如图19-66所示。

图19-64　打开图片

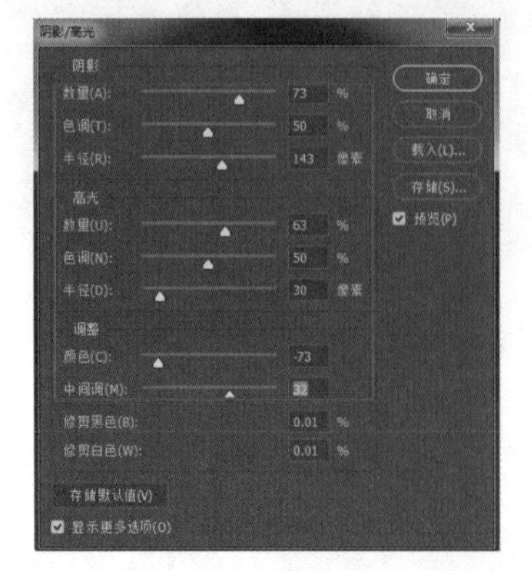

图19-65　设置【阴影/高光】对话框的参数

图19-66　调整后的效果

19.4.8　渐变映射

运用【渐变映射】会将图像先变成黑白，然后通过设置渐变色，将渐变色一一映射到图像上。颜色渐变条从左到右分别对应的是图像的暗部、中间调和高光区域。也就是说，如果渐变条有两种颜色，那么左边的颜色就是图像暗部的颜色，右边的颜色就是图像高光的颜色，而中间过渡区域则是中间调的颜色。

打开一张图片，如图19-67所示。执行【图像】→【调整】→【渐变映射】命令，弹出【渐变映射】对话框，如图19-68所示。

图19-67　打开图片

图19-68　【渐变映射】对话框

单击【灰度映射所用的渐变】下方的渐变条，可打开【渐变编辑器】，选择渐变的类型。

如果没有合适的，可以单击左下方的颜色块，打开【拾色器（色标颜色）】对话框，在里面选择合适的颜色，这里选择渐变色为绿色（0，66，91）和白色，如图19-69所示。

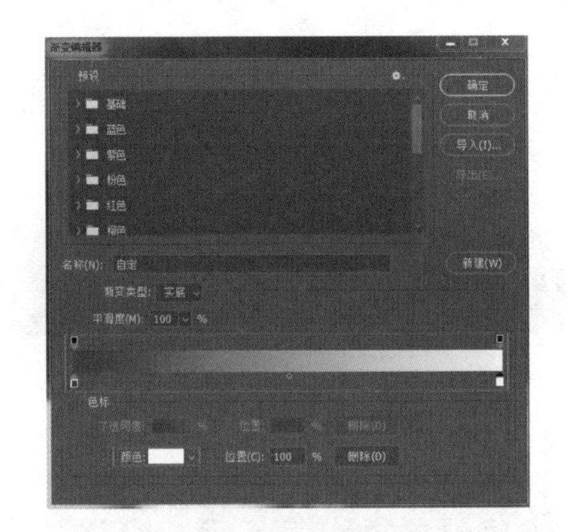

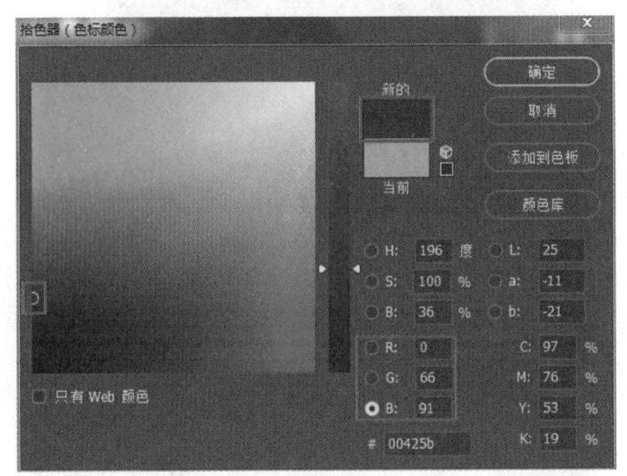

图19-69　设置参数

单击【确定】按钮，效果如图19-70所示。

图19-70　调整效果

19.4.9　颜色查找

【颜色查找】是比较少用的命令，它可以快速获得类似于各种滤镜的效果。打开一张图片，如图19-71所示。执行【图像】→【调整】→【颜色查找】命令，打开【颜色查找】对话框，选择【3DLUT文件】，单击右边的按钮，弹出一系列选项，如图19-72所示。可以选择任意一种喜欢的风格，图19-73选择的是【EdgyAmber.3DL】的效果。

图19-71　打开一张图片

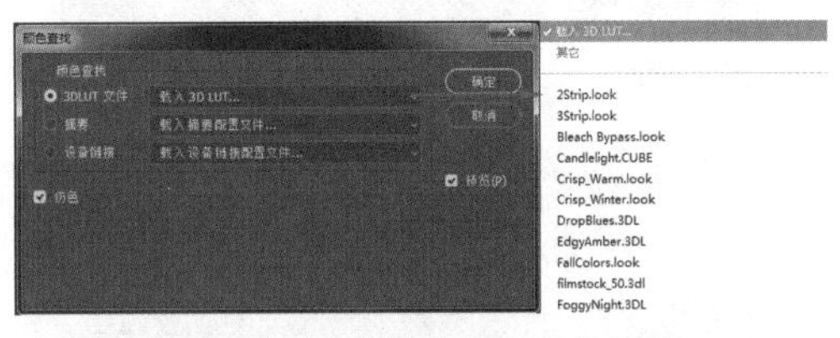

图19-72　选择【3DLUT文件】

图19-73　选择【EdgyAmber.3DL】的效果

19.4.10　照片滤镜

运用【照片滤镜】命令可以快速地给照片调色，使图片呈现冷调或暖调效果。打开一张图片，如图19-74所示。执行【图像】→【调整】→【照片滤镜】命令，弹出【照片滤镜】对话框，如图19-75所示。单击【滤镜】右边的按钮，在下拉列表中选择【蓝色】，【密度】设置为70%，图片变为了冷色调，效果如图19-76所示。

图19-74 打开图片

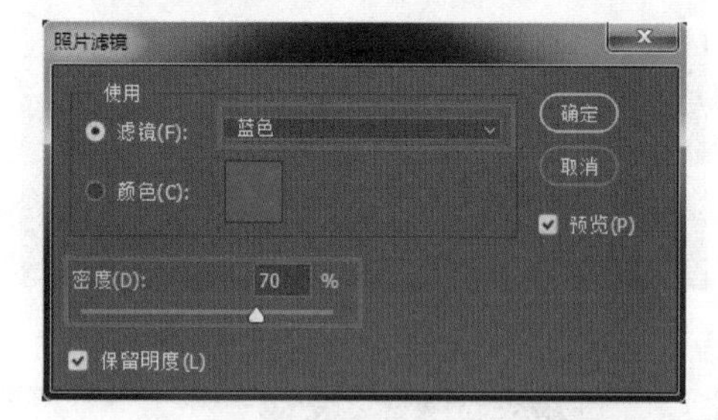

图19-75 【照片滤镜】对话框

图19-76 修改效果

拓展知识

如果预设的选项效果都不理想怎么办?

如果预设的选项效果都不理想，可以选择【颜色】，单击右边的色块，弹出【拾色器】对话框，选择想要的颜色即可。

19.4.11 亮度/对比度

【亮度/对比度】命令主要用来调节图像的亮度和对比度。虽然使用【色阶】和【曲线】命令都能实现此功能，但是这两个命令使用起来比较复杂，而使用【亮度/对比度】命令可以更加简便直观地完成亮度和对比度的调整，如图19-77、图19-78、图19-79所示。

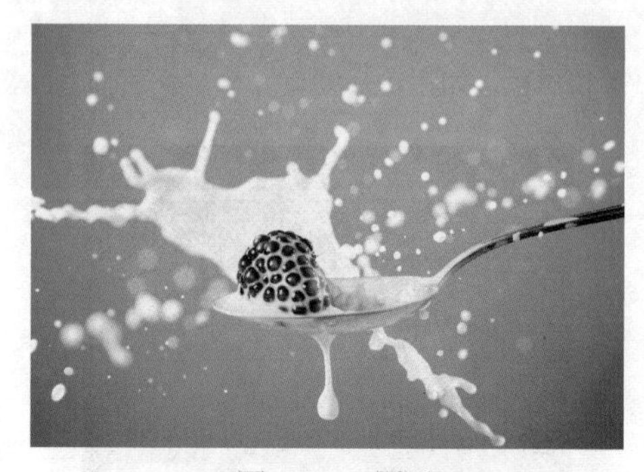
图19-77 原图

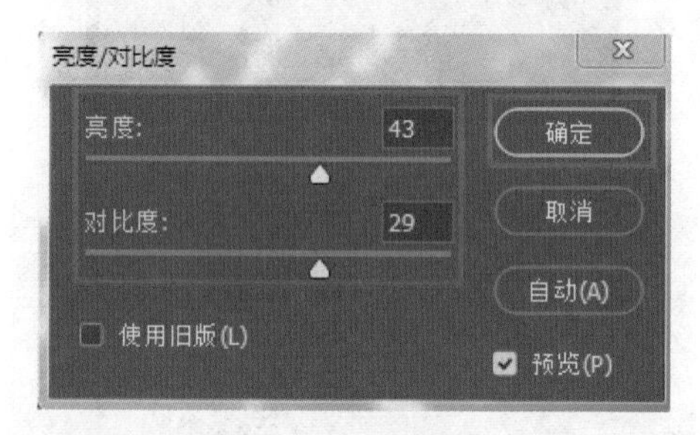

图19-78 调整参数

图19-79 调整效果

19.4.12 色阶

使用【色阶】命令可以调整图像的阴影、中间调和高光的强度级别，从而校正图像的色调范围和色彩平衡。【色阶】对话框中包含一个直方图，可以作为调整图像基本色调时的直观参考依据。

下面将针对【色阶】对话框中的各选项进行详细讲解。执行【图像】→【调整】→【色阶】命令，弹出【色阶】对话框，如图19-80所示。

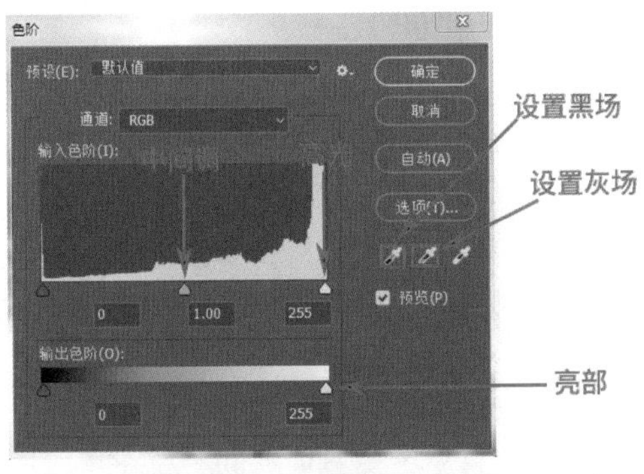

图19-80　【色阶】对话框

（1）预设：该下拉列表中包含了Photoshop提供的预设调整文件，如图19-81所示。单击【预设】选项右侧的按钮，在弹出的下拉菜单中选择【存储预设】命令，可以将当前的调整参数保存为一个预设文件。在使用相同的方式处理其他图像时，可选择【载入】命令，软件将载入该文件并自动完成调整。

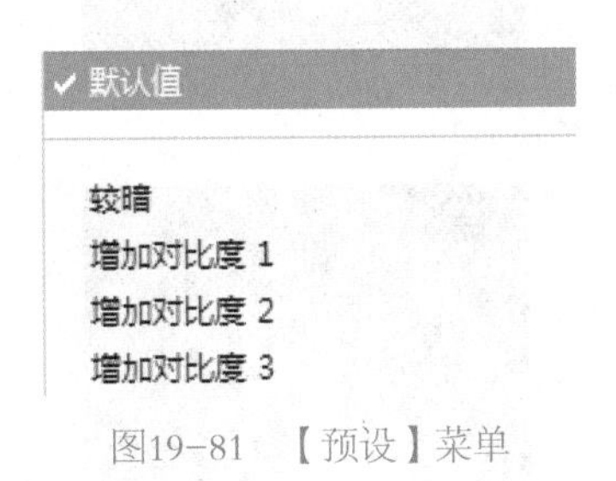

图19-81　【预设】菜单

（2）通道：在下拉列表中可以选择要调整的通道。如果要同时编辑多个颜色通道，可在执行【色阶】命令之前，按住Shift键在【通道】面板中选择这些通道。在【色阶】对话框的【通道】菜单中会显示目标通道的缩写，如GB表示绿色和蓝色通道。

（3）输入色阶：用来调整图像的阴影、中间调和高光区域。可拖动滑块调整，也可以在滑块下面的文本框中输入数值来进行调整。

（4）输出色阶：用来限定图像的亮度范围。拖动滑块调整或者在滑块下面的文本框中输入数值，可以调整图像的对比度。

（5）自动：单击该按钮，可应用自动颜色校正。以0.5%的比例自动调整图像色阶，使图像的亮度分布得更加均匀。

（6）选项：单击该按钮，可以弹出【自动颜色校正选项】对话框，在对话框中可设置黑色像素和白色像素的比例。

（7）设置黑场：使用该工具在图像中单击，如图19-82所示，可将单击点的像素变为黑色，原图像中比该点暗的像素也变为黑色。

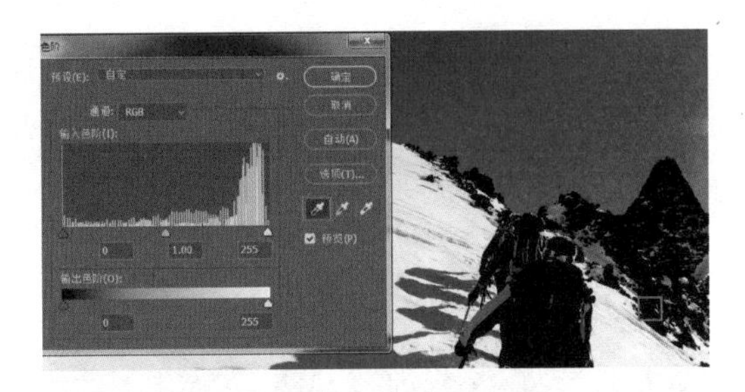

图19-82　设置黑场

（8）设置灰场：使用该工具在图像中单击，如图19-83所示，可根据单击点的像素的亮度来调整其他中间色调的平均亮度。

图19-83　设置灰场

（9）设置白场：使用该工具在图像中单击，可将单击点的像素变为白色，比该点亮度值大的像素也都会变为白色。如图19-84所示。

图19-84　设置白场

19.4.13 曝光度

【曝光度】是专门用于调整HDR图像色调的命令，但它也可以用于8位和16位图像。

调整HDR图像曝光度的方式与在真实环境中拍摄场景时调整曝光度的方式类似。这是因为在HDR图像中可以按比例显示和存储真实场景中的所有明亮度值。

执行【图像】→【调整】→【曝光度】命令，即可打开对话框，如图19-85所示。

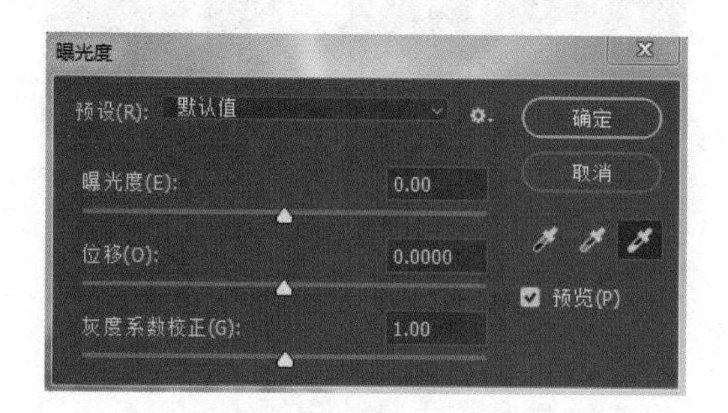

图19-85 【曝光度】对话框

（1）预设：在预设选项中，系统默认提供了几个不同的默认值，以方便用户在使用时调整。

（2）曝光度：该选项对图像或选区范围进行曝光调节。数值越大，曝光越充足。

（3）位移：该选项可细微调节图像的暗部和亮部。

（4）灰度系数校正：该选项用来调节图像灰度系数的大小，即曝光颗粒度。值越大则曝光效果就越差；而值越小则对光的反应越灵敏。

（5）吸管工具：在对话框的右下部，有3个吸管，分别用来精细地设置【曝光度】【位移】【灰度系数校正】的值。

打开一张素材图片，如图19-86所示，按Ctrl+J复制图层，然后执行【图像】→【调整】→【曝光度】命令，打开【曝光度】对话框，修改相应参数。

图19-86 素材图片

【曝光度】分别为-1、0、1时的效果，如图19-87所示。

曝光度：-1

曝光度：0

曝光度：1

图19-87 不同曝光度对比效果

不同【位移】的对比效果，如图19-88所示。

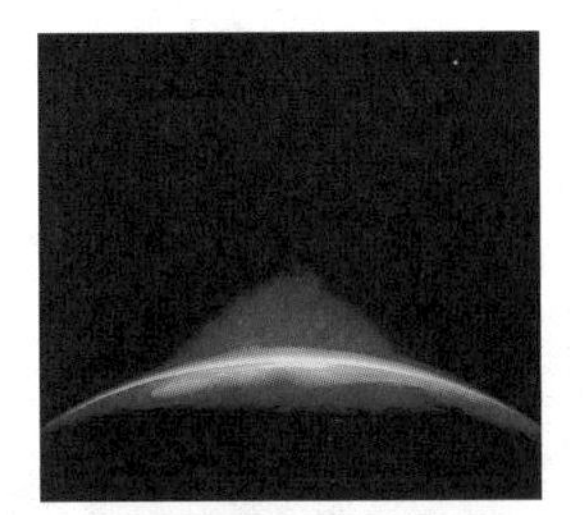

位移：-0.2

位移：0

位移：0.2

图19-88　不同位移的对比效果

不同【灰度系数校正】的对比效果，如图19-89所示。

灰度系数校正：3

灰度系数校正：1

灰度系数校正：0.3

图19-89　不同灰度系数校正的对比效果

19.4.14　曲线

【曲线】也是用于调整图像色彩与色调的工具，它比【色阶】的功能更加强大，【色阶】只有3个调整功能：白场、黑场和灰度系数，而【曲线】允许在图像的整个色调范围内（从阴影到高光）最多调整14个点。在所有的调整工具中，【曲线】可以提供最为精确的调整结果。

在Photoshop CC中，用户可以通过执行【图像】→【调整】→【曲线】命令，打开【曲线】对话框，如图19-90所示。

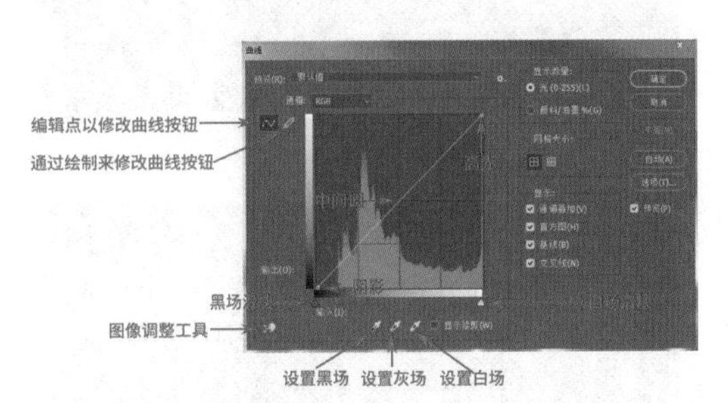

图19-90　【曲线】对话框

（1）预设：该选项的下拉列表中包含了Photoshop提供的预设调整文件，如图19-91所示。当选择【默认值】时，可通过拖动曲线来调整图像；选择其他选项时，可以用预设文件调整图像。

✔ 默认值

彩色负片 (RGB)
反冲 (RGB)
较暗 (RGB)
增加对比度 (RGB)
较亮 (RGB)

图19-91　【预设】下拉列表

（2）通道：在该选项的下拉列表中可以选择需要调整的通道。RGB模式的图像可以调整RGB复合通道和红、绿、蓝通道；CMYK模式的图像可调整CMYK复合通道和青色、洋红、黄色、黑色通道。

（3）【编辑点以修改曲线】按钮 ：按下该按钮后，在曲线中单击可添加新的控制点，拖动控制点改变曲线形状，即可调整图像。

（4）【通过绘制来修改曲线】按钮 ：按下该按钮后，可在对话框中绘制手绘效果的自由曲线，如图19-92所示。绘制自由曲线后，可单击【编辑点以修改曲线】按钮，在曲线上显示控制点，如图19-93所示。

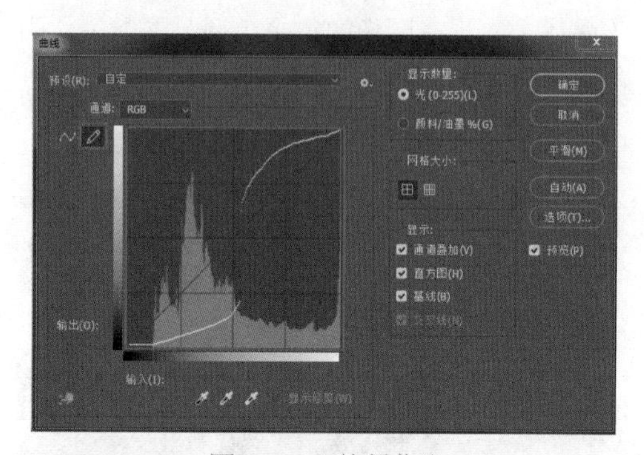

图19-92　绘制曲线

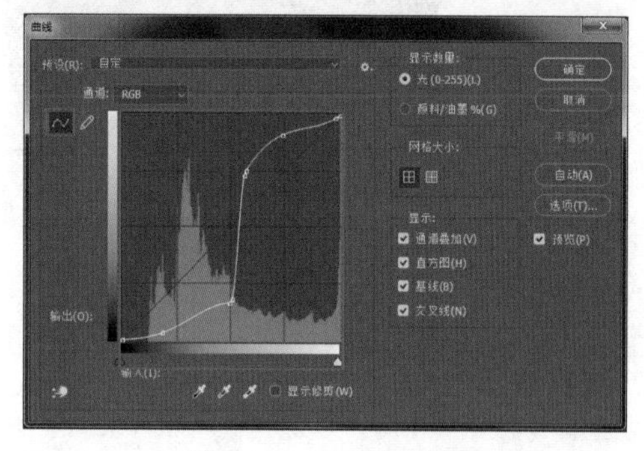

图19-93　显示控制点

（5）输入/输出：【输入】显示调整前的像素值，【输出】显示调整后的像素值。

（6）高光/中间调/阴影：移动曲线顶部的点可调整图像的高光区域；移动中间的点可以调整图像的中间调；移动底部的点可以调整图像的阴影区域。

（7）图像调整工具 ：按下该按钮后，可以在画面中单击并拖动鼠标调整曲线。

（8）设置黑场/设置灰场/设置白场：这几个工具与【色阶】对话框中对应工具的作用相同。

（9）平滑：使用【通过绘制来修改曲线】按钮绘制自由形状的曲线后，单击该按钮，可对曲线进行平滑处理。

（10）自动：单击该按钮，可对图像应用【自动颜色】【自动对比度】或【自动色调】校正。具体的校正内容取决于【自动颜色校正选项】对话框中的设置。

（11）选项：单击该按钮，弹出【自动颜色校正选项】对话框，如图19-94所示。【自动颜色校正选项】用来控制由【色阶】和【曲线】中的【自动颜色】【自动色调】【自动对比度】【自动】选项应用的色调和颜色校正。它允许指定阴影和高光剪切百分比，并为阴影、中间调和高光指定颜色值。

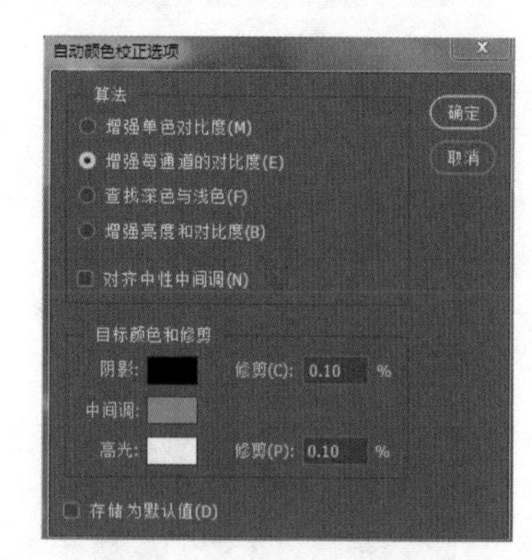

图19-94　【自动颜色校正选项】对话框

（12）显示数量：可反转强度值和百分比的显示。

（13）简单网格/详细网格：单击【简单网格】按钮 ，将以25%的增量显示网格，如图19-95所示；单击【详细网格】按钮 ，则以10%的增量显示网格，如图19-96所示。也可以按住Alt键单击网格，在这两种网格模式间切换。

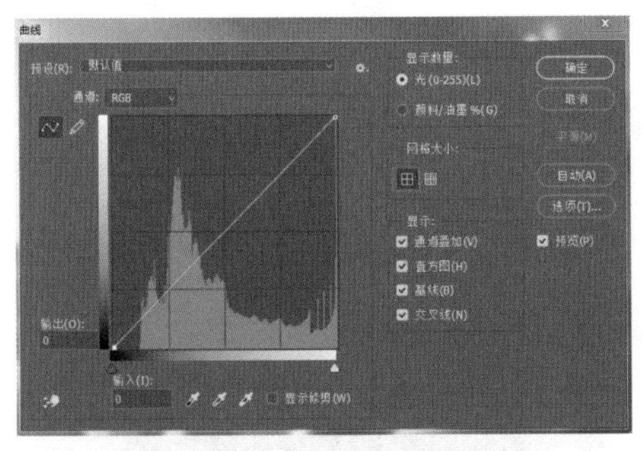

图19-95　显示【简单网格】

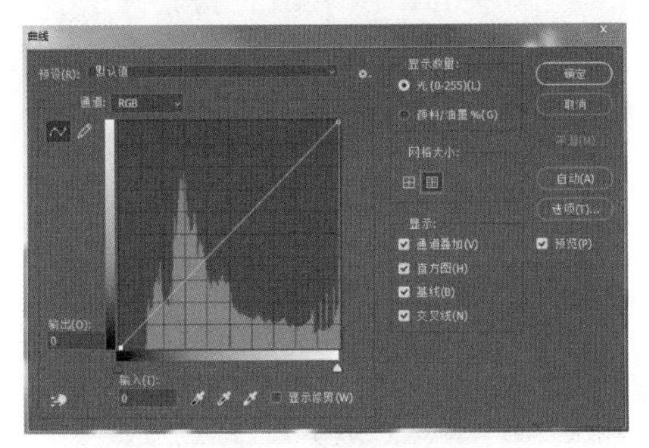

图19-96　显示【详细网格】

（14）显示。

● 通道叠加：可在复合曲线上方叠加颜色通道曲线。

● 直方图：可在曲线上叠加直方图。

● 基线：可在网格上显示以45° 角绘制的基线。

● 交叉线：调整曲线时，可显示水平线和垂直线，以帮助用户在参照直方图或网格进行拖动时将点对齐。

打开一张素材图片，如图19-97所示，然后执行【图像】→【调整】→【曲线】命令，打开【曲线】对话框，调整曲线，如图19-98所示。图19-99为其调整效果。

图19-97　素材图片

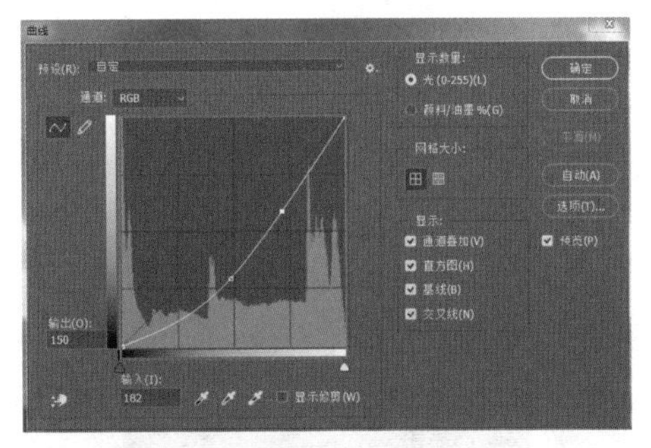

图19-98　调整曲线

图19-99　调整效果

19.4.15　HDR色调

HDR色调，即高动态范围的色调。运用其可以调整图像过暗或过亮区域的细节，以获得更强的视觉冲击，非常适合处理风光照片。打开素材图片，如图19-100所示。执行【图像】→【调整】→【HDR色调】命令，弹出【HDR色调】对话框，如图19-101所示。可以选择预设的选项，如果想要更加丰富的效果，也可以自行设置参数。调整效果如图19-102所示。

图19-100 打开素材图片

图19-101　修改参数

图19-102　调整效果

19.4.16　替换颜色

替换颜色，顾名思义就是用一种颜色替换另一种颜色，在操作时它选取颜色的方式与【色彩范围】命令相同，之后用修改【色相/饱和度】参数的方法修改所选颜色。

打开一张素材图片，如图19-103所示，然后按Ctrl+J复制图层，执行【图像】→【调整】→【替换颜色】命令，打开【替换颜色】对话框，如图19-104所示。

图19-103　素材图片

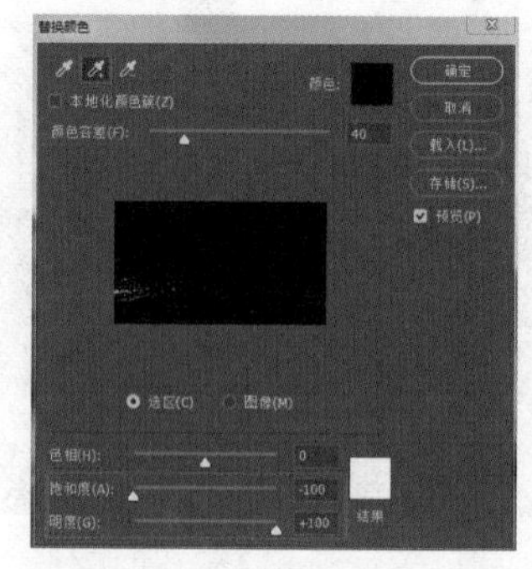

图19-104　【替换颜色】对话框

将饱和度调到最低，明度调到最高，再用【添加到取样】工具，吸取想使其变白的地方，然后单击【确定】，效果如图19-105所示。

图19-105　调整效果

为图层添加一个蒙版，选择【画笔工具】，在图像中对想使其变回绿色的地方进行涂抹，最终效果如图19-106所示。

图19-106　最终效果

19.5　图像色彩的特别调节

19.5.1　反相

运用【反相】命令可以使图片获得负片的效果，即把图像的颜色转换为它的补色，比如黑变白、蓝变黄、红变绿。打开一张图片，如图19-107所示。执行【图像】→【调整】→【反相】命令，无须进行参数设置，即可获得反相效果，如图19-108所示。

图19-107　打开图片

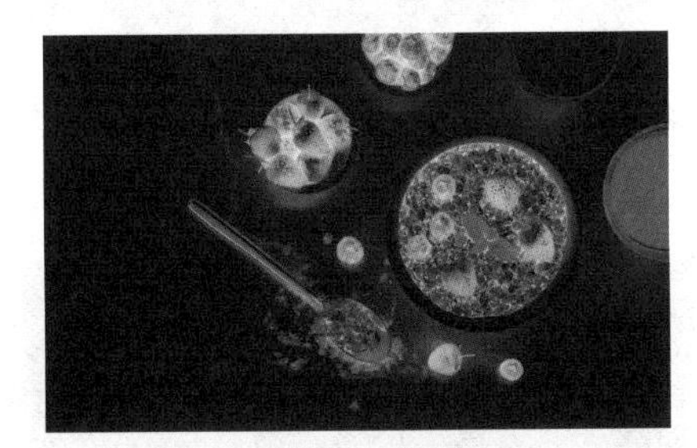

图19-108　反相效果

19.5.2　色调均化

运用【色调均化】可以使图像中像素的亮度值重新分布，即图像中最亮的像素变为白色，最暗的像素变为黑色，而中间值像素则分布在整个灰色范围内。通过【色调均化】既可以均化图像整体的色调，又可以均化图像局部的色调。

打开一张图片，如图19-109所示。执行【图像】→【调整】→【色调均化】命令，无须进行参数设置，即可均化整个图像的色调，效果如图19-110所示。

图19-109　打开图片

图19-110　【色调均化】效果

如果要使局部图像得到均化，可以选择选区工具，在需要均化的区域创建选区，如图19-111所示。然后执行【图像】→【调整】→【色调均化】命令，此时会弹出【色调均化】对话框，如图19-112所示。单击【仅色调均化所选区域】按钮，再单击【确定】即可，效果如图19-113所示。

图19-111　创建选区

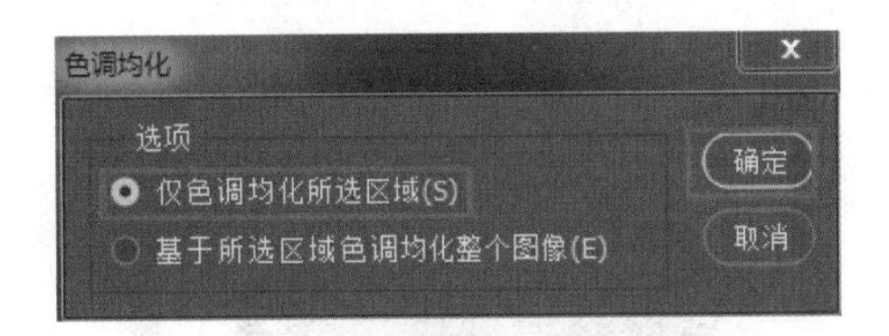

图19-112　【色调均化】对话框

图19-113　局部【色调均化】效果

19.5.3 阈值

运用【阈值】可以将灰度或彩色的图像转换为黑白图像。其原理是通过指定一个色阶作为阈值，将所有比阈值亮的像素转换为白色，将所有比阈值暗的像素转换为黑色。

打开一张图片，如图19-114所示，执行【图像】→【调整】→【阈值】命令，弹出【阈值】对话框，设置【阈值色阶】为150，如图19-115所示。黑白效果如图19-116所示。

图19-114　打开图片

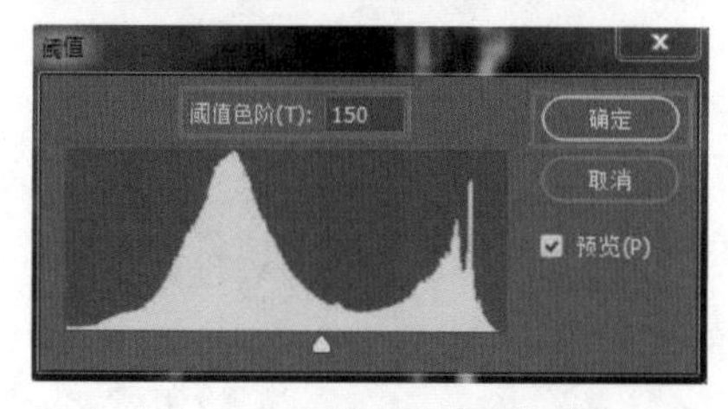

图19-115　【阈值】对话框

图19-116　黑白效果

19.5.4 色调分离

运用【色调分离】可以通过设置色阶的数量来减少图像的色彩数量，原图像多余的颜色会映射到最接近的匹配颜色中。色调分离后的图像会降低色彩的丰富程度，使颜色呈块状分布。

打开一张图片，如图19-117所示。执行【图像】→【调整】→【色调分离】命令，弹出【色调分离】对话框，设置【色阶】为5，如图19-118所示。设置后图像的颜色丰富度所有下降，如图19-119所示。

图19-117　打开一张图片

图19-118　【色调分离】对话框

图19-119　图片效果

19.6 将图像调为黑白灰效果

19.6.1 去色

运用【去色】可以快速地将彩色图像变为黑白图像，无须进行任何参数设置。打开一张图片，如图19-120所示。执行【图像】→【调整】→【去色】命令，即可获得黑白图像，如图19-121所示。

图19-120 打开图片

图19-121 【去色】效果

19.6.2 黑白

【黑白】命令可以将彩色图像转变为灰色或黑白效果，并且可以调整转换后图像的明暗度。打开一张彩色图片，如图19-122所示，执行【图像】→【调整】→【黑白】命令，弹出【黑白】对话框，如图19-123所示，Photoshop CC会自动设置相关参数，也可以再次对参数进行设置。获得的最终效果如图19-124所示。

图19-122 一张彩色图片

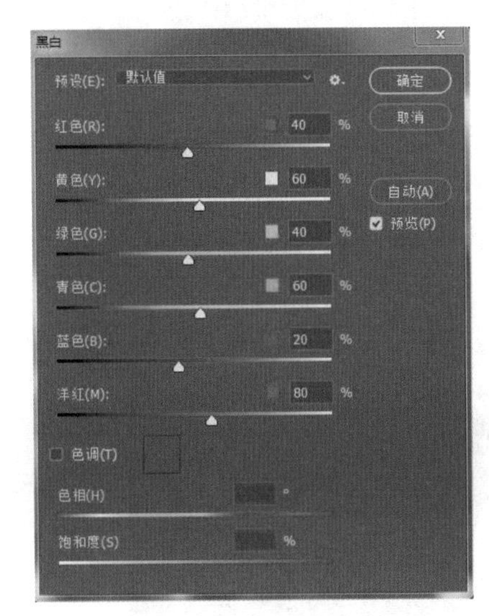

图19-123 【黑白】对话框

图19-124 最终效果

拓展知识

【去色】命令与【黑白】命令的区别

执行【去色】命令与【黑白】命令都可以获得灰度图片，两者的不同之处在于：【去色】命令只是简单地去除颜色，而【黑白】命令能够进行参数调整，得到的图像层次更加丰富。

PSD PS

第20章

通道

——迈向高手的通道

通道是Photoshop中非常重要的设置，它记录了图像大部分的信息。通过通道可以创建复杂的选区、进行高级图像抠图、调整图像颜色等。本章主要对Photoshop的通道以及相关知识进行讲解。

20.1 通道面板

在Photoshop中可以通过【通道】面板来创建、保存和管理通道。在打开图像时，会在【通道】面板中自动创建该图像的颜色信息通道，如图20-1所示。单击【通道】面板右上角的≡按钮，弹出【通道】面板菜单，如图20-2所示。

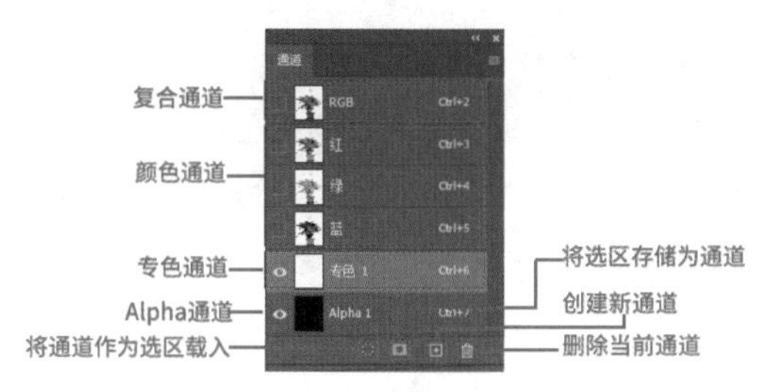

图20-1　【通道】面板

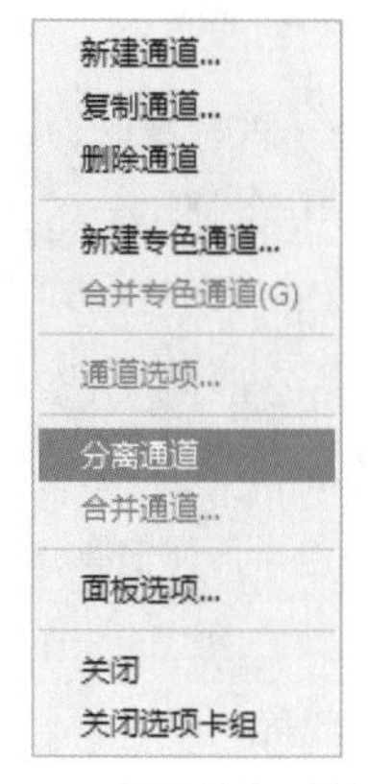

图20-2　【通道】面板菜单

（1）复合通道：在【通道】面板中最上层的就是复合通道，在复合通道下可以同时预览和编辑所有颜色通道。

（2）颜色通道：用于记录图像颜色信息的通道。

（3）专色通道：用于保存专色油墨的通道。

（4）Alpha通道：用来保存选区的通道。

（5）将通道作为选区载入：单击该按钮，可以载入所选通道的选区。

（6）将选区存储为通道：单击该按钮，可以将图像中的选区保存在通道中。

（7）创建新通道：单击该按钮，可以创建Alpha通道。

（8）删除当前通道：单击该按钮，可以将当前选中的通道删除，但是不能删除复合通道。

（9）分离/合并通道：分离通道是将原素材文件关闭，将通道中的图像以3个灰度图像窗口显示。合并通道则与前者相反，是将多个灰色图像合并为一个图像通道。

（10）面板选项：用于设置【通道】面板中每个通道的显示状态。选择该选项，弹出【通道面板选项】对话框，在该对话框中可设置通道缩览图的大小，如图20-3所示。

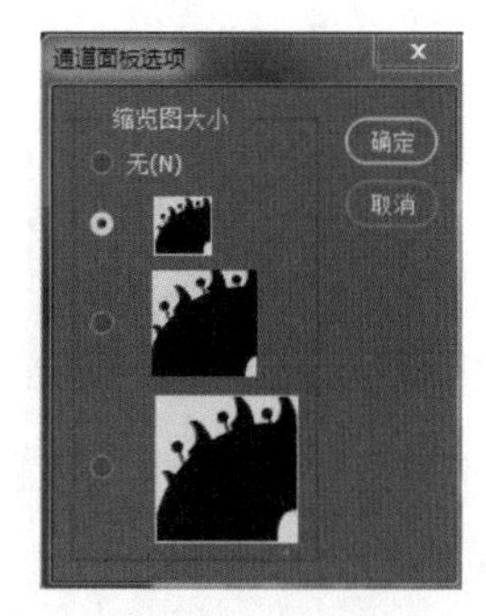

图20-3　【通道面板选项】对话框

20.2 通道的分类

通道主要分为颜色通道、专色通道、Alpha通道。通道是Photoshop的高级功能，它与图像的内容、色彩和选区有着密切的联系。

1 颜色通道

颜色通道记录了图像颜色的信息。图像的颜色模式不同，颜色通道的数量也不相同。RGB图像包含红、绿、蓝三个颜色通道和一个复合通道，如图20-4所示；CMYK图像包含青色、洋红、黄色、黑色四个颜色通道和一个复合通道，如图20-5所示；Lab图像包含明度、a、b三个通道和一个复合通道，如图20-6所示；位图、灰度、双色调和索引颜色模式的图像都只有一个通道。

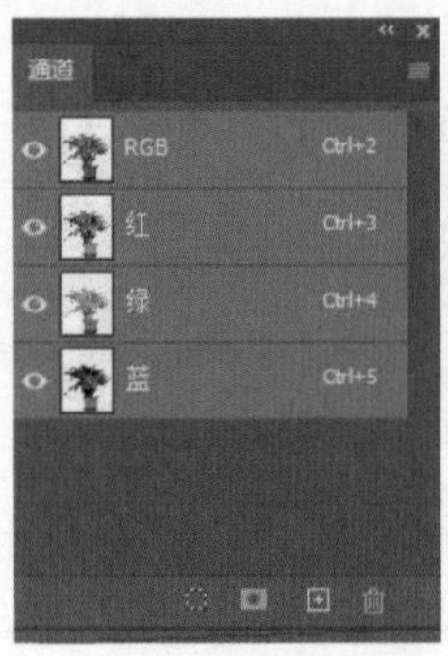

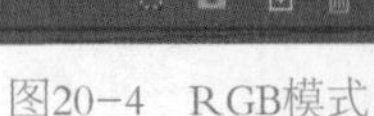

图20-4　RGB模式

图20-5　CMYK模式

图20-6　Lab模式

② Alpha通道

Alpha通道与颜色通道不同，它不会直接影响图像的颜色。Alpha通道有三种用途：①保存选区；②将选区存储为灰度图像，此后用户就可以使用画笔等工具以及各种滤镜编辑Alpha通道，从而修改选区；③从Alpha通道中载入选区。

图20-7　用黑色涂抹

在Alpha通道中，白色代表了被选择的区域；黑色代表了未被选择的区域；灰色代表了被部分选择的区域，即羽化的区域。用白色涂抹Alpha通道可以扩大选区范围，用黑色涂抹则收缩选区范围，用灰色涂抹则可以增加羽化的范围。如图20-7所示为用黑色涂抹。

拓展知识

Alpha通道有什么作用?

Alpha通道是计算机图形学中的术语，指的是特别的通道，有时它特指透明信息，但通常的意思是“非彩色”通道。在Photoshop中使用Alpha通道可以制作出许多特殊的效果，它最基本的用途在于存储选区范围，并且不会影响图像的显示和印刷效果。

③ 专色通道和复合通道

专色通道是一种特殊的通道，它用来存储印刷用的专色。专色是用于替代或补充印刷色（CMYK）的特殊的预混油墨，如金属质感的油墨、荧光油墨等。一般情况下，专色通道由专色的名称来命名。

复合通道不包含任何信息，实际上只是同时预览并编辑所有颜色通道的一个快捷方式。它通常用来在单独编辑完一个或多个颜色通道后，使【通道】面板返回默认状态。

20.3 通道的创建

通过【通道】面板和面板菜单中的各种命令，可以创建不同的通道以及创建不同的选区，并且还可以实现复制、删除、分离与合并通道等操作。

① 选择并查看通道

打开一张素材图片，执行【窗口】→【通道】命令，打开【通道】面板。在【通道】面板中单击即可选择通道，文档窗口中会显示所选通道的灰度图像，如图20-8所示。

图20-8　选择通道

按住Shift键单击可选择多个不同的通道，文档窗口中会相应地显示所选颜色通道的复合信息。通道名称的左侧为显示通道内容的灰度图像缩览图，在编辑通道时缩览图会随时自动更新。

拓展知识

快速选择不同的通道

在【通道】面板中，每个通道的右侧都显示了快捷键，按快捷键Ctrl+数字可以快速选择对应的通道。例如，在RGB模式下按快捷键Ctrl+3可以快速选择【红】通道。

2 创建Alpha通道

创建通道的方法主要有：在【通道】面板中创建通道、使用选区创建通道和使用【贴入】命令创建通道。

在【通道】面板中创建通道的操作方法十分简单，就像在【图层】面板中创建新图层一样。单击【通道】面板中的【创建新通道】按钮 ，即可创建一个Alpha通道。按住Alt键单击【创建新通道】按钮，可弹出【新建通道】对话框，如图20-9所示。在该对话框中可以设置新通道的名称、色彩指示及蒙版颜色。

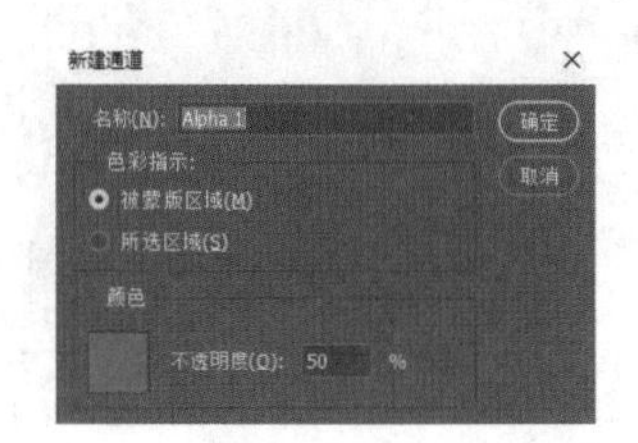

图20-9　【新建通道】对话框

如果在文档窗口中已创建选区，单击【通道】面板中的【将选区存储为通道】按钮 ，即可创建Alpha通道。

除上述方法外，还可以执行【选择】→【存储选区】命令，在弹出的【存储选区】对话框中设置通道的名称。如图20-10所示。单击【确定】按钮，即可创建通道。

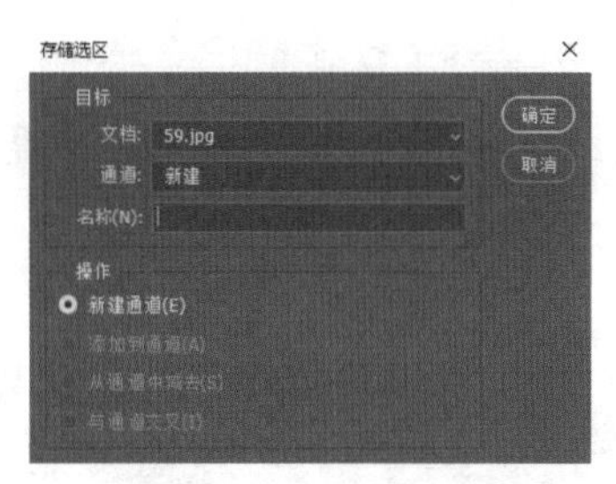

图20-10　【存储选区】对话框

拓展知识

Alpha通道如何转换为专色通道?

双击任何一个Alpha通道，弹出【通道选项】对话框，选中【专色】选项，单击【确定】按钮，即可将Alpha通道转换为专色通道。双击专色通道，同样可以弹出【专色通道选项】对话框，可以对相关选项进行修改。如图20-11、图20-12所示。

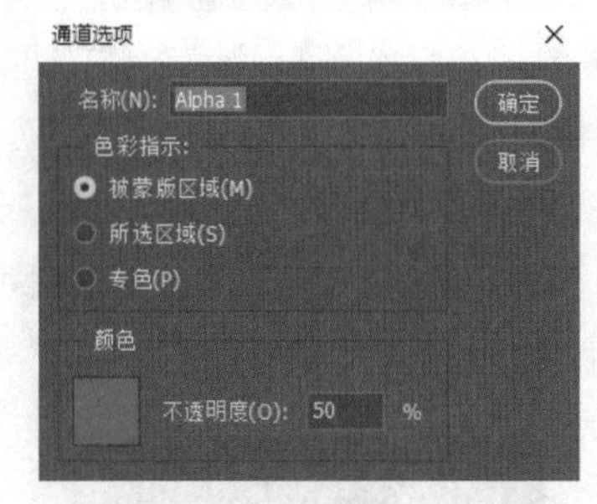

图20-11　【通道选项】对话框

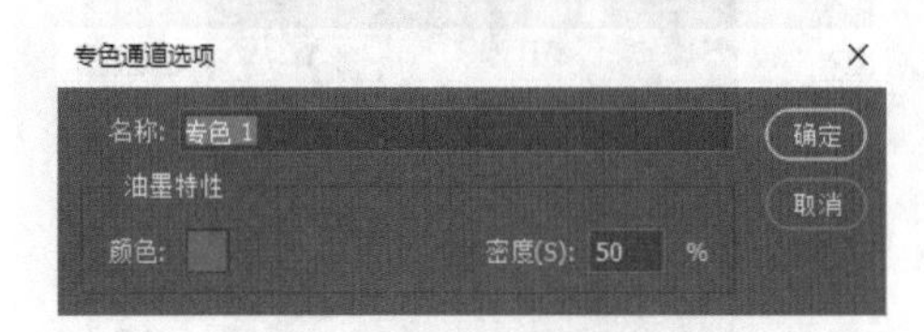

图20-12　【专色通道选项】对话框

③ 复制、删除与重命名通道

若要重命名通道，请双击相应的通道的名称，在显示的文本框中输入通道的新名称即可。但是复合通道和颜色通道不能进行重命名操作。

若要复制通道，将相应的通道拖动到【创建新通道】按钮 上，释放鼠标即可复制通道。也可以鼠标右键单击单个通道，在弹出的子菜单窗口中，选择【复制通道】，在弹出的【复制通道】对话框中进行命名等操作，如图20-13所示。

图20-13 【复制通道】对话框

若要删除通道，将相应的通道拖动到【删除当前通道】按钮 上，释放鼠标即可将通道删除。也可以单击选择通道，单击【删除当前通道】按钮将其删除。

④ 将通道应用到图层

在对图像进行后期处理时，经常会将某一个通道中的信息与原图像进行混合操作，这就需要将通道中的信息提取出来。

打开一张素材图片，如图20-14所示。在【通道】面板中选择通道，按快捷键Ctrl+A全选，再按快捷键Ctrl+C复制通道。

图20-14 打开图片

单击选择复合通道，按快捷键Ctrl+V粘贴通道，可以将复制的通道粘贴到一个新的图层中，【图层】面板如图20-15所示。

图20-15 粘贴通道

⑤ 将图层内容粘贴到通道

与将通道中的图像粘贴到图层的方法一样，打开一张素材图片，按快捷键Ctrl+A全选，再按快捷键Ctrl+C复制图像，在【通道】面板中新建一个Alpha通道。按快捷键Ctrl+V，即可将复制的图像粘贴到通道中。

20.4 【应用图像】命令

使用【应用图像】命令可以使用与图层关联的混合效果，将图像内部和图像之间的通道组合成新图像。它可以应用于全彩图像，或者图像的一个或多个通道。

使用【应用图像】命令时，当前图像总是目标图像，而且只能选择一幅源图像。而Photoshop CC将获取源和目标，将它们混合在一起，并将结果输出至目标图像中。打开素材图片，执行【图像】→【应用图像】命令，弹出【应用图像】对话框，如图20-16所示。

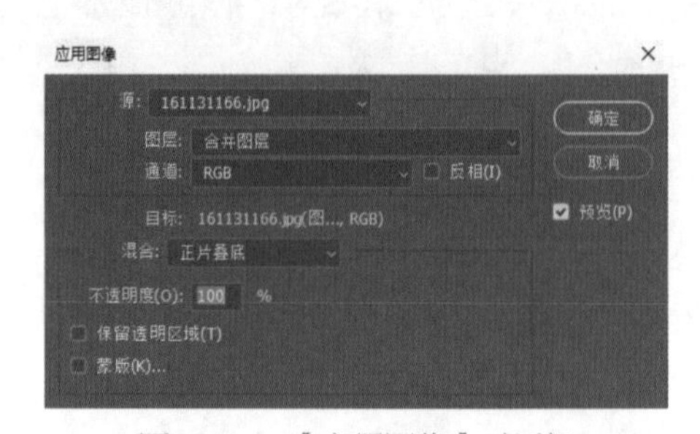

图20-16 【应用图像】对话框

（1）源：用来设置参与混合的对象。在该下拉列表中可以选择打开的所有与当前图像的像素尺寸相同的图像文件。

（2）图层：用来设置参与混合对象的图层。如果源文件为JPG等不包括图层信息的格式，则只可选择【背景】图层；如果源文件是PSD文档，则可选择该文档中的所有图层。

（3）通道：用来设置参与混合对象的通道。其下拉列表中包含了文件中的所有通道。

（4）目标：被混合的对象。它可以是图层，也可以是通道，当前所选的图层或通道就是目标对象。

（5）混合：设置用于应用的源图像的混合模式，作用与图层【混合模式】相同。

（6）不透明度：用来设置通道或图层的混合强度。

（7）保留透明区域：勾选该复选框，混合效果将限定在图层的不透明区域范围内。

（8）蒙版：勾选该复选框，将显示隐藏的选项，例如可以选择包含蒙版的图像和图层，也可以选择任何颜色通道或Alpha通道以用作蒙版。

20.5 【计算】命令

【计算】命令用于混合两个来自一个或多个源图像的单个通道，将计算结果应用到新图像的新通道，或现有图像的选区。但是，不能对复合通道应用此命令。打开素材图片，执行【图像】→【计算】命令，弹出【计算】对话框，如图20-17所示。

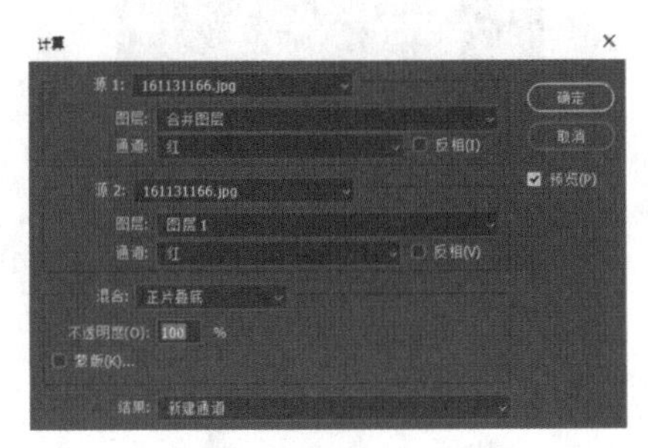

图20-17　【计算】对话框

（1）源1：用来选择第一个源图像、图层和通道，可以选择在Photoshop CC中打开的所有文件，但选择的文件尺寸必须与当前文件尺寸相同。

（2）源2：用来选择与【源1】混合的第二个源图像、图层和通道。该文件必须是打开的，并且与【源1】的图像具有相同的尺寸和分辨率。

（3）结果：可以选择一种计算结果的生成方式。其下拉列表包括【新建通道】【新建文档】和【选区】三个选项。

20.6 通道的不透明度表达

通道默认以灰度来显示，从黑到白，也就是灰度值从100%～0%。

黑，代表选区透明；灰，代表选区半透明；白，代表选区不透明。也就是说，当通道上某区域是0%灰度，即纯白色时，载入选区后，得到的选区是100%不透明的选区；如果通道上的颜色是灰色，灰度值是30%的浅灰，则创建的选区是70%不透明度的半透明选区；如果通道是100%灰度，即黑色，也就是0%，没有选区。

所以选区的不透明度和灰度值是成反比的。1%～99%是不同程度的半透明选区。通俗地说：颜色越白，选区越实；颜色越黑，选区越透明。

拓展知识

对Alpha通道透明度的通俗解释

可以把一个黑板看作一个空的Alpha通道，普通的不透明选区就像将一张白板纸贴在黑板上，是不透的；全透明就是没有选区，什么都不放，什么都没有；半透明选区就像将一张半透明的胶片贴在黑板上；边缘朦胧的类似羽化的选区就好像是一团棉花粘在了黑板上。

20.7 通道的编辑

1 分离通道

分离通道可以将彩色图像进行拆分，分离成单个灰度图像。被分离的图像以原文件名加该通道的缩写命名，原文件则自动关闭。

打开一张RGB素材图片，如图20-18所示。在【通道】面板中单击☰，下拉列表中执行【分离通道】命令，即可将图像拆分为红、绿、蓝通道的灰度图像，效果如图20-19所示。

图20-18　RGB素材图片

图20-19　分离效果

2 合并通道

分离通道后，可以执行【合并通道】命令将分离的通道合并在一起，如图20-20所示。

图20-20　合并效果

20.8 应用实例

实例20-1 抠冰块

步骤01 执行【文件】→【打开】命令，打开素材图片，如图20-21所示。打开【通道】面板，复制【蓝】通道得到【蓝　拷贝】通道，如图20-22所示。

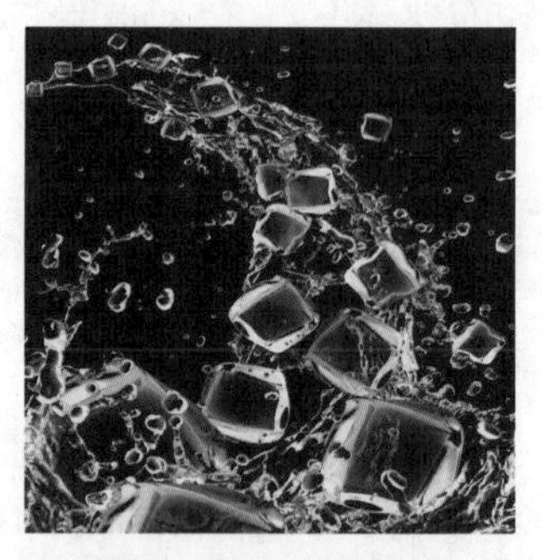

图20-21　打开素材图片

图20-22　【通道】面板

步骤02 按住Ctrl单击【蓝 拷贝】通道，出现选区，如图20-23所示。接着按快捷键Ctrl+J抠出冰块，如图20-24所示，隐藏【背景】图层。

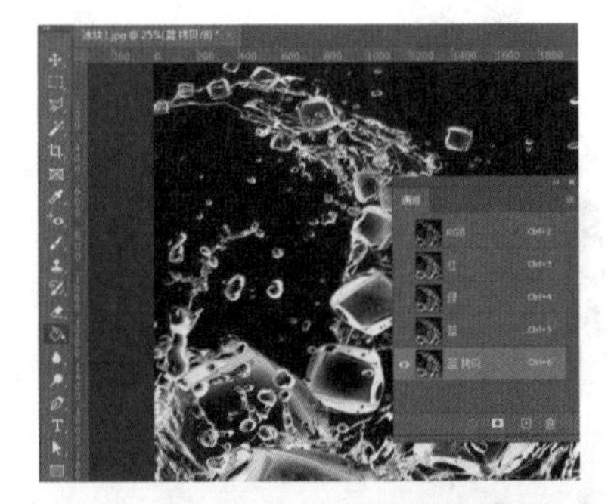

图20-23　获取选区

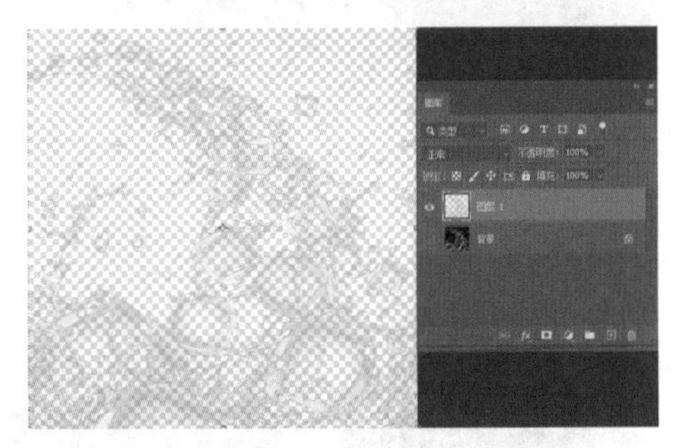

图20-24　抠出冰块

步骤03 在抠出来的冰块图层下面添加一个橙色的纯色填充图层，发现冰块有些“脏”，如图20-25所示。按快捷键Ctrl+L调出色阶，将滑块往左边移动，提亮冰块，最终效果如图20-26所示。

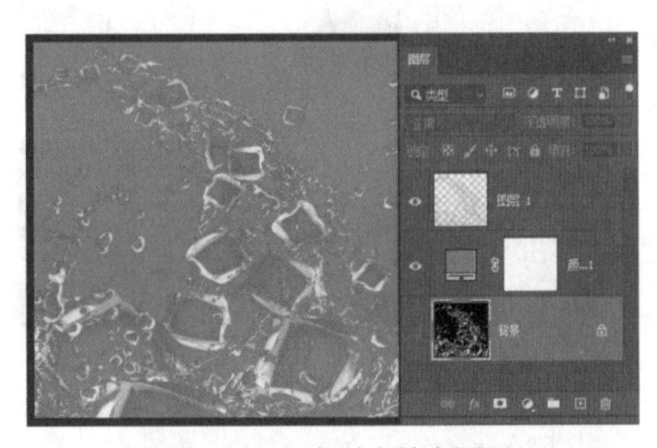

图20-25　添加纯色填充图层

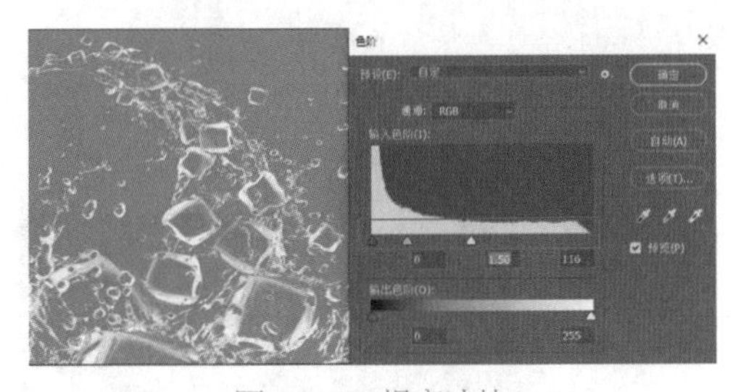

图20-26　提亮冰块

实例20-2　抠头发丝

由于可以使用许多重要的功能编辑通道，在通道中制作选区时，就要求操作者能够具备全面的技术和融会贯通的能力。对于像毛发类细节较多且复杂的对象，通道是制作选区的最佳工具。下面将通过实例向读者介绍如何通过通道抠出人物的毛发细节。

步骤01 执行【文件】→【打开】命令，打开素材图片，如图20-27所示。用【钢笔工具】将人物的大致轮廓勾勒出来，注意头发蓬松有白色的地方不要抠图，如图20-28所示。

图20-27　打开素材图片

图20-28　圈出人物轮廓

步骤02 按快捷键Ctrl+Enter转换为选区，抠出人物，如图20-29所示。

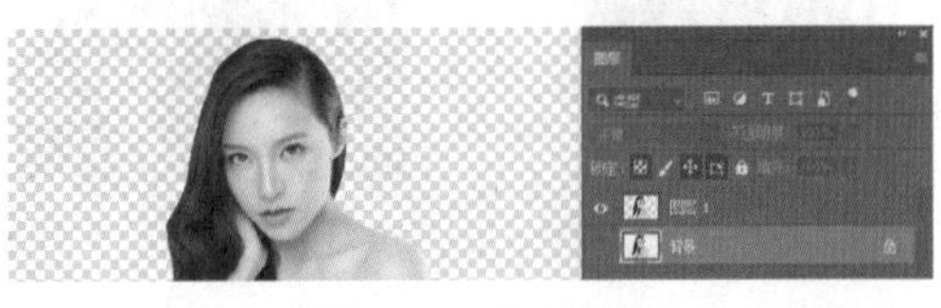

图20-29　抠出人物

步骤03 接下来单独处理蓬松、有白色掺杂的头发丝，用【套索工具】选出蓬松、有白色掺杂的头发丝部分，按快捷键Ctrl+J抠出这部分头发丝，如图20-30所示。

图20-30　需处理的头发丝

步骤04 打开【通道面板】，对比各个通道视图，选出黑白对比强烈的通道，也就是蓝色通道，并复制此通道，如图20-31所示。

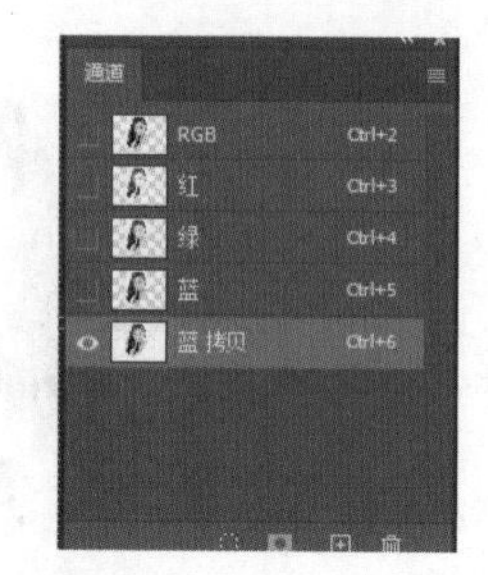

图20-31　复制通道

步骤05 执行【图像】→【调整】→【色阶】命令，打开【色阶】对话框，选择【在图像中取样以设置白场】按钮，然后在图像中头发周围的白色部分上点击，之后选择【在图像中取样以设置黑场】按钮，在图像中的头发部分上点击，如图20-32所示。

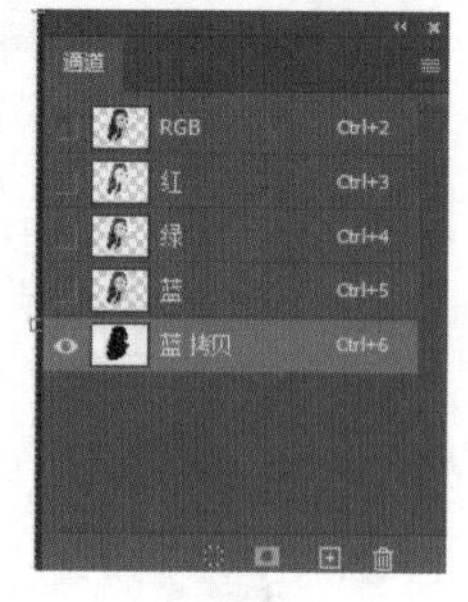

图20-32　设置黑白场

步骤06 在工具箱中选择【加深工具】，然后对头发半透明的部分进行涂抹变黑，如图20-33所示。

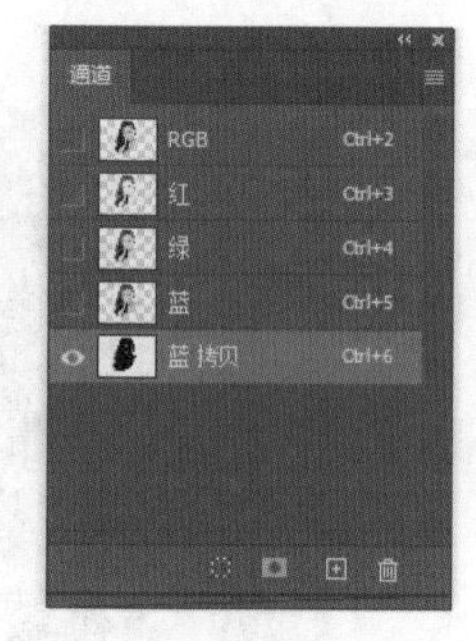

图20-33　用【加深工具】涂抹

步骤07 涂抹之后，按住Ctrl单击【蓝 拷贝】通道，得到选区，如图20-34所示。然后按快捷键Ctrl+Shift+I反选，按Ctrl+J键拷贝图层，如图20-35所示。

图20-34　得到选区

图20-35　拷贝图层

步骤08 选择【图层1】和【图层3】，然后按快捷键Ctrl+E合并图层，如图20-36所示。

图20-36　合并图层

步骤09 打开背景素材图片，如图20-37所示。将抠好的人物拖进来，调整至合适的大小和位置，图像效果如图20-38所示。

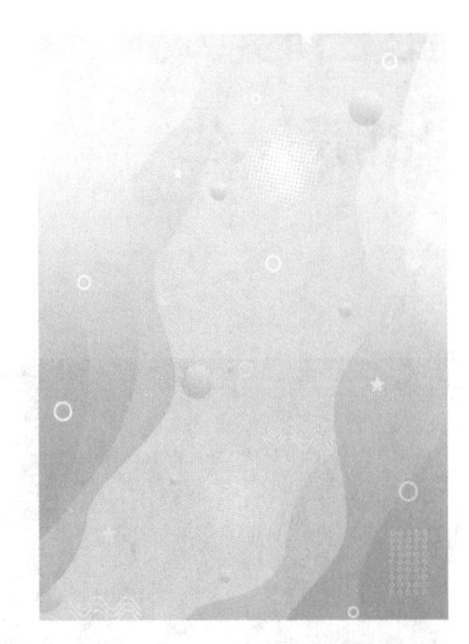

图20-37　背景素材图片

图20-38　拖入人物

步骤10 新建一个图层，并创建剪贴蒙版，如图20-39所示。选择画笔工具，调整大小和不透明度，吸取头发丝的颜色，在有白色或者灰色的头发丝附近轻轻涂抹，如图20-40所示。

图20-39　创建剪贴蒙版

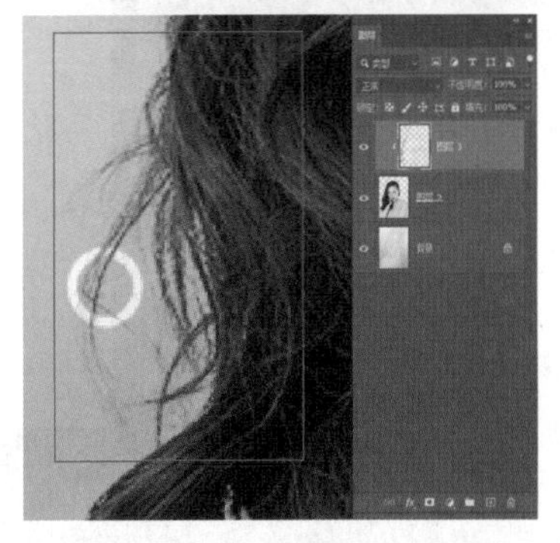

图20-40　去掉头发丝周围的白色或者灰色

步骤11 在图20-41所示的红框里面，用画笔涂抹，得到最终效果图，如图20-42所示。

图20-41　用画笔涂抹　图20-42　最终效果图

拓展知识

【色阶】命令的作用

在通道中运用【色阶】命令，调整图像的对比度，使黑色部分更黑，白色部分更白，这样就可以很方便地创建出所需要的选区，得到想要的图像效果。

PSD
PS

第21章

图层混合模式

——叠出精彩人生

图层的混合模式是Photoshop非常重要的功能，使用不同的混合模式可以实现不同的图像效果。总结起来就是，上层图层+下层图层=新的效果。本章主要对Photoshop图层的混合模式及相关知识进行讲解。

21.1 初识图层混合模式

① 图层混合模式

混合模式是将当前一个像素的颜色与它正下方每个像素的颜色混合，生成一个新的颜色。点击图层混合模式会出现下拉菜单，如图21-1所示。

图21-1　【图层混合模式】下拉菜单

在【图层】面板上，对于图层混合模式来说，下层的图像是“基色”，如图21-2所示；上层的图像是“混合色”，如图21-3所示。

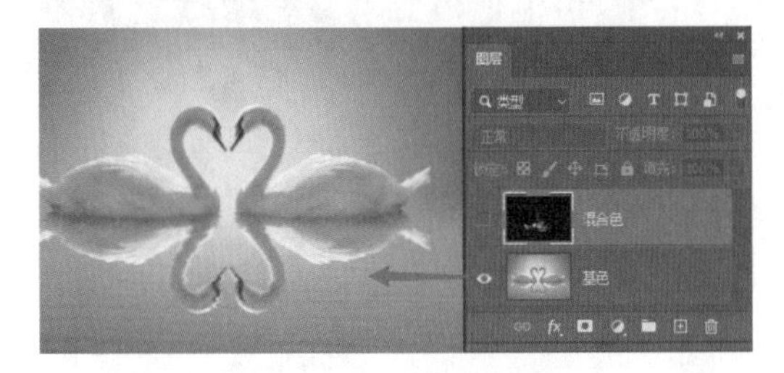

图21-2　下层的图像是“基色”

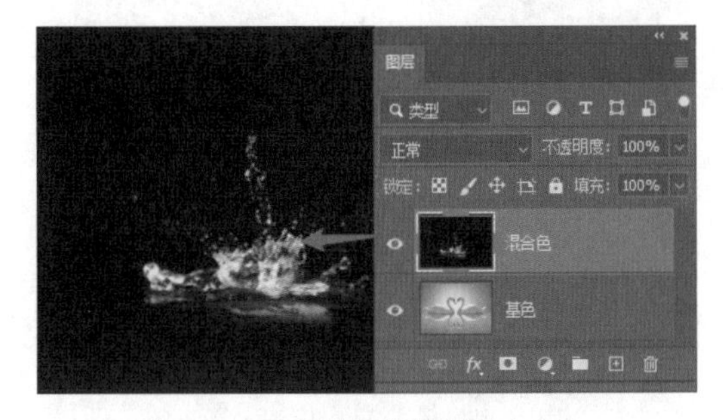

图21-3　上层的图像是“混合色”

将混合模式改成滤色模式，就是将“混合色”应用混合模式的效果应用到“基色”上，如图21-4所示，去掉了黑色，而混合后的效果是“结果色”，如图21-5所示。

图21-4　将“混合色”应用到“基色”上

图21-5　“结果色”

② 图层混合模式分类

如图21-6所示，混合模式分为基础型、变暗型、变亮型、融合型、色差型和调色型6种。

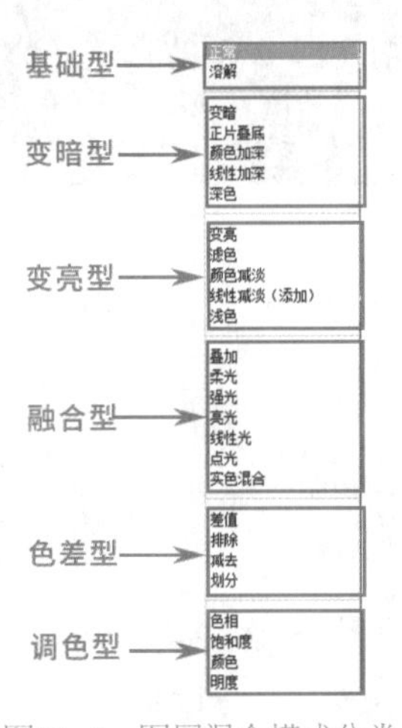

图21-6　图层混合模式分类

21.2 基础型混合模式

基础型混合模式包括正常模式和溶解模式。下面分别讲解这2种模式效果。

❶ 正常

选择【正常】混合模式后，上方图层不能与下方图层产生高级混合，只能通过调整【不透明度】或【填充】的数值，通透图层颜色，和下方图层产生透明度的透叠，如图21-7所示。

图21-7 【正常】模式

❷ 溶解

根据任何像素位置的不透明度，结果色由基色或混合色的像素随机替换，形成颗粒状过渡效果，如图21-8所示。

图21-8 【溶解】模式

使用【溶解】模式，可以做出很多以颗粒状元素为基础的作品。

21.3 变暗型混合模式

变暗型混合模式包括变暗模式、正片叠底模式、颜色加深模式、线性加深模式和深色模式。

下面分别讲解这几种模式效果。

❶ 变暗

如图21-9所示，有两个月亮，一个较暗，一个较亮，两个月亮在同一个图层中，是“混合色”，下方的天空作为背景层，是“基色”。

图21-9 【正常】模式

把月亮图层设定为【变暗】混合模式，两个月亮都有不同程度的变暗，如图21-10所示。

图21-10 【变暗】模式的效果

将月亮拖到下方深色区后，月亮的很多颜色都没有深色区的颜色暗，所以被替换，尤其较亮的月亮几乎完全被基色淹没，如图21-11所示。

图21-11 放到深色区域

拓展知识

对于【变暗】模式的通俗理解

对于RGB图像来说，就好比两个图像的RGB值分别对阵开战，最终结合出一组RGB值，也就是结果色。最终长得比较黑的得到胜利，一起组合出了新的RGB值，这就是【变暗】模式。

❷ 正片叠底

【正片叠底】混合模式是一种典型的RGB减色混合模式，在RGB颜色模式下，创建3个图层，设定为【正片叠底】混合模式。然后绘制圆形选区，分别填充【青】【洋红】【黄】三色光，图层中两两叠加的部分会产生红、绿和蓝，同时3个图层叠加的部分会产生黑色，如图21-12所示。

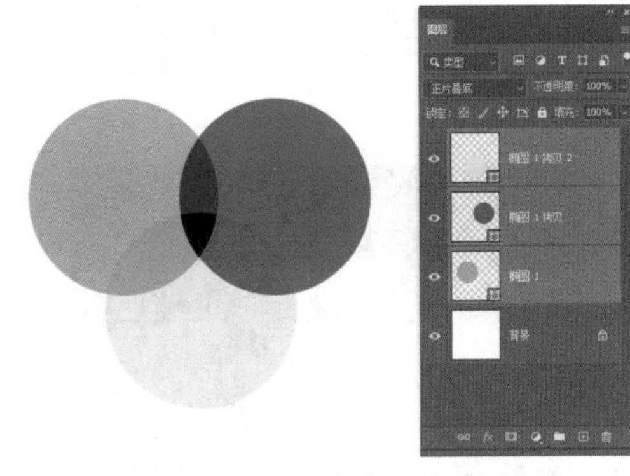

图21-12　三色光叠加生成黑色

【正片叠底】模式因为算法比较平均，运算结果色，能较好地保留基色的纹理，所以能呈现非常自然完整的加深效果，如图21-13所示。

图21-13　【正片叠底】模式的效果

因此，【正片叠底】混合模式经常用于暗部或阴影部分，例如，在图层样式的【投影】样式中，其混合模式一般都默认为【正片叠底】，如图21-14。

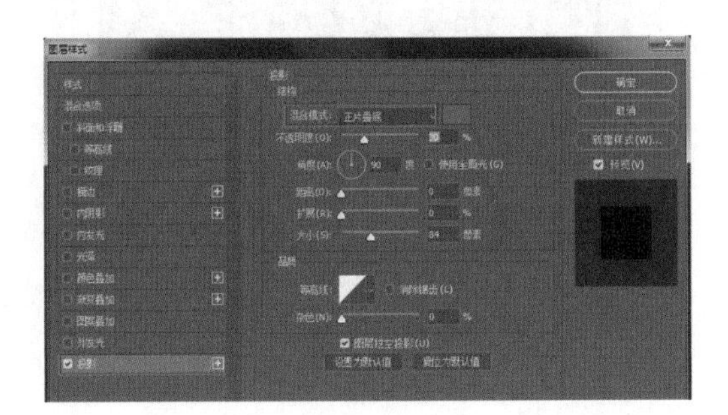

图21-14　【图层样式】对话框

3 颜色加深

【颜色加深】模式基于每个通道中的颜色信息，通过增加二者之间的对比度使基色变暗，以反映混合色，与白色混合后不产生变化，如图21-15所示。

图21-15　【颜色加深】模式效果

4 线性加深

【线性加深】模式基于每个通道中的颜色信息，通过减小亮度使基色变暗，以反映混合色，与白色混合后不产生变化，如图21-16所示。

图21-16　【线性加深】模式的效果

5 深色

【深色】模式比较混合色和基色的所有通道值的总和并显示值较小的颜色。【深色】不会生成第三种颜色（可以通过【变暗】混合获得），因为它将从基色和混合色中选取最小的通道值来创建结果色，如图21-17所示。

图21-17　【深色】模式的效果

拓展知识

在变暗型混合模式中，谁会作为结果色？

对于RGB图像，就好比两个图像对阵开战，最终只能留下混合色或基色作为最后的结果色。在变暗型混合模式中，谁更暗（明度低），就保留谁作为结果色。

实例21-1 绘制产品影子

步骤01 打开一张素材图片，如图21-18所示；将一张网球的图片拖入文档中，并调整至合适大小及位置，如图21-19所示。

图21-18 打开素材图片

图21-19 拖入网球图片

步骤02 在网球的下面新建一个图层，选择【钢笔工具】，绘制一个阴影形状，并添加图层蒙版，打开拾色器，选择跟地面其他影子接近的颜色，然后把模式改为【正片叠底】，如图21-20所示。接着在【属性】面板上将羽化值调为1.0，如图21-21所示。

图21-20 绘制阴影形状

图21-21 调整羽化值

步骤03 用黑色画笔工具在影子图层的蒙版上面轻轻涂抹，隐藏部分影子。离球越远，影子越淡，并需适当降低不透明度，如图21-22所示。最终效果如图21-23所示.

图21-22 蒙版隐藏部分影子

图21-23 最终效果

21.4 变亮型混合模式

变亮型混合模式包括变亮模式、滤色模式、颜色减淡模式、线性减淡（添加）模式和浅色模式。

① 变亮

基于每个通道中的颜色信息，选择基色或混合色中较亮的颜色作为结果色。混合色中比基色暗的像素被替换，比基色亮的像素保持不变。与【变暗】混合模式效果相反，如图21-24所示。

图21-24　【变亮】模式的效果

拓展知识

对于【变亮】的通俗理解

对于RGB图像，就好比两个图像的RGB值分别对阵开战，最终结合出一组RGB值，也就是结果色。最终长得比较白的（亮色）得到胜利，一起组合出了新的RGB值，这就是【变亮】模式。

② 滤色

【滤色】混合模式是一种典型的RGB加色混合模式，就像通道中的颜色混合一样。

在RGB颜色模式下，创建3个图层，设定为【滤色】混合模式。然后绘制圆形选区，分别填充红、绿、蓝三原色光，图层两两叠加的部分会产生洋红、黄色和青色，而三色叠加将产生最亮色——白色，如图21-25所示。

图21-25　三色叠加生成白色

【滤色】混合模式因为算法比较平均，运算结果色，能较好地保留基色的纹理，所以能呈现非常自然完整的变亮效果，和【正片叠底】模式相反，【滤色】模式制作光效非常好，如图21-26所示。

图21-26　结果色总是较亮的颜色

因为加色变亮这个特性，【滤色】混合模式经常用于制作光晕、光线、发光体等效果，例如，图层样式中的【外发光】，其【混合模式】一般默认为【滤色】，如图21-27所示。

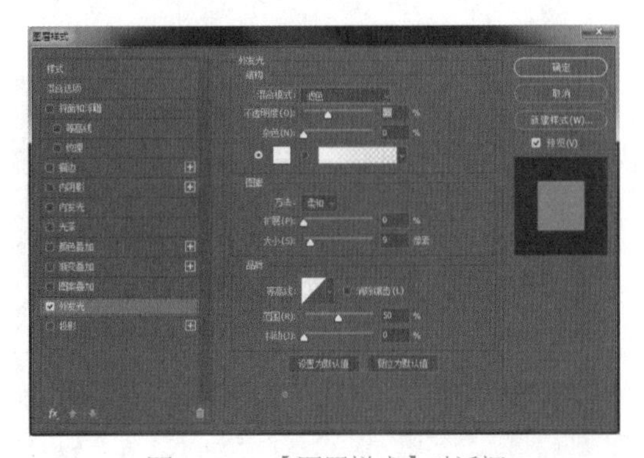

图21-27　【图层样式】对话框

③ 颜色减淡

基于每个通道中的颜色信息，并通过减小二者之间的对比度使基色变亮。与【颜色加深】混合模式效果相反，如图21-28所示。

图21-28 【颜色减淡】模式的效果

4 线性减淡（添加）

基于每个通道中的颜色信息，通过增加亮度使基色变亮，以反映混合色，与黑色混合则不发生变化，如图21-29所示。

图21-29 【线性减淡（添加）】模式的效果

5 浅色

比较混合色和基色的所有通道值的总和并显示值较小的颜色。不会生成第三种颜色，因为它将从基色和混合色中选取最小的通道值来创建结果色，如图21-30所示。

图21-30 【浅色】模式的效果

拓展知识

在变亮型混合模式中，谁会成为结果色？

对于RGB图像，就好比两个图像对阵开战，最终只能留下混合色或基色作为最后的结果色。在变亮型混合模式中，谁的RGB总和数值大（亮），就保留谁作为结果色。

实例21-2 制作光效果

步骤01 新建一个黑色背景的文档，再新建一个图层，然后将颜色的参数设置为如图21-31所示的数值。画扩散层时将画笔放大，这样会比较明显，画笔的不透明度调整到5%，硬度降低，然后用鼠标晕染，缩小后再继续晕染，并把图层都改为【滤色】模式，如图21-32所示。

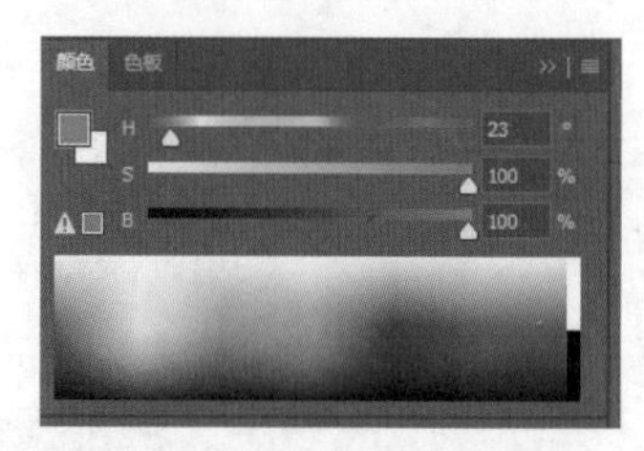
图21-31 【颜色】面板

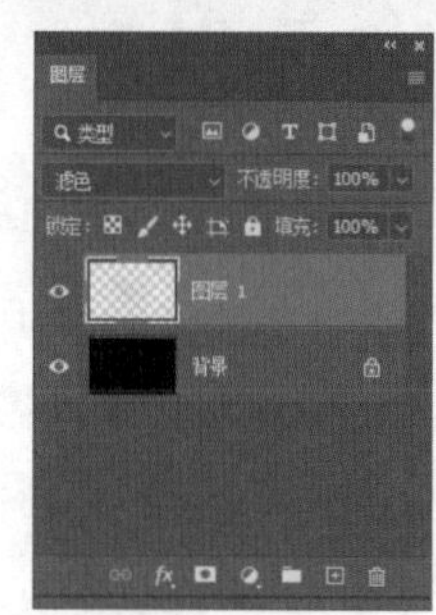
图21-32 晕染

步骤02 再复制一个图层，把图层改为【滤色】模式，画高温层，颜色设置如图21-33所示，继续用画笔晕染，如图21-34所示。

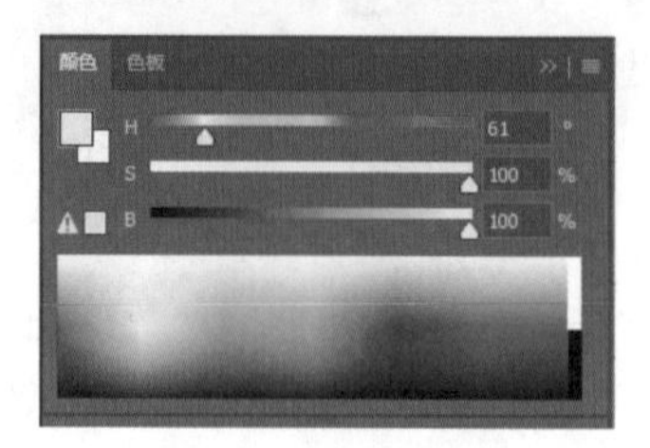
图21-33 颜色设置

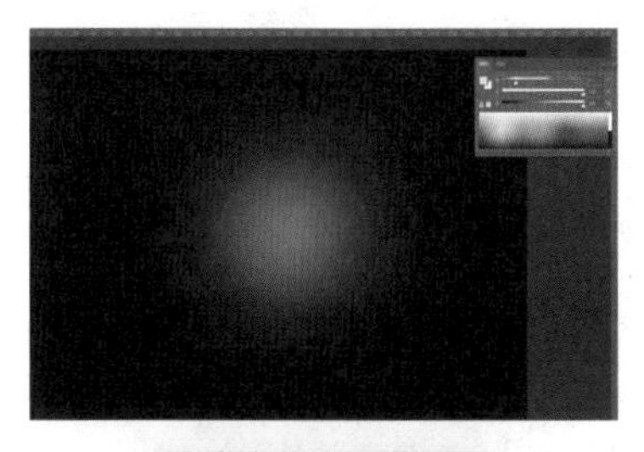

图21-34　继续晕染效果

步骤03 再复制一个图层，制作高亮层，高亮层接近白色，颜色设置如图21-35所示。高亮是【正常】模式，扩散层跟高温层是【滤色】模式，将不透明度调整到50%，然后用画笔绘制，如图21-36所示。

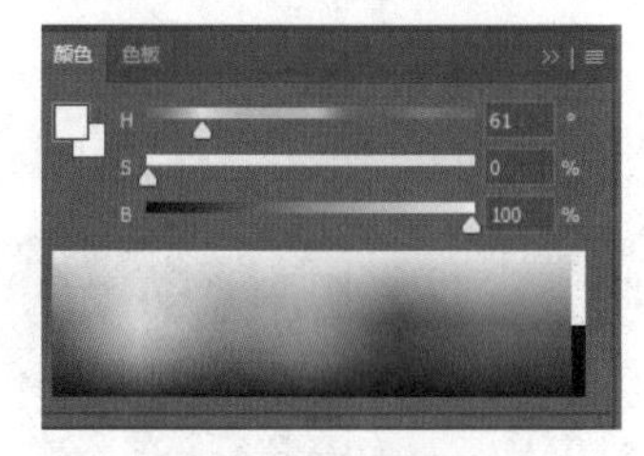

图21-35　颜色设置

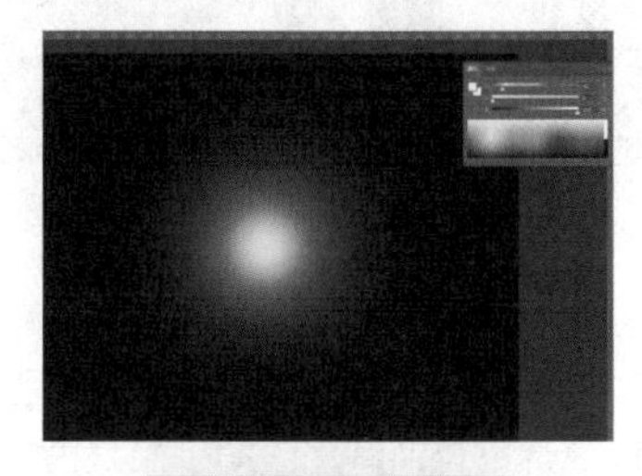
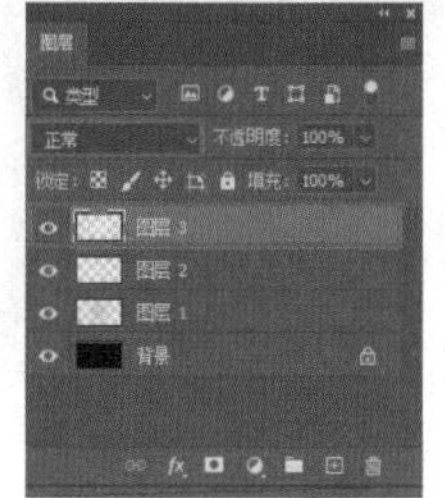

图21-36　制作高亮层

步骤04 选中【图层1】【图层2】【图层3】，按快捷键Ctrl+G进行图层编组，再按快捷键Ctrl+T，压扁光源变成光线，如图21-37所示；按快捷键Ctrl+J复制整个组，再按快捷键Ctrl+T键，将光线旋转90度，得到的效果如图21-38所示。

图21-37　压扁光源

图21-38　最终效果

21.5 融合型混合模式

融合型混合模式包括叠加模式、柔光模式、强光模式、亮光模式、线性光模式、点光模式和实色混合模式。

下面分别讲解这几种模式效果。

① 叠加

对颜色进行正片叠底或过滤，具体取决于基色。图案或颜色在现有像素上叠加，同时保留基色的明暗对比。不替换基色，但基色与混合色相混合，以反映原色的亮度或暗度，如图21-39所示。

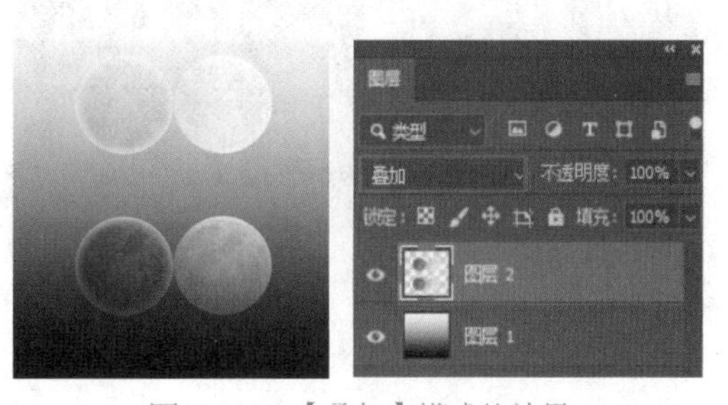

图21-39　【叠加】模式的效果

② 柔光

使颜色变暗或变亮，具体取决于混合色。其效果与发散的聚光灯光线照在图像上相似。如果混合色（光源）比50%灰色亮，则图像变亮，就像被减淡了一样；如果混合色（光源）比50%灰色暗，则图像变暗，就像被加深了一样。使用纯黑色或纯白色上色，可以产生明显变暗或变亮的区域，但不能生成纯黑色或纯白色，如图21-40所示。

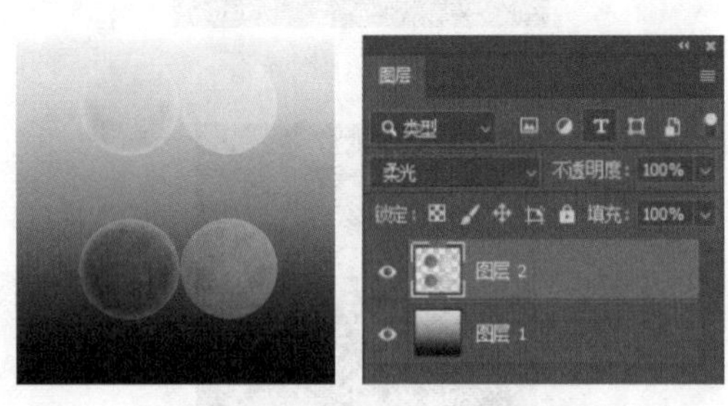

图21-40 【柔光】模式的效果

③ 强光

对颜色进行正片叠底或过滤，具体取决于混合色。此效果与耀眼的聚光灯照在图像上相似。如果混合色（光源）比50%灰色亮，则图像变亮，就像过滤后的效果，这对于向图像中添加高光非常有用；如果混合色（光源）比50%灰色暗，则图像变暗，就像正片叠底后的效果，这对于向图像中添加阴影非常有用。用纯黑色或纯白色上色会产生纯黑色或纯白色，如图21-41所示。

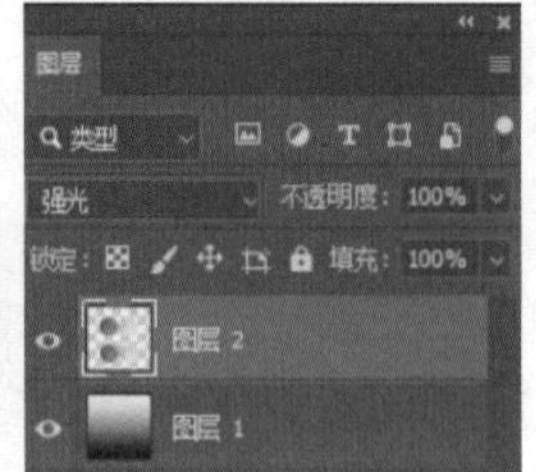

图21-41 【强光】模式的效果

④ 亮光

通过增大或减小对比度来加深或减淡颜色，具体取决于混合色。如果混合色（光源）比50%灰色亮，则通过减小对比度使图像变亮；如果混合色比50%灰色暗，则通过增加对比度使图像变暗，如图21-42所示。

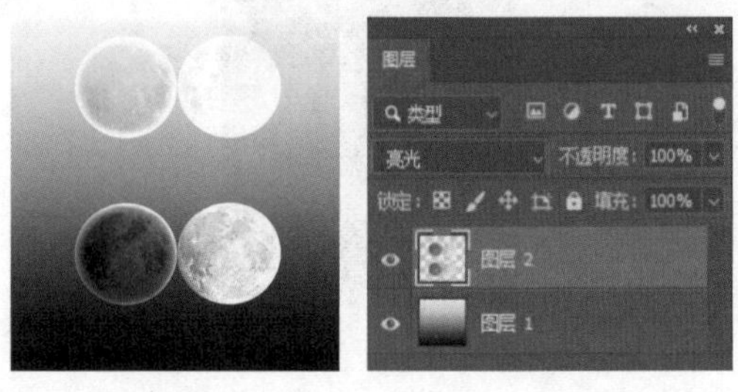

图21-42 【亮光】模式的效果

⑤ 线性光

通过减小或增大亮度来加深或减淡颜色，具体取决于混合色。如果混合色（光源）比50%灰色亮，则通过增加亮度使图像变亮；如果混合色比50%灰色暗，则通过减小亮度使图像变暗，如图21-43所示。

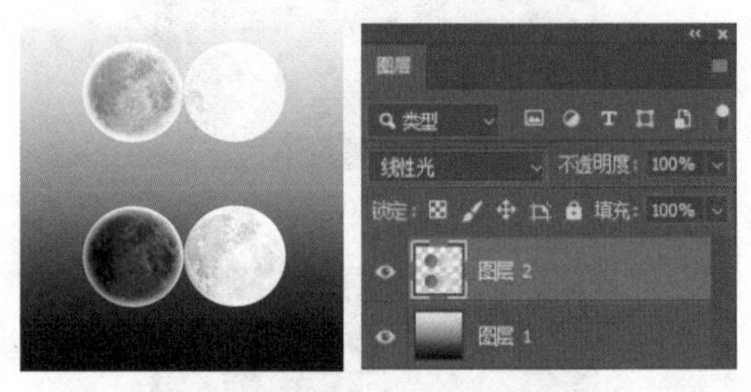

图21-43 【线性光】模式的效果

⑥ 点光

根据混合色替换颜色。如果混合色（光源）比50%灰色亮，则替换比混合色暗的像素，而不改变比混合色亮的像素；如果混合色比50%灰色暗，则替换比混合色亮的像素，而比混合色暗的像素保持不变。这对于向图像添加特殊效果非常有用，如图21-44所示。

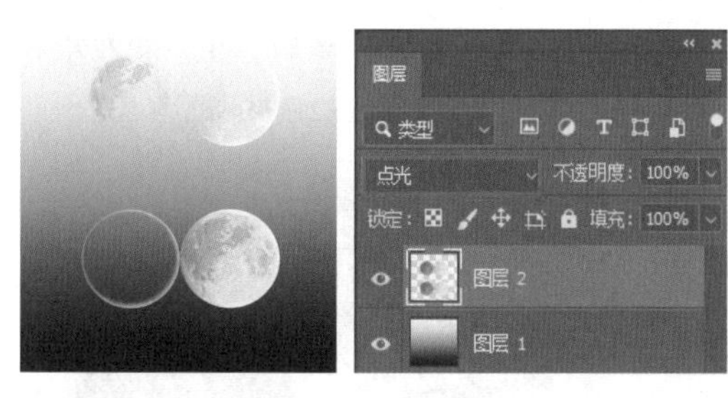

图21-44　【点光】模式的效果

7 实色混合

将混合颜色的红色、绿色和蓝色通道值添加到基色的RGB值中。如果通道的结果总和大于或等于255，则值为255；如果小于255，则值为0。因此，所有混合像素的红色、绿色和蓝色通道值要么是0，要么是255。此模式会将所有像素更改为主要的加色（红色、绿色或蓝色）、白色或黑色，如图21-45所示。

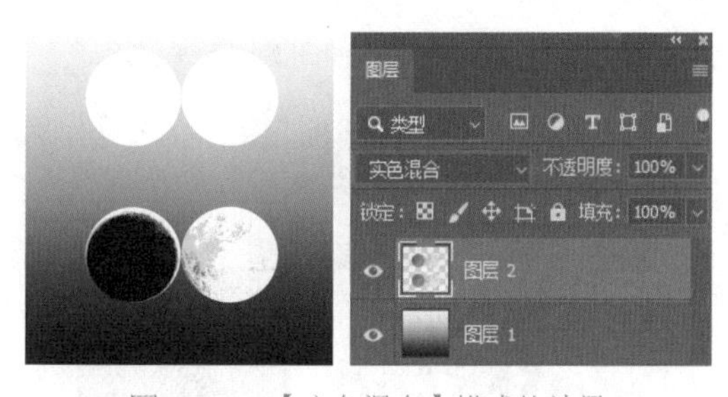

图21-45　【实色混合】模式的效果

21.6 色差型混合模式

色差型混合模式包括差值模式、排除模式、减去模式和划分模式。

将水的素材图片作为混合色放置在另一张素材图片上方，【正常】模式下的效果如图21-46所示。

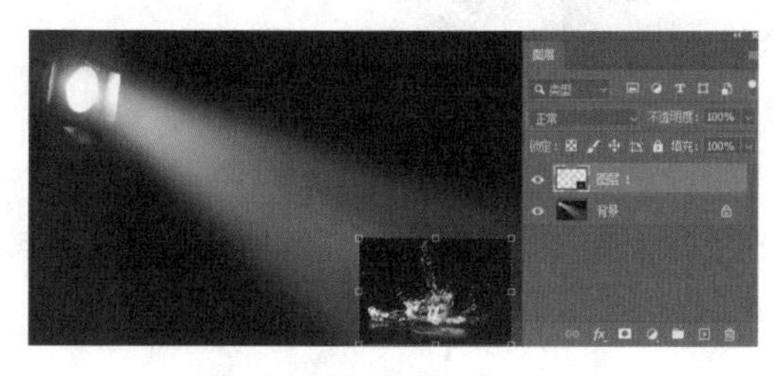

图21-46　【正常】模式

下面分别讲解这几种模式效果。

1 差值

查看每个通道中的颜色信息，并从基色中减去混合色，或从混合色中减去基色，具体取决于哪一个颜色的亮度值更大。与白色混合将反转基色值，与黑色混合则不产生变化，如图21-47所示。

图21-47　【差值】模式的效果

2 排除

创建一种与【差值】模式相似但对比度更低的效果。与白色混合将反转基色值，与黑色混合则不发生变化，如图21-48所示。

图21-48　【排除】模式的效果

3 减去

查看每个通道中的颜色信息，并从基色中减去混合色。8位和16位图像中，任何生成的负片值都会剪切为零，图21-49所示。

图21-49　【减去】模式的效果

④ 划分

查看每个通道中的颜色信息，并从基色中划分混合色，如图21-50所示。

图21-50 【划分】模式的效果

21.7 调色型混合模式

调色型混合模式包括色相模式、饱和度模式、颜色模式和明度模式。

下面分别讲解这几种模式效果。

① 色相

用基色的明亮度和饱和度以及混合色的色相创建结果色。

打开一张素材图片，将盆栽的花盆区域绘制为选区，新建花盆图层并填充紫色，如图21-51所示。

图21-51 填充紫色

选择【色相】混合模式后，花盆变为亮紫色，色相发生了变化，如图21-52所示。

图21-52 【色相】模式的效果

② 饱和度

用基色的明亮度和色相以及混合色的饱和度创建结果色。在无（零）饱和度（灰度）区域上用此模式绘画不会产生任何变化。花盆的混合色是纯灰色，饱和度为零，如图21-53所示。

图21-53 混合色是纯灰色

结果色也是饱和度为零的灰色，基色明度信息也作为结果色保留，如图21-54所示。

图21-54 【饱和度】模式的效果

③ 颜色

用基色的明亮度以及混合色的色相和饱和度创建结果色。这样可以保留图像中的灰阶，给单色图像和彩色图像上色都非常有用。为花盆图层填充渐变色，如图21-55所示。

图21-55　填充渐变色

混合色变成渐变色，基色明度信息也作为结果色保留。所以【颜色】混合模式经常用于黑白图像的着色绘制，如图21-56所示。

图21-56　【颜色】模式的效果

④ 明度

用基色的色相和饱和度以及混合色的明亮度创建结果色。此模式创建与【颜色】模式相反的效果。为花盆图层填充深蓝色，如图21-57所示。

图21-57　填充深蓝色

结果色保留花盆的色相和饱和度，明度信息根据混合色的蓝色来重新创建，花盆十分暗，如图21-58所示。

图21-58　【明度】模式的效果

PSD PS

第22章 实战案例

——将之前所学融会贯通

本章针对不同行业的设计案例进行解析，将之前所学的知识融会贯通。

22.1 数码照片效果图处理案例

步骤01 打开一张素材照片，然后按Ctrl+J复制图层，如图22-1所示。

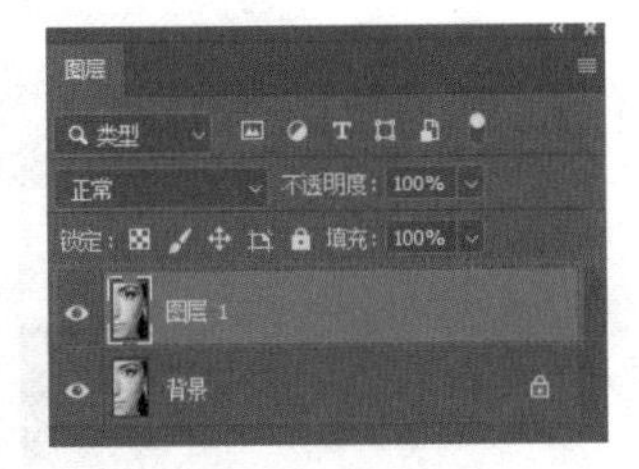

图22-1　复制图层

步骤02 选择【修补工具】，然后在人脸上修补有斑的地方，如图22-2、图22-3所示。

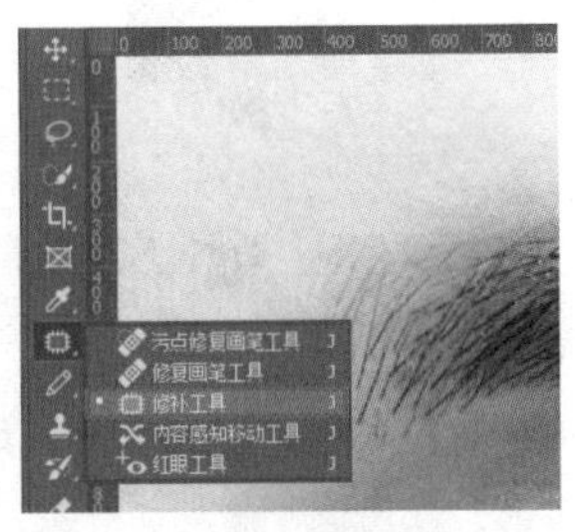

图22-2　选择【修补工具】

图22-3　修补效果

步骤03 用【污点修复画笔工具】处理人面部的一些小细节，如图22-4、图22-5所示。

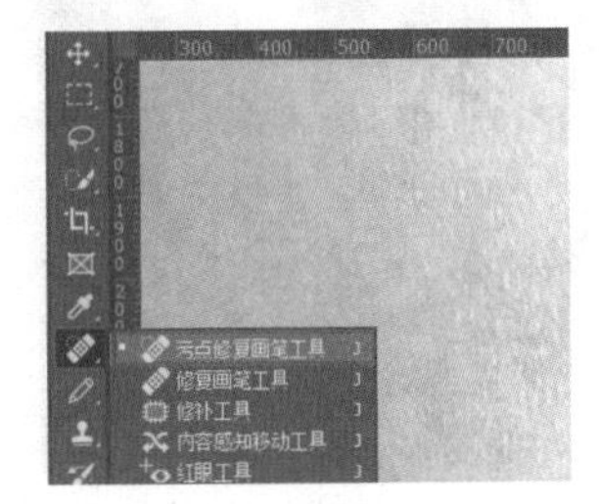

图22-4　选择【污点修复画笔工具】

图22-5　处理效果

步骤04 修复画面中的瑕疵之后，单击【图层】面板下的【创建新的填充或调整图层】按钮，选择【黑白】，把图层变成【明度】模式。如图22-6、图22-7所示。

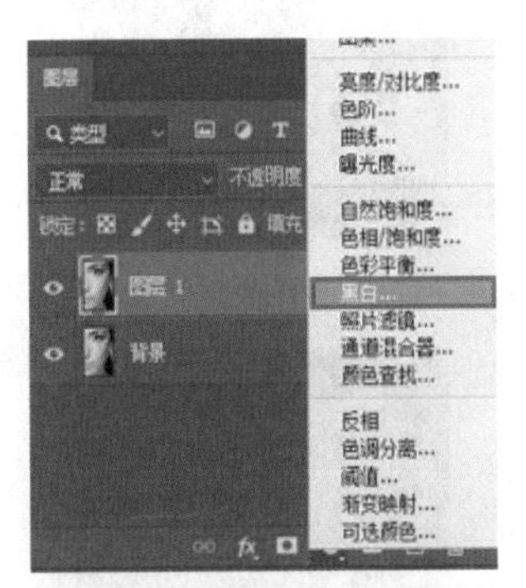

图22-6　选择【黑白】

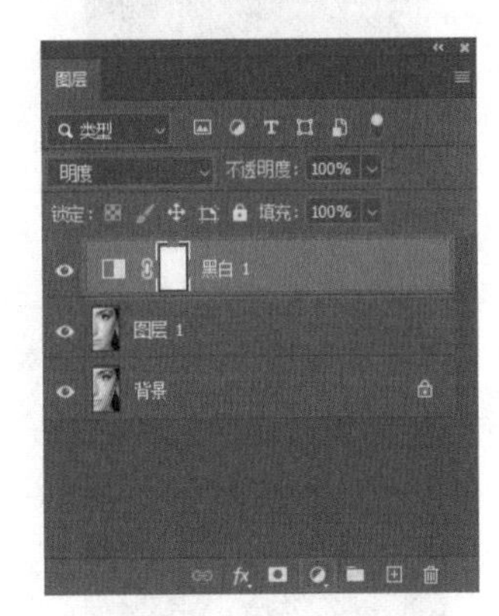

图22-7　【明度】模式

步骤05 在【属性】面板中，把【黄色】调亮，如图22-8所示，再把斑点淡化；按快捷键Ctrl+Shift+Alt+E盖印图层，然后执行【图像】→【调整】→【反相】命令，如图22-9所示，并将图层混合模式改成【亮光】模式，如图22-10所示。

图22-8 【属性】面板

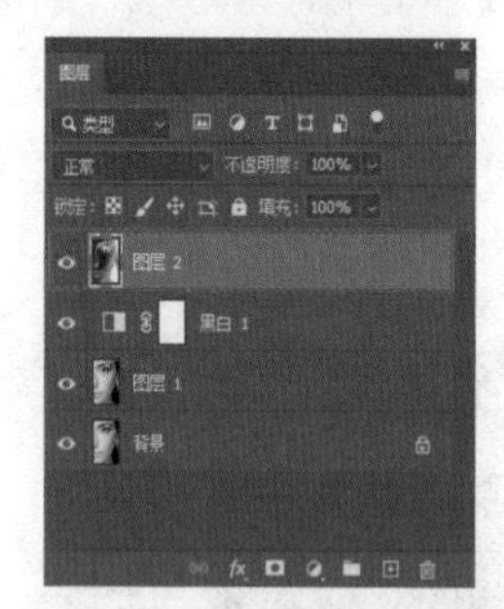

图22-9 执行【反相】命令

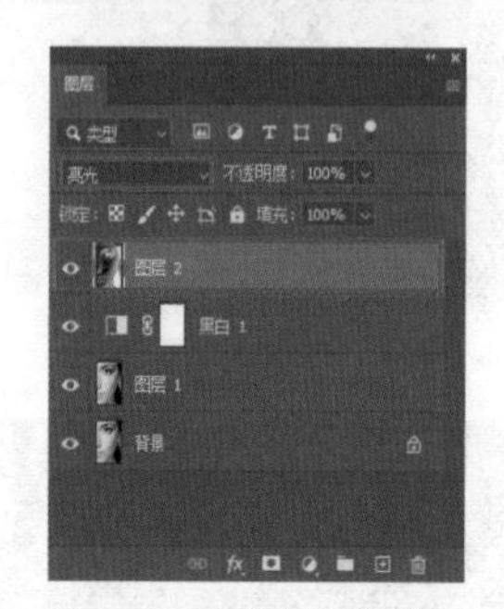

图22-10 【亮光】模式

步骤06 执行【滤镜】→【其他】→【高反差保留】命令，弹出【高反差保留】对话框，如图22-11所示，调节参数。

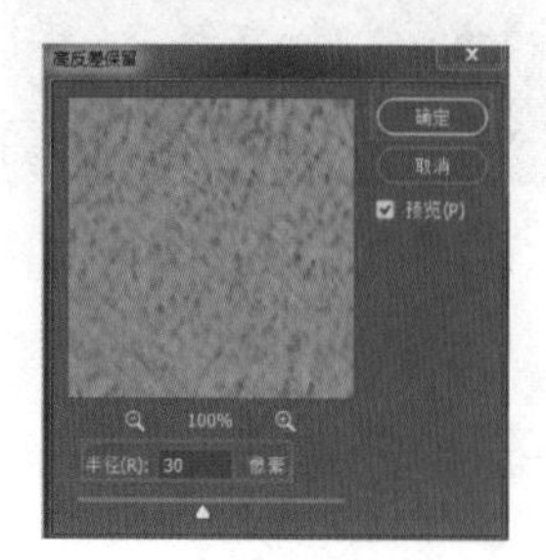

图22-11 【高反差保留】对话框

执行【滤镜】→【模糊】→【高斯模糊】命令，弹出【高斯模糊】对话框。如图22-12所示，调节效果如图22-13所示。

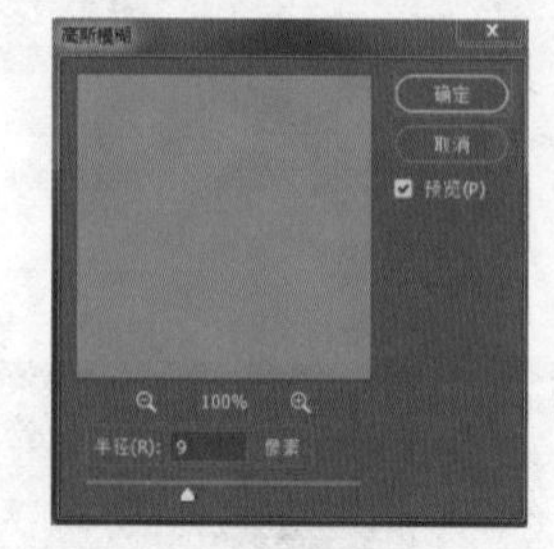

图22-12 【高斯模糊】对话框

图22-13 效果

步骤07 单击【图层】面板下方的按钮添加蒙版，并使蒙版变成黑色，如图22-14所示，选择【画笔工具】，然后将不透明度改为50%，将前景色设为白色，在图像中涂抹，使处理的皮肤显现出来，注意眼睛和边缘的地方不要擦。处理之后和处理前的对比效果，如图22-15所示。

图22-14 新建蒙版

图22-15 处理效果对比

22.2 平面广告设计案例

图22-16　平面广告设计案例

步骤01 新建一个1500像素×2000像素、分辨率为72像素/英寸的空白文档，并为背景填充白色，如图22-17所示。

图22-17　新建文档

步骤02 添加准备好的背景图案，如图22-18所示。

图22-18　添加背景图案

步骤03 使用【横排文字工具】在画布上方输入文字“全国连锁生鲜水果超市（中山店）”，设置合适的字体、字号，颜色设置为绿色，然后在其下方用【横排文字工具】输入文字“NATIONAL CHAIN FRESH FRUIT SUPERMARKET（ZHONGSHAN STORE）”，与上排文字上下对齐，如图22-19所示。

图22-19　添加文字

步骤04 在文字左侧用【直线工具】添加一条竖线，然后加入一个已经准备好的素材图形，并使用【横排文字工具】在其下方输入绿色文字“BRAND NAME”，调整至合适大小，如图22-20所示。在【图层】面板中新建图层组【组1】，然后将步骤03、步骤04中制作的内容放入图层组【组1】中，如图22-21所示。

图22-20　添加左侧标志

图22-21　新建图层组【组1】

步骤05 打开【图层样式】面板，为【组1】添加【颜色叠加】效果，如图22-22所示，效果如图22-23所示。

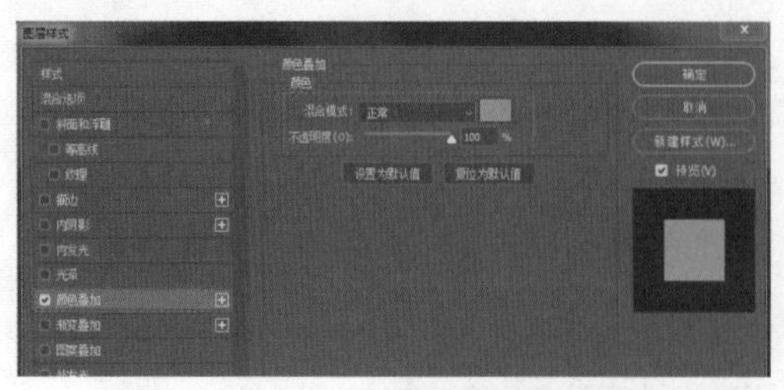

图22-22 【图层样式】面板

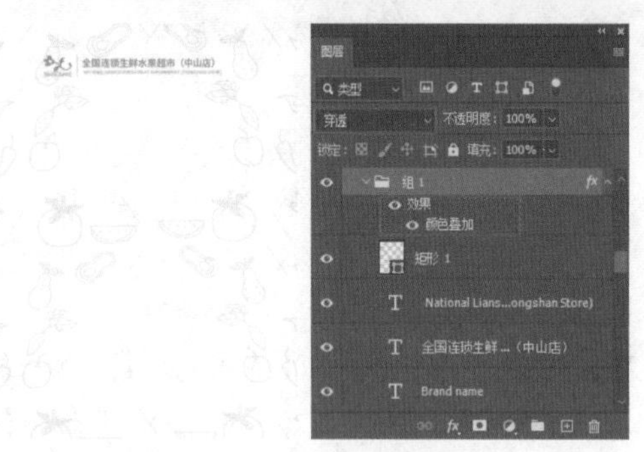

图22-23 【颜色叠加】效果

步骤06 使用【横排文字工具】在画布中输入文字“新店开业”，可以不在一个文字框中，方便调整其大小和位置，如图22-24所示。

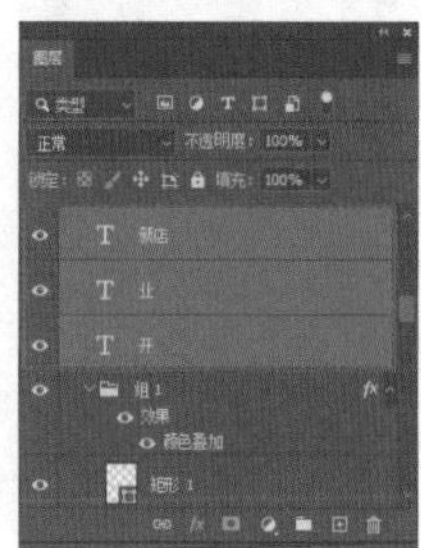

图22-24 输入文字

步骤07 使用【钢笔工具】，选择【形状】，勾出合适的形状，颜色与文字相同，如图22-25所示。

图22-25 使用【钢笔工具】

步骤08 使用【竖排文字工具】在形状框的左下角输入文字“NEW”，在其右侧使用【横排文字工具】输入文字“每天有优惠”，调至合适大小，然后在“业”的下方输入文字“OPEN”使其倾斜角度与“业”字相同，最后用准备好的小图案将形状框的空白处填满，如图22-26所示。

图22-26 继续添加文字和图案

步骤09 用【矩形工具】在画布中部画一个绿色的矩形，如图22-27所示。然后使用【横排文字工具】输入文字“绿色天然新鲜果蔬”，颜色修改为白色，并放在绿色矩形的上方，如图22-28所示。在绿框的左右两侧各放一个准备好的小图案，并使用自由变换，使两个小图案对称，如图22-29所示。

图22-27 绘制矩形

图22-28　输入文字“绿色天然……”

图22-29　放置小图案

步骤10 在下方合适位置输入文字“新鲜果蔬每一天 健康生活每一刻”，颜色与上方文字颜色相同，如图22-30所示。在其下方使用【横排文字工具】输入文字“有机”，颜色比上方文字稍浅一点，然后使用【椭圆工具】为其画一个绿色小圆框背景，颜色与上方文字相同，然后依此方法在右侧输入文字“新鲜”“健康”“优质”“美味”，如图22-31所示。再用【直线工具】为文字加一个框，如图22-32所示。

图22-30 输入文字“新鲜果蔬……”

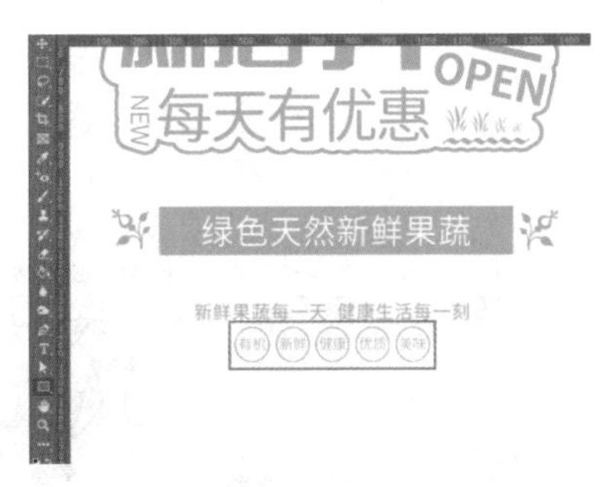

图22-31　输入其他文字

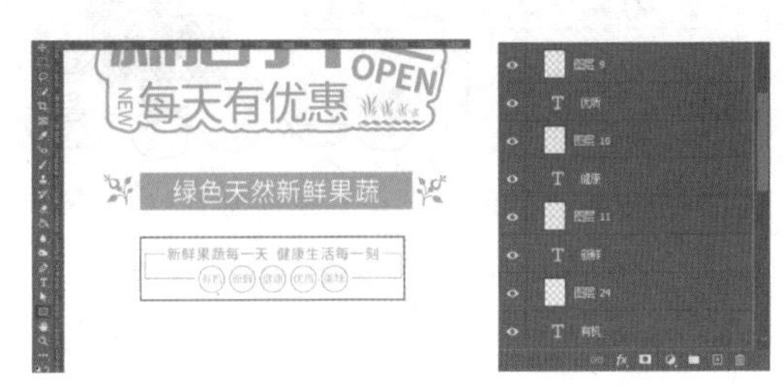

图22-32　加框

步骤11 在工具栏中选择【矩形工具】，在以上文字下方分别画出形状，用来放图片，如图22-33所示，然后在【图层】面板中，将这几个图层链接起来，如图22-34所示。

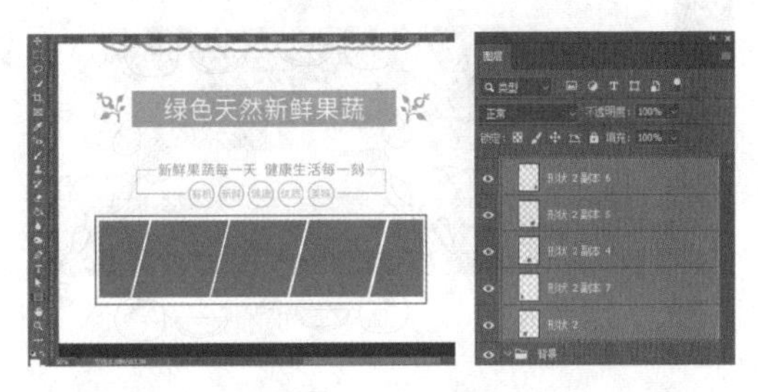

图22-33　绘制形状

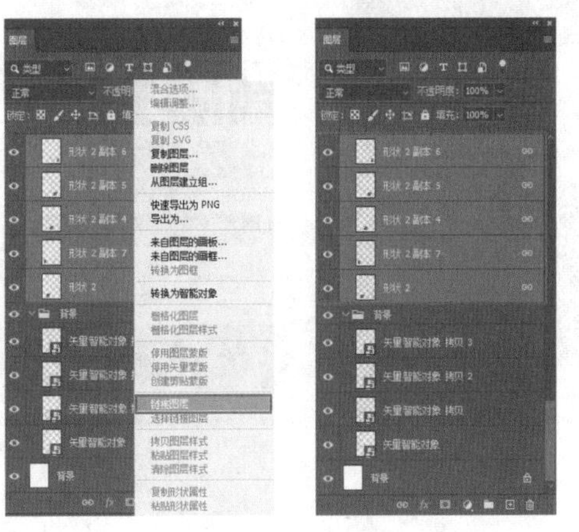

图22-34　链接图层

步骤12 将修好的照片放入画布中，并分别在不同的形状图层里面创建剪贴蒙版，如图22-35所示。

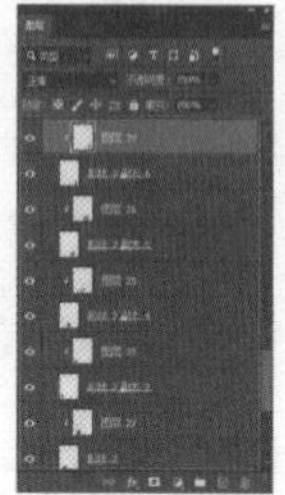

图22-35 添加照片

步骤13 使用【矩形工具】在画布最下方画一个矩形，颜色与最上方的文字相同，如图22-36所示。然后在【图层】面板中新建图层组【电话】，将此图层放入图层组【电话】中，如图22-37。最终效果如图22-38所示。

图22-36 画绿色矩形

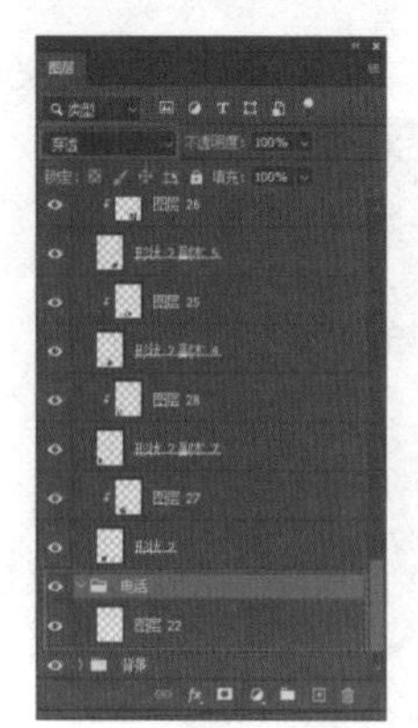

图22-37 新建图层组　　图22-38 最终效果

22.3 电商网页设计案例

图22-39 电商网页设计案例

步骤01 新建一个1920像素×900像素的空白文档，并将背景填充为墨绿色，如图22-40所示。

图22-40 新建文档

步骤02 选择【矩形工具】，在选项栏中设置【绘制模式】为【形状】。在画布下方画一个矩形，并将其修改为暗黄色，如图22-41所示。复制此矩形，将其挪至画布上方，如图22-42所示。

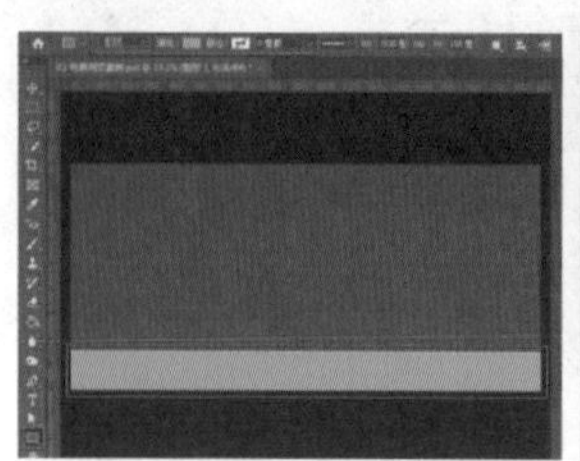

图22-41 绘制矩形

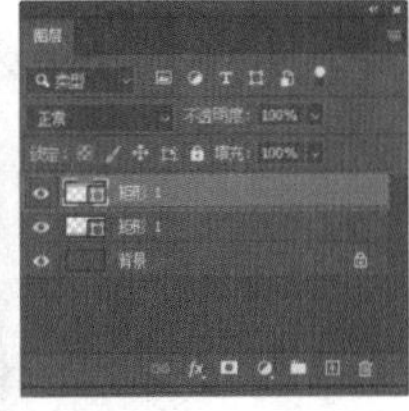

图22-42　复制矩形

步骤03 选择【矩形工具】，在选项栏中设置【绘制模式】为【形状】。设置好参数之后，在画布中画一个矩形，如图22-43所示。为此矩形添加【投影】效果，如图22-44、图22-45所示。

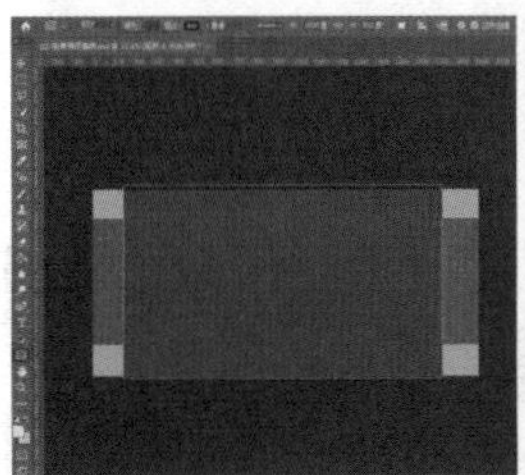
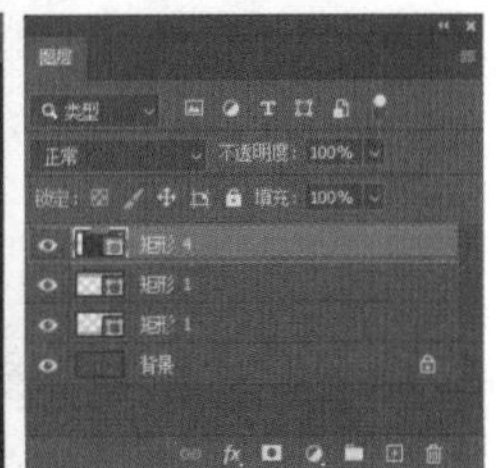

图22-43　画红色矩形

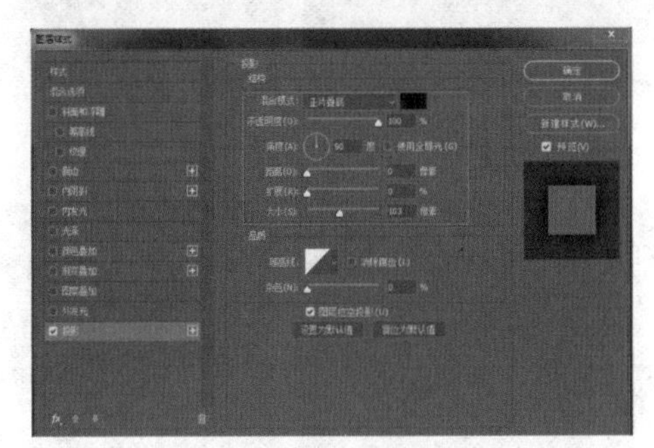

图22-44　【图层样式】面板

图22-45　添加【投影】效果

步骤04 单击图层面板下的【创建新的填充或调整图层】按钮，在下拉菜单中选择【曲线】，为图层创建【曲线】调整图层，如图22-46所示。在【属性】面板中调整曲线，将图像调亮，如图22-47所示。然后在右键菜单中执行【创建剪贴蒙版】命令，使用【渐变工具】填充黑白渐变，对蒙版进行修改，如图22-48、图22-49所示。

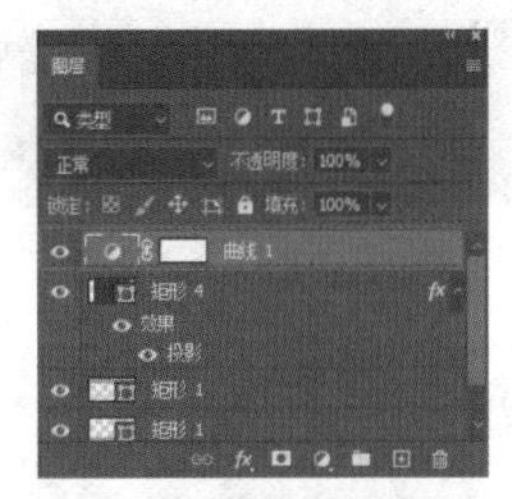

图22-46　【曲线】调整图层

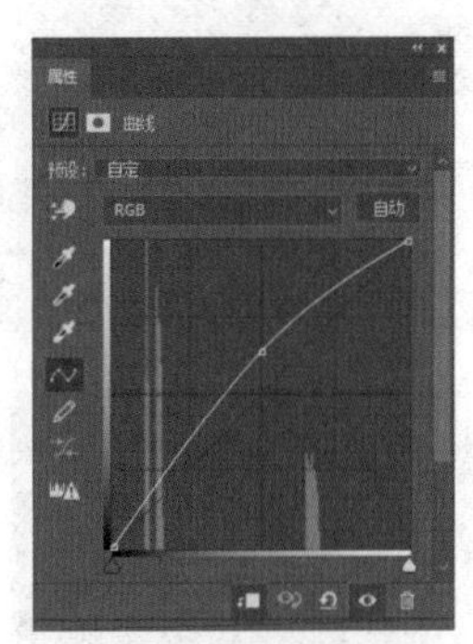

图22-47　调整曲线

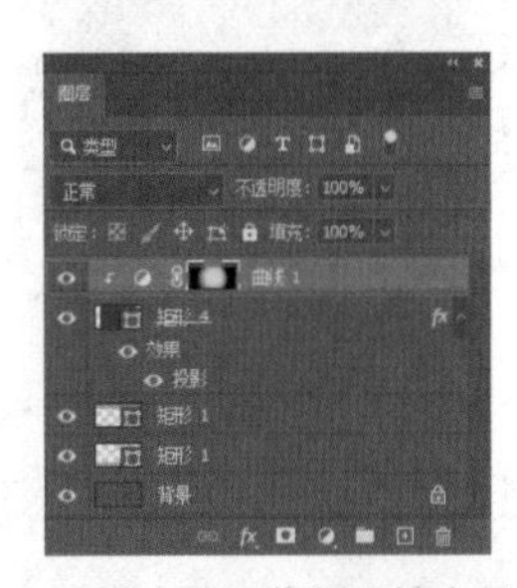

图22-48　创建剪贴蒙版及填充黑白渐变

图22-49　填充效果

步骤05 将一个准备好的图案放入图像中，如图22-50所示，并挪至右上角，然后创建剪贴蒙版，如图22-51所示。

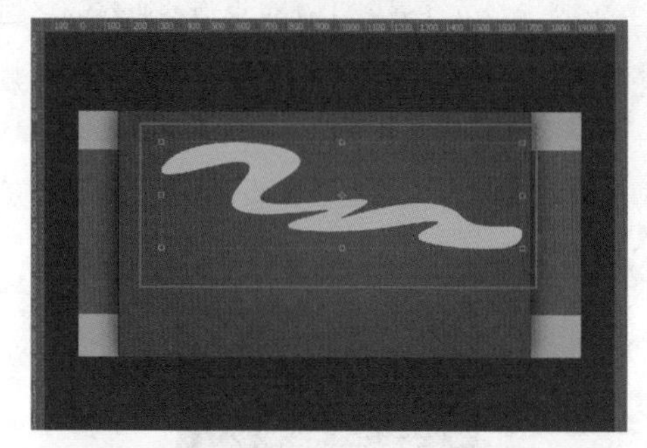

图22-50 添加图案

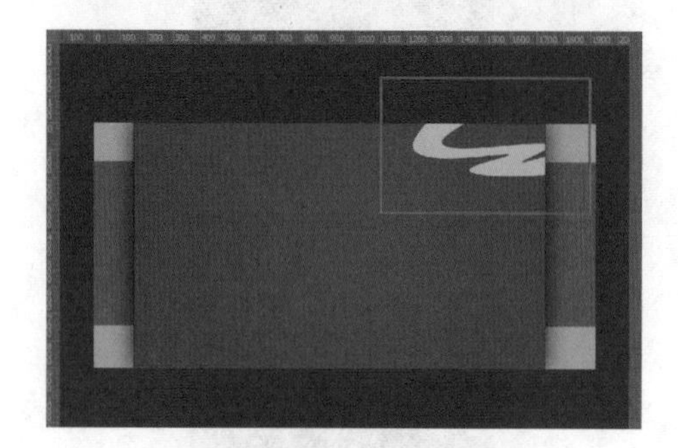

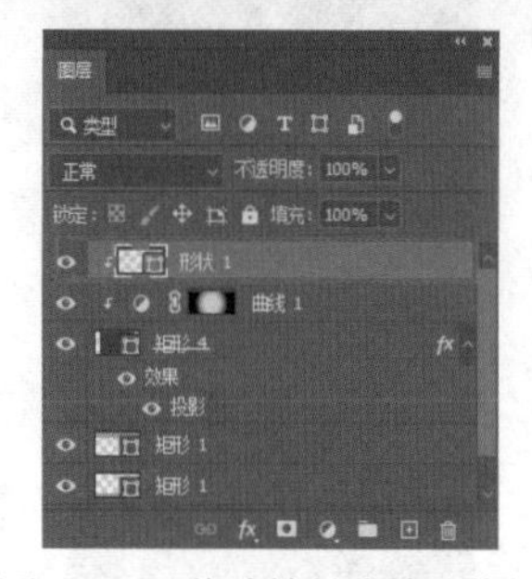

图22-51 移动并创建剪贴蒙版

步骤06 选择【矩形工具】，并在选项栏中设置参数，然后在红色矩形右下角画一个小矩形，如图22-52所示。

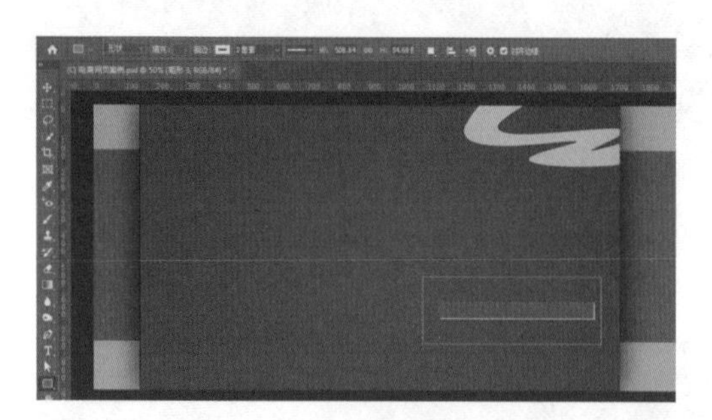

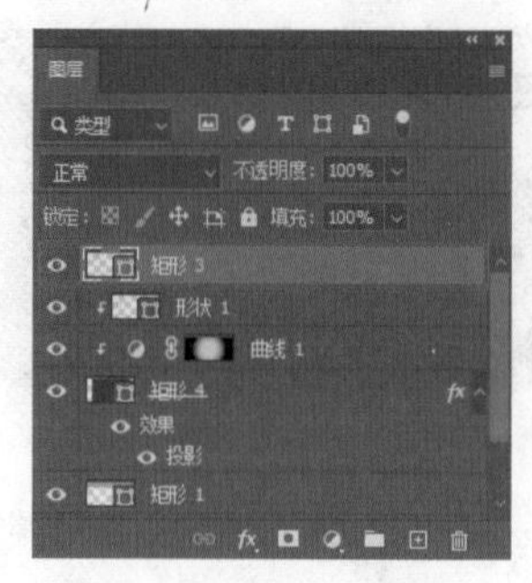

图22-52 绘制矩形

步骤07 在选项栏中重新设置参数，然后在绿色矩形左边画一个小矩形，如图22-53所示，复制该矩形，并挪至其右侧，与其对齐，并在选项栏修改其颜色，如图22-54所示。

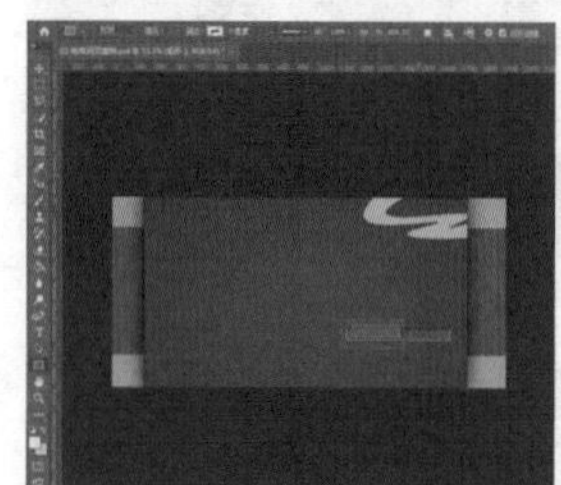

图22-53 绘制其他矩形

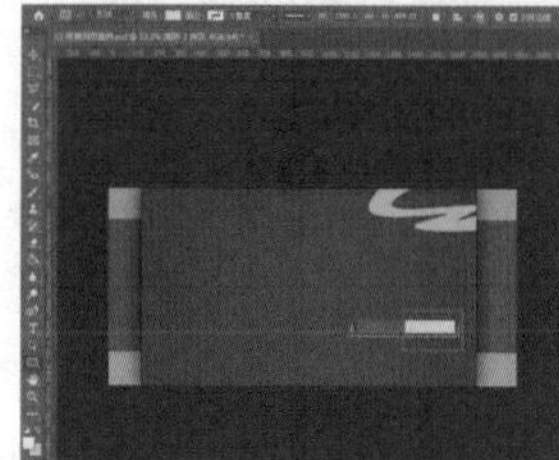

图22-54 修改颜色

步骤08 选择【横排文字工具】，在以上矩形的下方输入文字，并选择中间对齐，如图22-55所示。文字颜色与其上方右侧小矩形相同。

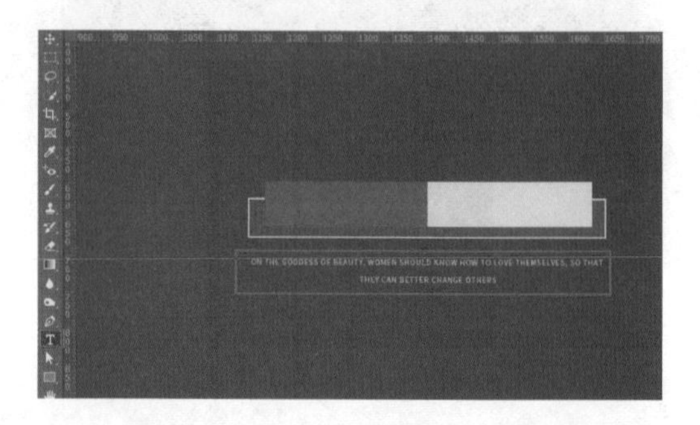

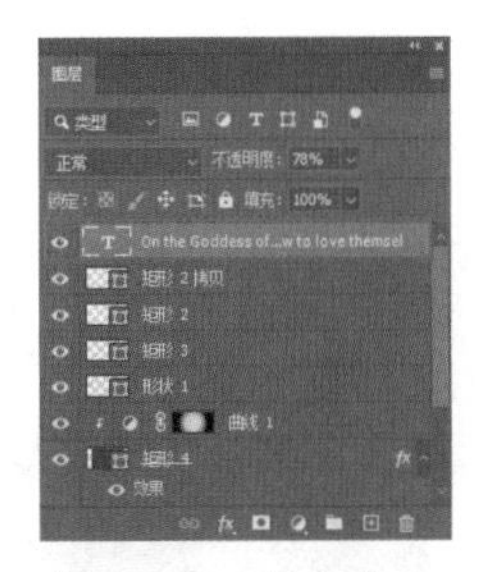

图22-55　输入英文

步骤09 在左侧红色小方块输入“全场5折”，颜色与下方英文相同，在右侧小方块中输入“时尚女装”，颜色与其下方墨绿色方块相同，如图22-56所示。

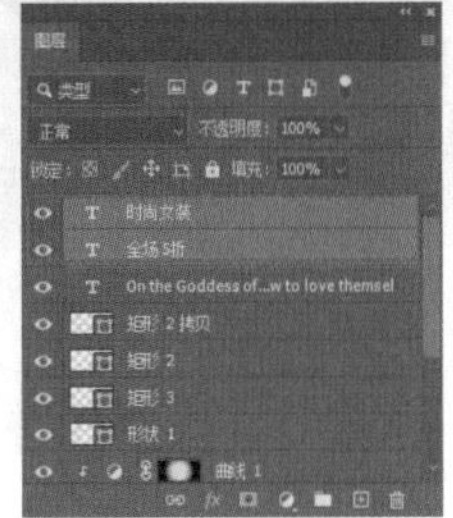

图22-56　输入文字“全场……”

步骤10 在右侧空白处输入文字“美丽女神节”，颜色与下方文字相同，调整文字大小，如图22-57所示；在其上方输入文字“WOMEN'S DAY”，并调整其大小，再用一个矩形框将其框住，如图22-58所示。

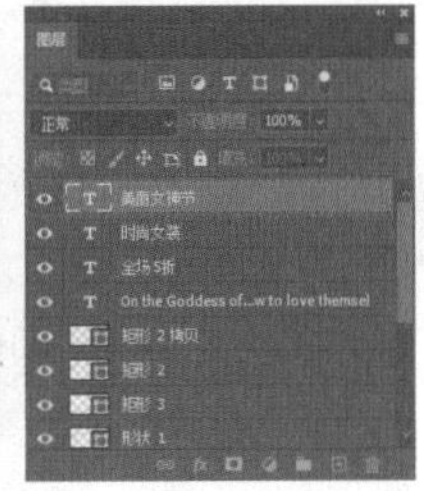

图22-57　输入文字“美丽……”

图22-58　输入其他文字

步骤11 选择【椭圆工具】，在选项栏中设置参数，然后按住Shift键，在画布中画一个圆，挪至合适位置，如图22-59所示。

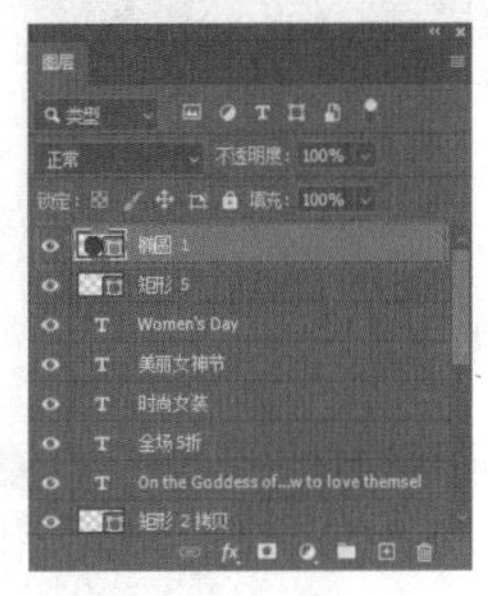

图22-59　画圆

步骤12 选择【椭圆工具】，在选项栏中设置参数，然后按住Shift键，再在画布中画一个比前一个圆要小一点的圆，挪至下层圆偏左一点的位置上，如图22-60所示。

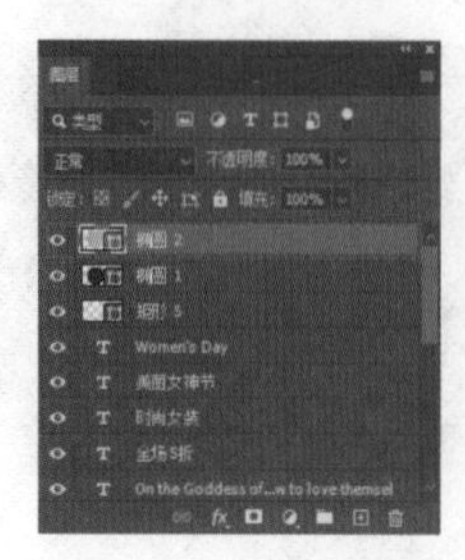

图22-60　再画一个圆

步骤13 置入一个准备好的图形，放在画布的左边，如图22-61所示。再复制一个，调整位置，如图22-62所示。

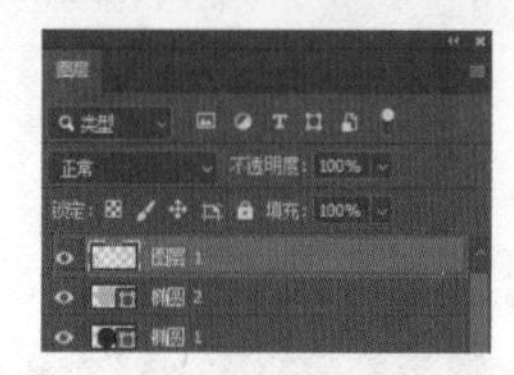

图22-61　置入图形

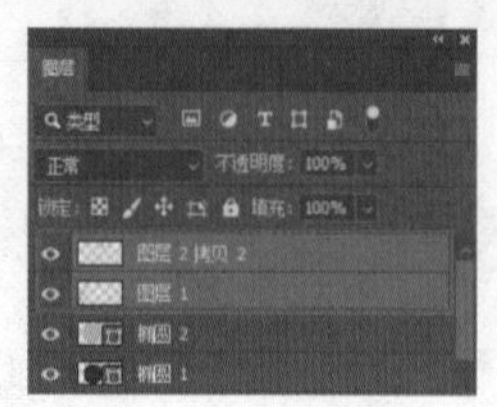

图22-62　复制图形

步骤14 将准备好的照片放到圆形上，调整位置，如图22-63所示。图22-64为最终效果。

图22-63　置入照片

图22-64　最终效果